Julia Krimkowski

Das Vordringen der Malaria nach Mitteleuropa im Zuge der Klimaerwärmung

Fallbeispiel Deutschland

ERDSICHT - EINBLICKE IN GEOGRAPHISCHE UND GEOINFORMATIONSTECHNISCHE ARBEITSWEISEN

Schriftenreihe des Geographischen Instituts der Universität Göttingen, Abteilung Kartographie, GIS und Fernerkundung

Herausgegeben von Prof. Dr. Martin Kappas

ISSN 1614-4716

13 *Enrico Kalb*
Landnutzungsinterpretation und Erosionsmodellierung der Küstenregion von Nordost Bali, Indonesien
ISBN 3-89821-666-7

14 *Anke Gleitsmann*
Exploiting the Spatial Information in High Resolution Satellite Data and Utilising Multi-Source Data for Tropical Mountain Forest and Land Cover Mapping
ISBN 3-89821-727-2

15 *Arno Krause*
Einführung eines GIS für die Landwirtschaftsverwaltungen der BRD auf Grundlage EU-rechtlicher und nationaler Verordnungen
unter besonderer Berücksichtigung des Bundeslandes Mecklenburg-Vorpommern
ISBN 3-89821-738-8

16 *Pavel Propastin*
Remote sensing based study on vegetation dynamics in dry lands of Kazakhstan
ISBN 978-3-89821-823-8

17 *Matthias Stähle*
Trinkwasser in Delhi
Versorgungsproblematik einer indischen Megastadt
ISBN 978-3-89821-827-6

18 *Roland Bauböck*
Bioenergie im Landkreis Göttingen
GIS-gestützte Biomassepotentialabschätzung anhand ausgewählter Kulturen, Triticale und Mais
ISBN 978-3-89821-959-4

19 *Wahib Sahwan*
Geomorphologische Untersuchungen mittels GIS- und Fernerkundungsverfahren unter Berücksichtigung hydrogeologischer Fragestellungen
Fallbeispiele aus Nordwest Syrien
ISBN 978-3-8382-0094-1

Julia Krimkowski

DAS VORDRINGEN DER MALARIA NACH MITTELEUROPA IM ZUGE DER KLIMAERWÄRMUNG

Fallbeispiel Deutschland

ibidem-Verlag
Stuttgart

Bibliografische Information der Deutschen Nationalbibliothek
Die Deutsche Nationalbibliothek verzeichnet diese Publikation in der Deutschen Nationalbibliografie; detaillierte bibliografische Daten sind im Internet über http://dnb.d-nb.de abrufbar.

Bibliographic information published by the Deutsche Nationalbibliothek
Die Deutsche Nationalbibliothek lists this publication in the Deutsche Nationalbibliografie; detailed bibliographic data are available in the Internet at http://dnb.d-nb.de.

Coverabbildung: © Frank Hollenbach / PIXELIO

∞

Gedruckt auf alterungsbeständigem, säurefreien Papier
Printed on acid-free paper

ISSN: 1614-4716

ISBN-13: 978-3-8382-0312-6

Printed in Germany

Inhaltsverzeichnis

Abbildungsverzeichnis

Tabellenverzeichnis

1 Einleitung

Infektionskrankheiten sind die global zweithäufigste Todesursache[1]. Heute gilt Malaria als die wichtigste Infektionskrankheit weltweit mit jährlich 350 bis 600 Millionen Neuerkrankungen und einer hohen Ausbreitungsrate[2,3].

Malaria ist in Europa seit den 1970er Jahren ausgerottet[4]. Dennoch werden jährlich ca. 10.000 bis 12.000 Neuerkrankungen in der EU registriert, davon etwa 1000 in Deutschland[5], die durch Touristen, Immigranten, Gastarbeiter etc. aus Endemiegebieten importiert werden. Diese Zahl schürt neues Interesse an der Frage, ob eine Wiedereinführung der Malaria in Europa denkbar wäre. Mit dem Hintergrund der derzeitigen sowie künftigen klimatischen Änderungen und deren direkten bzw. indirekten Folgen auf die Epidemiologie erscheint dies möglich. Temperaturanstiege sind bereits nachgewiesen und scheinen das Risiko des Wiederauftretens der Malaria zu erhöhen[6]. Nach dem 4. IPCC Assessment Report aus dem Jahr 2007 wird eine globale Temperaturerhöhung von 1,8°C bis 4°C bis zum Jahr 2100 erwartet. In den nächsten 30 Jahren könnte diese bei gleichbleibendem CO_2-Ausstoß schon um bis zu 0,6°C ansteigen[7]. In den letzten 100 Jahren fand schon eine

---

1 Ebert, B. & B. Fleischer (2005): Globale Erwärmung und Ausbreitung von Infektionskrankheiten. Online unter: http://www.springerlink.com/content/p8834450330k2473/fulltext.pdf (19.10.2009).

2 Knobloch, J. (2008): Globale Zunahme von Tropenkrankheiten. In: Lozán, J. L.; Graßl, H.; Jendritzky, G.; Karbe, L.; Reise, K. & W. A. Maier (Hrsg.): Warnsignal Klima. Gesundheitsrisiken – Gefahren für Pflanzen, Tiere und Menschen. Hamburg, S. 159-164.

3 Millet, J. P.; Olalla, P. G. de; Carillo-Santisteve, P.; Gascón, J.; Treviño, B.; Muñoz, J.; Gómez i Prat, J.; Cabezos, J.; Gonzáles Cordón, A. & J. A Caylà (2008): Imported malaria in a cosmopolitan European city: A mirror image of the world epidemiological situation. Online unter: http://malariajournal.com/content/pdf 1475-2875-7-56.pdf (29.04.2009).

4 Löscher (1998) in: Becker, N. (2009): Die Rolle der Globalisierung und Klimaveränderung auf die Entwicklung von Stechmücken und von ihnen übertragenen Krankheiten in Zentral-Europa. Online unter: http://www.springerlink.com/content/y1364665v0tu6418/fulltext.pdf (19.10.2009).

5 WHO (2009a): Country Information – The current malaria trends. Online unter: http://www.euro.who.int/malaria/ctryinfo/ctryinfotop (15.01.2010).

6 Jetten, T. H. & W. Takken (1994): Anophelism without Malaria in Europe: A review of the ecology and distribution of the genus Anopheles in Europe. Wageningen Agricultural University Papers 94-5.

7 Parry, L. M.; Canziani, O. F.; Palutikof, J. P.; van der Linden, P. J. & C. E. Hanson (2007): Climate Change 2007: Impacts, adaptation and vulnerability. Contribution of Working Group II to the Fourth Assessment Report of the Intergovernmental Panel on Climate Change (IPCC). Cambridge.

durchschnittliche Erwärmung der Erdoberfläche um 0,74°C statt und zwischen 1995 und 2006 lagen 11 der wärmsten Jahre seit Beginn der Temperaturaufzeichnungen[8]. Aber nicht nur die klimatischen Änderungen spielen eine Rolle bei der Ausbreitung der Malaria, sondern auch sozioökonomische Faktoren und die Ökophysiologie[9]. Letzteres bezieht sich nicht nur auf das Klima, sondern auf fast alle Umweltfaktoren und deren Einfluss auf die Entwicklung von Organismen.

Die Beziehung zwischen Klima und der Übertragung von Malaria ist sehr vielschichtig und muss mit den regionalen Unterschieden betrachtet werden. Um ein Risiko der Malaria auszuweisen, bedarf es dem Zusammenspiel von Vektor und Parasit in Bezug auf eine direkte Interaktion, die Verfügbarkeit sowie geeignete klimatische und ökologische Bedingungen[10].

---

8 Solomon, S.; Qin, D.; Manning, M.; Chen, Z.; Marquis, M.; Averyt, K.B.; Tignor, M. & H. L. Miller (2007): Climate Change 2007: The Physical Science Basis. Contribution of Working Group I to the Fourth Assessment Report of the Intergovernmental Panel on Climate Change (IPCC). Cambridge.

9 Ebert & Fleischer, Globale Erwärmung und Ausbreitung von Infektionskrankheiten.

10 Becker, Die Rolle der Globalisierung und Klimaveränderung auf die Entwicklung von Stechmücken.

2 Ziel der Studie

Das Ziel dieser Studie soll es sein zu untersuchen, wie sich Malaria in den nächsten Jahren bzw. Jahrzehnten in Europa, besonders in Deutschland, verbreiten kann bzw. ob die Möglichkeit der Ausbreitung in gemäßigten Klimaten im Zuge der Klimaveränderungen besteht. Um dies zu darzustellen, soll am Ende aufgrund der klimatischen Änderungen gezeigt werden, wo und in welchem Ausmaß in Deutschland Übertragungen stattfinden könnten. Um dies zu erreichen, müssen die einzelnen Faktoren, die eine erfolgreiche Übertragung bedingen, wie Bevölkerungsdichte, Fundorte der Anophelen, deren Entwicklung in Abhängigkeit von Temperatur und Niederschlag, Temperatur- und Luftfeuchtigkeitsbereiche der Plasmodien und die prognostizierten klimatischen Veränderungen untersucht, verarbeitet und akkumuliert werden.

3 Was ist Malaria?

Malaria ist eine tropische Infektionskrankheit, die durch Stiche von weiblichen Anophelesmücken, den Vektoren, übertragen wird. Vektoren werden nach MAIER[11] als Krankheitsüberträger verstanden, die im engeren Sinne ektoparasitische Gliedertiere wie Insekten, Zecken oder Milben sind. Diese nehmen beim Blutsaugen Pathogene auf, welche sich dann im Vektor weiterentwickeln und vermehren können. Diese Pathogene, wie die Malariaerreger, sind zur Weiterentwicklung auf einen Vektor angewiesen. Vektoren können aber auch als Keimverschlepper definiert werden, d.h. Tiere, welche die menschliche Umgebung und Nahrung zur Kontamination mit Pathogenen aufsuchen und diese nicht durch das Blutsaugen weitergeben.

11 Maier, W. A. (2002a): Umweltveränderungen und deren Einflüsse auf krankheitsübertragende Arthropoden in Mitteleuropa am Beispiel der Stechmücken. Online unter: http://www.biologiezentrum.at/pdf_frei_remote/DENISIA_0006_0535-0547.pdf (07.04.2009).

3.1 Malaria-Zyklus

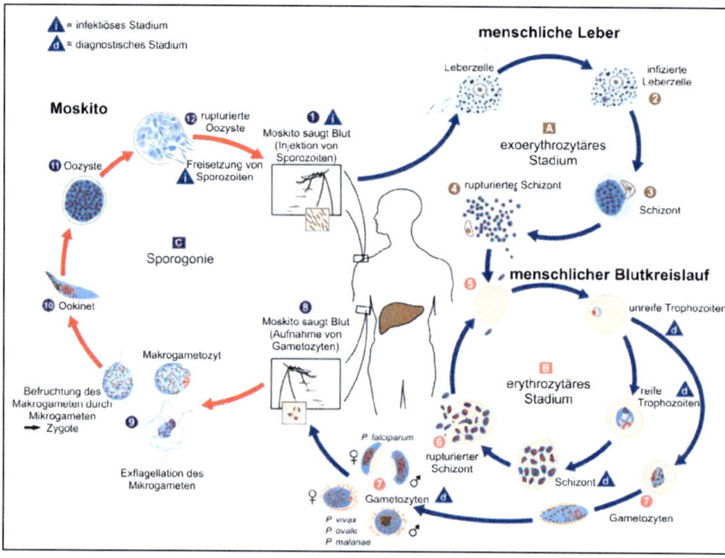

Abbildung 1: Lebenszyklus der Plasmodien[12]

Der Zyklus des Malariaerregers ist sehr komplex. Der Mensch fungiert dabei als Zwischenwirt und die Anophelesmücke als Endwirt. Eine Übertragung mit Malaria ist nur dann möglich, wenn die Entwicklungszeiten für Vektor und Pathogen günstig und ausreichend lang sind[13]. Bei einem Stich durch den Vektor folgt zunächst eine ungeschlechtliche Entwicklung (Schizogonie) im menschlichen Körper, die mit einer geschlechtlichen Fortpflanzung (Gamogonie) in der Mücke fortgesetzt wird und mit der Sporogonie endet (Abb. 1). Sobald die Mücke wieder einen Menschen sticht, beginnt der Kreislauf erneut.

12 verändert nach http://www.cdc.gov/malaria/images/graphs/malaria_LifeCycle.gif

13 Hemmer, C. J.; Frimmel, S.; Kinzelbach, R.; Gürtler, L. & E. C. Reisinger (2007): Globale Erwärmung: Wegbereiter für tropische Infektionskrankheiten in Deutschland? Deutsche medizinische Wochenschrift 132, S. 2583-2589.

3.1.1 Schizogonie im Menschen

Durch den Stich der weiblichen Anophelesmücke werden Sporozoiten in den menschlichen Blutkreislauf injiziert. Diese Sporozoiten dringen in die Leberzellen (Hepatozyten) ein und entwickeln sich zu Schizonten (ungeschlechtliches Entwicklungsstadium). Eine Volumenzunahme und die Teilung des Kerns in viele kleine Kerne führen zur Entwicklung von Merozoiten (ungeschlechtliche Form von Sporozoen), die aus dem Schizonten in die Blutbahn übergehen[14]. *Plasmodium vivax* und *Plasmodium ovale* können daneben auch im Ruhestadium als Hypnozoiten bis zu vier Jahre in der Leber verbleiben, sich erst nach Monaten weiterentwickeln und dann zu Rückfällen ohne Neuinfektion führen. Die durchschnittlichen Entwicklungszeiten unterscheiden sich je nach Erreger: *Plasmodium malariae* 14-16 Tage, *Plasmodium falciparum* 7 Tage und *Plasmodium vivax* und *Plasmodium ovale* bei Weiterentwicklung 6-9 Tage[15]. Nach dieser Phase, die auch als exoerythrozytäres Stadium bezeichnet wird, folgt der Befall der Erythrozyten. Hier findet das erythrozytäre Stadium statt, in dem die Merozoiten die roten Blutkörperchen befallen und die typischen Malariasymptome auslösen[16]. Wenn die Erythrozyten von den Merozoiten verlassen werden, folgen Fieberschübe[17]. Je nach Erreger gibt es Unterschiede in der Art der befallenen Erythrozyten. Während sich *Plasmodium ovale* und *Plasmodium vivax* in Retikulozyten und jüngeren Erythrozyten entwickeln, befällt *Plasmodium malariae* ältere Erythrozyten. *Plasmodium falciparum* entwickelt sich hingegen in Erythrozyten jeden Alters[18,19].

Die Merozoiten werden nun zu Trophozoiten und durchlaufen wiederholt die Schizogonie. Daraus bilden sich erneut Schizonten, die nach Ruptur nochmals Merozoiten freisetzen. Nun werden die weiblichen Makrogametozyten sowie die männlichen Mikrogametozyten gebildet. Gametozyten sind unreife,

---

14 Diesfeld, H. J. (1993): Tropenkrankheiten. In: Schettler, G. & K. H. Usadel (Hrsg.): Praktische Medizin von A-Z. Stuttgart, New York. 11. Auflage, S. 1486-1491.

15 Jetten & Takken, Anophelism without Malaria in Europe.

16 Diesfeld, Tropenkrankheiten.

17 Becker, Die Rolle der Globalisierung und Klimaveränderung auf die Entwicklung von Stechmücken.

18 Lang, W. (1996): Malaria. In: Lang, W. (Hrsg.): Tropenmedizin in Klinik und Praxis. Stuttgart, S. 7-33.

19 Sinden, R. E. (1998): Sexual Development. In: Sherman, I. W. (Hrsg.): Malaria: parasite biology, pathogenesis and protection. Washington D.C., S. 25-48.

geschlechtlich differenzierte Zellen. Mit diesem Stadium ist die Entwicklung im Zwischenwirt beendet[20].

3.1.2 Sporogonie im Vektor

Makro- und Mikrogametozyten werden durch den Stich weiblicher Anophelesmücken in deren Blutkreislauf aufgenommen. Die parasitäre geschlechtliche Fortpflanzung wird auch Sporogonie genannt, durch die Sporozoiten entstehen. Zunächst entwickeln sich die unreifen Gametozyten zu reifen Makro- und Mikrogameten. Nach Exflagellation der Mikrogameten befruchten diese die Makrogameten und bilden eine Zygote. Die Zygote wird durch Reduktionsteilung zu einem Ookineten. Sobald es diesem gelingt in die Mitteldarmwand einzudringen folgt die Entwicklung zur Oozyste, in der die o.g. Sporogonie abläuft. Die dadurch freigesetzten Sporozoiten dringen letztlich in die Speicheldrüsen ein. Durch einen Stich des Vektors werden nun erneut Sporozoiten in den Blutkreislauf des Menschen eingeführt[21,22]. Die Entwicklung der Malariaparasiten im Vektor wird auch als extrinsische Inkubationszeit bezeichnet und hat bei 25°C eine Dauer von 10-20 Tagen, was bedeutend von den bestehenden Temperaturen und einzelnen Arten abhängig ist[23].

3.2 Malariaerreger

Die Erreger der Malaria sind Parasiten der Gattung *Plasmodium*, welche durch den Stich eines Anophelesweibchens in den Blutkreislauf des Menschen gelangen. Empfängliche Anophelesarten, günstige Temperaturen sowie regional bereits infizierte Menschen sind Voraussetzung für eine Infektion[24].

---

20 Diesfeld, Tropenkrankheiten.

21 Sinden, R. E. & H. M. Gilles (2002): The malaria parasites. In: Warrel, D. A. & H. M. Gilles (Hrsg.): Essential Malariology. London. 4. Auflage, S. 8-34.

22 Diesfeld, Tropenkrankheiten.

23 Jetten & Takken, Anophelism without Malaria in Europe.

24 Martini, E. (1952): Lehrbuch der medizinischen Entomologie. Jena. 4. Auflage.

Derzeit sind fünf Plasmodien bekannt, die eine Malariainfektion des Menschen bedingen, d.h. humanpathogen sind: *Plasmodium vivax*, *Plasmodium ovale*, *Plasmodium malariae, Plasmodium falciparum* und *Plasmodium knowlesi*[25]. Eine Endemie dieser Parasiten besteht in den Tropen, jedoch sind sie durch z.B. Fernreisen und infizierte Gastarbeiter weltweit verbreitet[26]. Eine Verbreitung über die Endemie-Gebiete hinaus bedeutet jedoch noch nicht, dass auch eine weitere Entwicklung der Plasmodien stattfindet. Diese benötigen eine Minimumtemperatur von 15°C, um sich im Endwirt zu entwickeln.

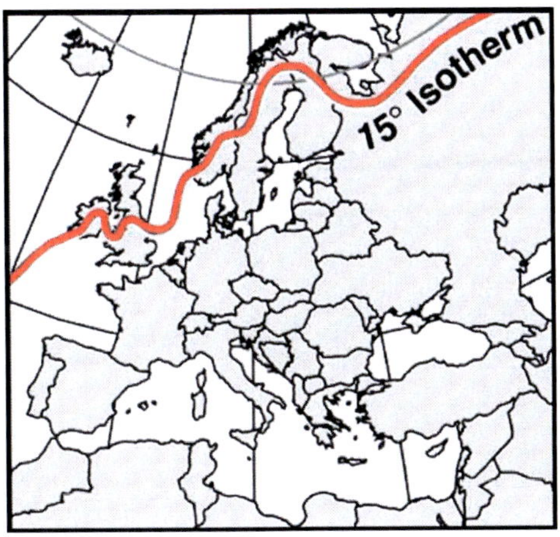

Abbildung 2: 15°C-Juli-Isotherme (verändert nach Reiter 2001)

Damit ist die 15°C-Juli-Isotherme (Abb. 2) die theoretisch mögliche nördliche Verbreitungsgrenze[27]. Die Malariaverbreitung beschränkte sich aber nicht nur auf diese Isotherme. Sie wurde auch in Gebieten Nord-Schwedens und -Finnlands nachgewiesen, wo geringere Sommertemperaturen herrschen. HULDÉN ET AL.[28] begründeten dies damit, dass sich dort die Vektoren unabhängig vom Klima in den Wohnräumen entwickeln konnten und Malaria somit nur als „Innenraumkrankheit“ vorkam. Die Verbreitungsgrenze von *Plasmodium falciparum* hingegen unterliegt der 20°C-Juli-Isotherme und kann sich somit nicht so weit nach Norden erstrecken[29].

25 Cox-Singh, J. & B. Singh (2008): Knowlesi malaria: newly emergent and of public health importance? Trends in Parasitology 24:9, S. 406-410.

26 Panjarathinam, R. (1990): Textbook of Medical Parasitology. Madras.

27 Bruce-Chwatt, L. J. & J. de Zulueta (1980): The Rise and Fall of Malaria in Europe. Oxford.

28 Huldén, Lena; Huldén, Larry & K. Heliövaara (2005): Endemic malaria: an 'indoor' disease in northern Europe. Historical data analysed. Online unter: http://malariajournal.com/content/pdf/1475-2875-4-19.pdf (29.04.2009).

29 Kettle (1984) in: Snow, K. (1999): Malaria and mosquitoes in Britain: the effect of global climate change. Online unter: http://www.uel.ac.uk/mosquito/issue4/climatechange.htm (31.01.2010).

Plasmodien zählen wahrscheinlich zu den ältesten Humanparasiten. Ihre Entwicklung begann vor ca. 60 Millionen Jahren in Reptilien, von denen sie auf Vögel und Säugetiere wechselten. Im Laufe der Zeit sind Arten entstanden, die sich von den Erythrozyten im Blutkreislauf des Wirtes ernähren konnten und die weitere Entwicklung führte sie zu den Culiciden (Stechmücken) als Wirt, deren Alter auf ca. 35 Millionen Jahre datiert wird[30]. Die Selektion der Malariaerreger kann dagegen nicht zeitlich bestimmt werden[31]. Die Entdeckung der Erreger folgte zeitlich viel später durch LAVERAN (1880). Bis dahin ging man davon aus, dass Wasserflächen, Sümpfe und Miasmen direkt für Malariaerkrankungen verantwortlich waren[32].

3.2.1 Plasmodium vivax

Plasmodium vivax ist ein Erreger der Malaria tertiana. Er bevorzugt gemäßigte Klimate gegenüber tropischen Gebieten. Der bezeichnende Name *vivax* ist vom Lateinischen *vivere* (dt. leben) abgeleitet und bezeichnet in diesem Fall eine Bewegung. *Plasmodium vivax* ist global verbreitet, v.a. aber in gemäßigten Regionen und ist dort auch der am häufigsten auftretende Malariaerreger[33,34]. Neben *Plasmodium vivax* ist auch *Plasmodium malariae* ein effektiver Malariaerreger in den gemäßigten Breiten. Ersterer breitet sich leichter aus, da er eine geringere Inkubationszeit und niedrigere Temperaturen benötigt[35]. Bei einer Temperatur von 16°C benötigt *Plasmodium vivax* eine Reifungszeit der Sporozoiten von 38 Tagen. Wird die Temperatur um nur 4°C erhöht, verkürzt sich diese Zeit um 21 auf 17 Tage und bedeutet eine günstige Voraussetzung für die Genese in Überträgermücken der gemäßigten Zone. Steigt die Temperatur sogar auf 25°C, verringert sich die Entwicklungs-

30 Reader, J. (1998): Africa: Biography of the continent. London.
31 Garnham, P. C. C. (1966): Malaria parasites and other haemosporidia. Oxford.
32 Maier, W. A. (2008): Das Verschwinden der Malaria in Europa. Ursachen und Konsequenzen. In: Bebermeier, W.; Hennig, A.-S. & M. Mutz (Hrsg.): Vom Wasser. Umweltgeschichtliche Perspektiven auf Konflikte, Risiken und Nutzungsformen. Schriften der Deutschen Wasserhistorischen Gesellschaft (DWhG) e. V. Sonderband 4. Norderstedt, S. 143-159.
33 Knottnerus, O. S (2002) Malaria around the North Sea: A Survey. In: Wefer, G.; Berger, W. H.; Behre, K.-E. & E. Jansen (Hrsg.): Climate development and history of the North Atlantic realm. Berlin, Heidelberg, S. 339-353.
34 Panjarathinam, Textbook of Medical Parasitology.
35 Jetten & Takken, Anophelism without Malaria in Europe.

phase auf 10 Tage. Bei 30°C sind es dann nur noch 7 Tage[36]. Plasmodien haben bei ihrer Entwicklung und der damit verbundenen Krankheitsübertragung ein Temperaturoptimum, welches bei *Plasmodium vivax* und *Anopheles messeae* zwischen 22°C und 28°C liegt[37]. Bei Temperaturen ab 32°C kann *Plasmodium vivax* jedoch nicht mehr überleben. Die Minimumtemperatur der Entwicklung liegt, nachgewiesen durch MacDonald (1957), bei 15°C, wobei Grassi (1901) 17,5°C nennt[38] und Garnham (1988) 16°C[39]. Nach Becker[40] liegt die minimale Entwicklungstemperatur sogar bei 14,5°C.

3.2.2 Plasmodium ovale

Plasmodium ovale ist wie *Plasmodium vivax* ein Erreger der Malaria tertiana[41]. Während die anderen Plasmodienarten nur bei Menschen zu finden sind, befällt *Plasmodium ovale* auch „höhere Affen"[42]. Aufgrund der großen Ähnlichkeit zwischen *Plasmodium ovale* und *Plasmodium vivax* ist es nicht möglich zu sagen, wann ersterer das erste Mal nachgewiesen werden konnte, obwohl dieser im Gegensatz zu *Plasmodium vivax* tropische Klimate bevorzugt. Lysenko und Beljaev versuchten 1966 die Verbreitung des Erregers zu erfassen und fanden ihn hauptsächlich in den tropischen Regionen Afrikas. Zusätzliche endemische Gebiete fanden sich nur auf den Philippinen und auf Neuguinea[43]. Daten zur minimalen Entwicklungstemperatur sind nach Snow[44] nicht vorhanden. Bei Coatney et al.[45] konnte lediglich die Dauer der Sporogonie bei 25°C in *Anopheles atroparvus* gefunden werden, die 15 Tage beträgt.

36 Martini, Lehrbuch der medizinischen Entomologie.

37 Becker, Die Rolle der Globalisierung und Klimaveränderung auf die Entwicklung von Stechmücken.

38 Jetten & Takken, Anophelism without Malaria in Europe.

39 Snow, Malaria and mosquitoes in Britain.

40 Becker, Die Rolle der Globalisierung und Klimaveränderung auf die Entwicklung von Stechmücken.

41 Panjarathinam, Textbook of Medical Parasitology.

42 Jetten & Takken, Anophelism without Malaria in Europe.

43 Coatney, G. R.; Collins, W. E.; McWilson, W. & P. G. Contacos (1971): The primate malarias. Online unter: http://www.dpd.cdc.gov/DPDX/HTML/PDF_Files/Primate%20Malarias%20Chapters/chap_15.pdf & http://www.dpd.cdc.gov/DPDX/HTML/PDF_Files/Primate%20Malarias%20Chapters/chap_18.pdf (10.02.2010).

44 Snow, Malaria and mosquitoes in Britain.

45 Coatney et al., The primate malarias.

3.2.3 Plasmodium malariae

Malaria quartana wird durch den Parasiten *Plasmodium malariae* verursacht[46]. Neben *Plasmodium vivax* ist er in gemäßigten Klimaten zu finden und ist dort verbreitet, wo die Sommerisotherme nicht unter einem Wert von 15°C liegt[47]. *Plasmodium malariae* wird auch als langsamer Erreger bezeichnet, da seine Verbreitung von 35-45 Tagen durchgehender Temperatur > 16,5°C abhängig ist und seine Inkubationszeit 20-40 Tage beträgt. Zudem werden mit ihm weniger Gametozyten im Menschen erzeugt, durch die Anophelesmücken infiziert werden können, wodurch ein hohes Vektorvorkommen unabdinglich wird[48]. Im Gegensatz zu *Plasmodium vivax* verringert sich die Lebenszeit von *Plasmodium malariae* bei steigender Temperatur. Die Sporozoiten reifen schneller, aber die Anophelen sterben meist vor Abschluss der Sporogonie und sind dann nicht mehr infektiös. Die Sporozoitenreifungszeit von *Plasmodium malariae* beträgt bei 20°C ganze 35 Tage. Bei einem Sprung auf 25°C wird diese Zeit auf 14 Tage reduziert[49]. Die minimale Temperatur, um eine Infektiosität zu gewährleisten, liegt bei 16,5°C[50].

3.2.4 Plasmodium falciparum

Malaria tropica wird durch den Erreger *Plasmodium falciparum* ausgelöst. Dieser ist v.a. in den Tropen und Subtropen sowie in tropischen und subtropischen Gebieten Asiens heimisch. „Falciparum“ bedeutet so viel wie „Sichel“ (lat. *falx*) und ist vom sichelförmigen Gametozyten während des erythrozytären Stadiums im Menschen abgeleitet[51]. Ohne Behandlung kann der Erreger ein bis zwei Jahre im menschlichen Zwischenwirt verbleiben. Die Malaria tropica tritt nur selten in Nord-West-Europa auf. Ein Auftreten ist meist durch Import bedingt, da sich *Plasmodium falciparum* nur schlecht an die verfügbaren Anophelesarten adaptiert hat. Zudem ist eine Verbreitung außerhalb der tropischen und subtropischen Gebiete schwierig, da über Monate hinweg eine mittlere Temperatur von mindestens 18-19°C benötigt wird, nach GRASSI

46 Panjarathinam, Textbook of Medical Parasitology.
47 Coatney et al., The primate malarias.
48 Jetten & Takken, Anophelism without Malaria in Europe.
49 Martini, Lehrbuch der medizinischen Entomologie.
50 Grassi (1901) in: Jetten & Takken, Anophelism without Malaria in Europe.
51 Panjarathinam, Textbook of Medical Parasitology.

(1901) eine Minimumtemperatur von 18°C bzw. 19°C nach MACDONALD (1957)[52]. Neuere Quellen gehen sogar nur noch von einer Minimumtemperatur von 16,5°C aus. Als Temperaturoptimum wird mit dem Vektor *Anopheles gambiae* der Bereich zwischen 26°C und 32°C beschrieben[53].

3.2.5 Plasmodium knowlesi

Plasmodium knowlesi ist der jüngste bekannte humanpathogene Malariaerreger. Bereits 1931 konnte er bei einem Makaken isoliert werden und galt etwa 70 Jahre lang als zoophil. Vor einigen Jahren konnte aber nachgewiesen werden, dass *Plasmodium knowlesi* bereits seit etwa 70.000 Jahren die Fähigkeit besitzt, Menschen zu infizieren und dies somit kein neues Phänomen ist[54]. In der Vergangenheit war es praktisch unmöglich, *Plasmodium malariae* und *Plasmodium knowlesi* zu differenzieren, so dass man von Ersterem als Erreger ausging. Durch den technischen Fortschritt muss nun aber auch Letzerer als Erreger ernst genommen werden, jedoch primär zoonotisch, da der Mensch meist nur dann infiziert wird, wenn er in den Lebensraum der primären Wirtstiere gelangt[55,56].

Die Verbreitung der Malaria durch *Plasmodium knowlesi* geschieht mit Hilfe der Anophelen des *Anopheles leucosphyrus*-Komplexes, welcher ca. 20 Spezies umfasst[57]. Geographisch ist Südost-Asien hervorzuheben, insbesondere Malaysia. Einzelfälle sind auch aus Thailand, Myanmar, Singapur und den Philippinen bekannt[58].

---

52 Jetten & Takken, Anophelism without Malaria in Europe.

53 Becker, Die Rolle der Globalisierung und Klimaveränderung auf die Entwicklung von Stechmücken.

54 Singh, B.; Sung, L. K.; Matusop, A.; Radhakrishnan, A.; Shamsul, S. S. G.; Cox-Singh, J.; Thomas, A. & D. J. Conway (2004): A large focus of naturally acquired Plasmodium knowlesi infections in human beings. Online unter: http://www.smittskyddsinstitutet.se/upload/EPI-Aktuellt/2008/Singh%20 2004.pdf (22.01.2010).

55 Cox-Singh, J.; Davis, T. M. E.; Lee, K.-S.; Shamsul, S. S. G.; Matusop, A.; Ratnam, S.; Rahman, H. A.; Conway, D. J. & B. Singh (2008): Plasmodium knowlesi Malaria in Humans Is Widely Distributed and Potentially Life Threatening. Clinical Infectious Diseases 46, S. 165-171.

56 Singh et al., A large focus of naturally acquired Plasmodium knowlesi infections in human beings

57 Sallum et al. (2005) in: Cox-Singh & Singh, Knowlesi malaria.

58 Cox-Singh et al., Plasmodium knowlesi Malaria in Humans.

4 Anopheles als Vektor

Anophelesmücken dienen den Malariaplasmodien als Endwirt für ihre Entwicklung, bevor der Mensch infiziert werden kann. Männliche Adulte ernähren sich von Pflanzensäften, während die Weibchen zusätzlich Blut für die Entwicklung der Eier benötigen[59].

Der Entwicklungszyklus einer Stechmücke beginnt mit dem Ei. Dieses Stadium hat eine Dauer von 1-2 Tagen. Dem folgen 4 Larvalstadien mit einer Dauer von 10-12 Tagen. Das Stadium der Puppe folgt daraufhin mit 1-2 Tagen und zuletzt wird die weibliche oder männliche adulte Stufe erreicht. Diese benötigen je nach Geschlecht einen unterschiedlichen Zeitraum: Männliche Individuen entwickeln sich innerhalb einer Woche, die weiblichen benötigen ca. einen Monat. Vom Ei bis zur Puppe findet die Entwicklung in einem aquatischen Habitat statt[60,61]. Dieser Zyklus kann in Europa je nach klimatischen Bedingungen und Spezies mehr als einmal stattfinden. Neben dieser Entwicklung gibt es weitere maßgebliche Charakteristika, die eine Malariaübertragung beeinflussen. Dazu gehören die Mückenpopulationsdichte, die Empfänglichkeit gegenüber Plasmodien, die Lebensdauer und die Mobilität des Vektors[62].

Anfang des 20. Jahrhunderts konnte nachgewiesen werden, dass Malariaparasiten durch den Biss von Stechmücken übertragen werden. Es gibt ca. 3200 Stechmückenspezies, die zu 42 Gattungen gehören. Davon kann nur die Gattung der Anophelesmücken den Menschen mit Malaria infizieren. Zu dieser Gattung gehören ca. 430 bekannte Arten, von denen wiederum 70 als Malariaüberträger bekannt sind und etwa 40 von ihnen als Vektoren eine

---

59 Maier, W. A. (2002b): Mögliche Auswirkungen von Klimaänderungen auf die Ausbreitung von primär humanmedizinisch relevanten Krankheitserregern über tierische Vektoren sowie auf die wichtigsten Humanparasiten in Deutschland. Online unter: http://www.umweltdaten.de/publikationen/fpdf-l/2291.pdf (04.04.2009).

60 Maier, Umweltveränderungen und deren Einflüsse auf krankheitsübertragende Arthropoden in Mitteleuropa.

61 Martini (1921) in: Schröder, W.; Bast, H.; Pesch, R.; Schmidt, G. & E. Kiel (2007a): Klimawandel und Malaria: Flächenhafte Modellierung der potenziellen Reproduktionsrate des Malaria-Erregers Plasmodium vivax in Anopheles atroparvus auf Grundlage gemessener und prognostizierter Lufttemperaturen in Niedersachsen. Online unter: http://www.springerlink.com/content/a51572v3877um2j1/fulltext.pdf (19.10.2009).

62 Jetten & Takken, Anophelism without Malaria in Europe.

wichtige Rolle einnehmen[63]. Nach SNOW[64] benötigen potentielle Vektoren zwischen 26 und 27 Tage, um bei einer Mitteltemperatur im Sommer von 16-18°C infektiös zu werden, d.h. sie müssen diese Zeitspanne überleben. Abbildung 3 zeigt diese wichtigen Vektoren bzw. die globale Verteilung nach dominanten oder potentiell dominanten Anophelesarten. Regional dominante Vektoren sind dadurch definiert, dass sie vektorkompetent sind, sich mit Erregern infizieren können, ihr Blutmahl am Menschen nehmen und räumlich häufiger auftreten als andere Anophelesarten[65].

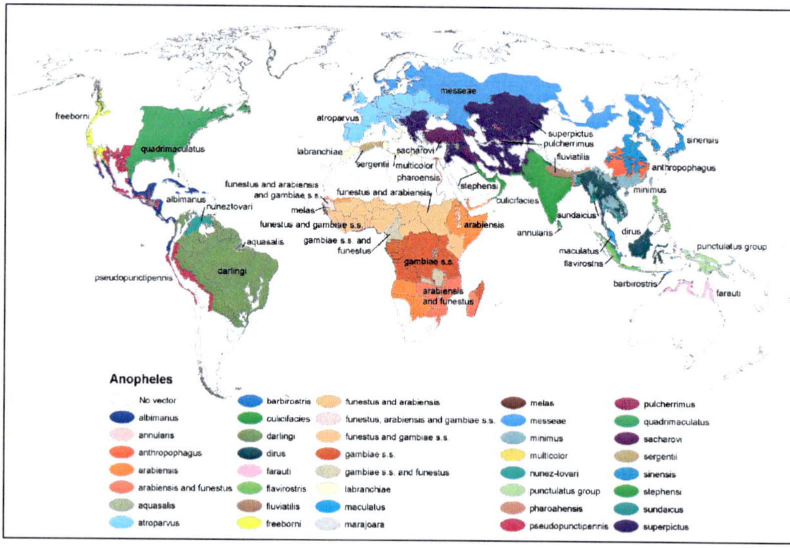

Abbildung 3: Globale Verbreitung der wichtigsten Malariavektoren[66]

---

63 Service, M. W. & H. Townson (2002): The Anopheles vector. In: Warrel, D. A. & H. M. Gilles (Hrsg): Essential Malariology. London. 4. Auflage, S. 59-83.

64 Snow, Malaria and mosquitoes in Britain.

65 Kiszewski, A.; Mellinger, A.; Spielman, A.; Malaney P.; Ehrlich Sachs, S. & J. Sachs (2004): A global index representing the stability of Malaria transmission. Online unter: http://www.ajtmh.org/cgi/reprint/70/5/486 (25.10.2009).

66 http://www.cdc.gov/malaria/images/graphs/ map.gif

4.1 Europäische Anophelesarten

Je nach Quelle findet man eine unterschiedliche Anzahl an Anophelesarten, deren Vorkommen bereits in Europa dokumentiert wurde. JETTEN & TAKKEN[67] sprechen von 12 Arten (Tab. 1), RAMSDALE & SNOW[68] von 18 Arten (Tab. 2). Mindestens zwei dieser Arten sind in jedem europäischen Staat, außer Island und Luxemburg, zu finden. Island kann als Anopheles-frei bezeichnet werden, da es keine Berichte von dortigen Anophelesfunden gibt[69]. In Luxemburg ist lediglich die Art *Anopheles maculipennis s.s.* nachgewiesen worden[70].

Tabelle 1: Anophelesarten in Europa (in Deutschland fett gedruckt)[71]

Spezies	Synonyme	
Anopheles maculipennis-Komplex:		
Anopheles atroparvus	fallax, cambournaci	Thiel, 1927
Anopheles beklemishevi	lewisi, selengensis, alexandraeschingarevi	Stegnii & Kabanova, 1976
Anopheles labranchiae	pergusae	Falleroni, 1926
Anopheles maculipennis s.s.	basilei, typicus	Meigen, 1918
Anopheles melanoon	messeae, subalpinus = bifurcatus	Hackett, 1934
Anopheles messeae	lewisi, selengesis, alexandreaeschingarevi	Swellengrebel & de Buck, 1933
Anopheles sacharovi	elutus	Favr, 1903
andere Anopheles-Arten:		
Anopheles superpictus		
Anopheles algeriensis		
Anopheles hispaniola		
Anopheles claviger		
Anopheles sergenti		

67 Jetten & Takken, Anophelism without Malaria in Europe.

68 Ramsdale, C. & K. Snow (2000): The distribution of the genus Anopheles in Europe. Online unter: http://www.mosquitocatalog.org/pdfs/MQ0161.pdf (19.06. 2009).

69 Ebd.

70 Schaffner (1999) in: Ramsdale, C. & K. Snow (2000): The distribution of the genus Anopheles in Europe.

71 nach Jetten & Takken, Anophelism without Malaria in Europe.

Von den hier gelisteten Arten waren die Anophelen des *Anopheles maculipennis*-Komplexes hauptsächlich für die Übertragung der Malaria in Europa verantwortlich. Besonders hervorzuheben sind dabei *Anopheles atroparvus*, *Anopheles labranchiae* und *Anopheles sacharovi*[72].

Tabelle 2: Anophelesarten in Europa[73]

Spezies	
Anopheles (An.) algeriensis	Theobald, 1903
Anopheles (An.) atroparvus	Thiel, 1927
Anopheles (An.) beklemishevi	Stegnii & Kabanova, 1976
Anopheles (An.) claviger	Meigen, 1804
Anopheles (An.) hyrcanus	Pallas, 1771
Anopheles (An.) labranchiae	Falleroni, 1926
Anopheles (An.) maculipennis	Meigen, 1918
Anopheles (An.) marteri	Senevt & Prunelle, 1927
Anopheles (An.) melanoon	Hackett, 1934
Anopheles (An.) messeae	Falleroni, 1926
Anopheles (An.) petragnani	Del Vecchio, 1939
Anopheles (An.) plumbeus	Stephens, 1828
Anopheles (An.) sacharovi	Favre, 1903
Anopheles (An.) subalpinus	Hackett & Lewis, 1935
Anopheles (Cellia) cinereus	Theobald. 1901
Anopheles (Cellia) multicolor	Cambouliou, 1902
Anopheles (Cellia) sergentii	Theobald, 1907
Anopheles (Cellia) superpictus	Grassi, 1899

Die weiteste Verbreitung konnte *Anopheles atroparvus* aufweisen und wurde v.a. mit den Malariafällen in Küstenregionen Westeuropas in Zusammenhang gebracht. *Anopheles labranchiae* spielte in Mittel- und Süditalien die entscheidendste Rolle und *Anopheles sacharovi* in der östlichen Mittelmeerregion. Die anderen Arten des *Anopheles maculipennis*-Komplexes wurden nur bei erhöhter Populationsdichte zu wichtigen Malariaüberträgern. *Anopheles messeae* wurde dann z.B. in Osteuropa und im Balkan bedeutsamer, während sich *Anopheles maculipennis s.s.* ebenfalls im Balkan als wichtiger Vektor ausbreitete. Über *Anopheles melanoon* ist nur wenig als Überträger bekannt und kann somit vernachlässigt werden[74].

Weiterhin existierten neben dem *Anopheles maculipennis*-Komplex noch andere Arten in Europa. Beispielsweise ist *Anopheles superpictus* als Vektor aus Korsika, Süditalien Rumänien, Südbulgarien, Albanien, Jugoslawien, Ma-

72 Jetten & Takken, Anophelism without Malaria in Europe.

73 nach Ramsdale & Snow, The distribution of the genus Anopheles in Europe.

74 Jetten & Takken, Anophelism without Malaria in Europe.

zedonien, Griechenland, Zypern, der Türkei und dem Kosovo bekannt[75]. Zudem wurde laut WEYER[76] von einzelnen Malarianeuerkrankungen aus Spanien berichtet. *Anopheles algeriensis* ist hingegen nicht als wichtiger Vektor in Europa bekannt. Sein Auftreten, im Zusammenhang mit Malariainfektionen, liegt im Mittelmeergebiet sowie in Mittel- und Nordeuropa[77]. Ein potentieller Vektor ist ebenfalls *Anopheles hispaniola*, welcher aus Portugal, Spanien, Süditalien und Griechenland bekannt ist[78]. *Anopheles claviger* hat auch als Malariaüberträger in einigen Teilen Europas eine Rolle gespielt, besonders in Südostitalien[79]. Als Malariavektor ist *Anopheles sergentii* nur in zwei Fällen aus Sizilien bekannt, dort liegt auch seine nördliche Verbreitungsgrenze[80].

4.2 Anophelesarten in Deutschland

Neben der Aufzählung der europäischen Anophelen erwähnen JETTEN & TAKKEN[81] fünf in Deutschland vorkommende Arten: *Anopheles atroparvus*, *Anopheles maculipennis s.s.*, *Anopheles messeae*, *Anopheles algeriensis* und *Anopheles claviger*. Laut MOHRIG[82] wurde in Deutschland zudem die Art *Anopheles plumbeus* nachgewiesen. Davon ist *Anopheles atroparvus* am weitesten im Bereich der Küsten verbreitet. Ihr folgen bezüglich der Verbreitung *Anopheles claviger*, *Anopheles typicus* und *Anopheles plumbeus*. Im Binnenland dagegen ist *Anopheles messeae* vorherrschend[83].

Die in Deutschland bisher nachgewiesenen Arten, die bis ins 20. Jahrhundert die Malaria übertragen haben, finden sich hier auch heute noch. Klimaverän-

75 Ebd.

76 Weyer, F. (1939): Die Malaria-Überträger: Eine Zusammenstellung der wichtigen Anopheles-Arten mit Angaben über Verbreitung, Brutgewohnheiten, Lebensweise und praktische Bedeutung. Leipzig.

77 Horsfall, W. R. (1955): Mosquitoes: Their bionomics and relation to disease. New York.

78 Ribeiro et al. (1980) in: Jetten & Takken, Anophelism without Malaria in Europe.

79 Hargreaves (1923) in: Jetten & Takken, Anophelism without Malaria in Europe.

80 D'Alessandro & Sacca (1967) in: Jetten & Takken, Anophelism without Malaria in Europe.

81 Jetten & Takken, Anophelism without Malaria in Europe.

82 Mohrig, W. (1969): Die Culiciden Deutschlands: Untersuchungen zur Taxonomie, Biologie und Ökologie der einheimischen Stechmücken. Jena.

83 Maier, Mögliche Auswirkungen von Klimaänderungen auf die Ausbreitung von primär humanmedizinisch relevanten Krankheitserregern

derungen könnten in Zukunft ein autochthones Wiederauftreten der Malaria in gemäßigten Klimaregionen bedingen[84].

4.2.1 Anopheles atroparvus

Die Art *Anopheles atroparvus* ist eine der in Deutschland endemischen Anophelesmücken und somit potentieller Vektor für Malaria. Diese kann bei dieser Anopheles-Art durch *Plasmodium vivax*, *Plasmodium malariae* sowie durch *Plasmodium falciparum* übertragen werden. Sie gehört zum *Anopheles maculipennis*-Komplex, welcher global die weiteste Verbreitung der Anopheles-Arten aufweist und in Europa von Portugal über Spanien bis nach Nordskandinavien reicht. Die Nordgrenze von *Anopheles atroparvus* befindet sich dagegen in Südschweden. Inseln sowie Küstengebiete werden bevorzugt, so dass sie vorwiegend an den deutschen Nord- und Ostseeküsten zu finden ist. Weiterhin sind die relativ seltenen Binnenlandfunde mit dem Vorhandensein von Salz gekoppelt[85]. Die Binnenlandvorkommen von *Anopheles atroparvus* reichen von Goslar bis zum Schwarzwald über Eisleben im östlichen Harzvorland, Frankfurt am Main, Leipzig, Magdeburg, das Rheinland und verschiedene Seen in Thüringen, wie Abbildung 4 zeigt[86]. In Höhenlagen entwickeln sie sich bis ca. 1000 m ü. NN, teilweise auch bis zu 1200 m ü. NN im Alpenraum[87].

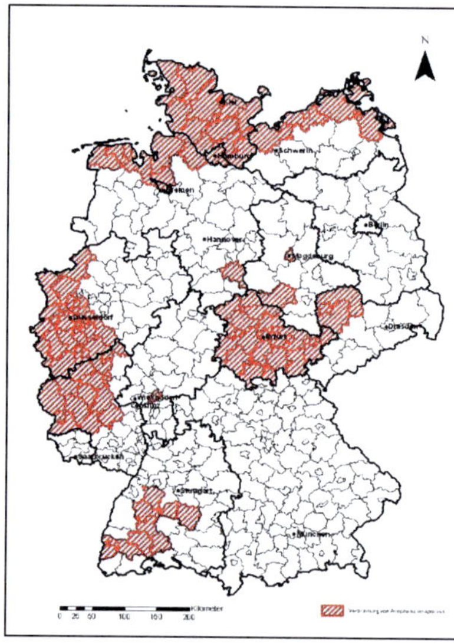

Abbildung 4: Verbreitung von *Anopheles atroparvus*

[84] Maier, Mögliche Auswirkungen von Klimaänderungen auf die Ausbreitung von primär humanmedizinisch relevanten Krankheitserregern.

[85] Weyer, Die Malaria-Überträger.

[86] Mohrig, Die Culiciden Deutschlands.

[87] Weyer, Die Malaria-Überträger.

Nach WEYER[88] sind sich die Brutplätze der Anophelen des *Anopheles maculipennis*-Komplexes sehr ähnlich. Die Larven von *Anopheles atroparvus* findet man in stehenden oder langsam fließenden Gewässern mit viel Sonneneinstrahlung, wobei die meiste Zeit des Jahres Wasser ohne Verunreinigungen geführt werden sollte. Dies trifft auf z.B. Tümpel, Teiche und Gräben sowie Kanäle zu, die über keine dichte Vegetation verfügen. Neben diesen Brutstellen sind ebenfalls Brackwasserstellen im Hauptverbreitungsgebiet und generell salzige Wasserstellen im Binnenland ebenso günstig für die Genese der Larven wie Süßwassergebiete.

Anopheles atroparvus ist vorwiegend eine endophile Art, so dass man sie häufig in Ställen findet. Manchmal wird der Lebensraum auch auf menschliche Wohnräume ausgeweitet. Diese Anopheles-Art bevorzugt Vieh zum Saugen, aber bei bestimmten klimatischen Bedingungen wie höherer Temperatur und niedrigerer Luftfeuchte wechselt sie zum Menschen[89]. Dagegen wird unter normalen Bedingungen eine eher hohe Luftfeuchtigkeit favorisiert[90].

Nach erfolgreicher Überwinterung findet man die ersten Culiciden von *Anopheles atroparvus* im April, die höchste Populationsdichte wird im August und September erreicht. Danach folgt die Überwinterung der weiblichen Adulte vorwiegend in Stallräumen. Jedoch werden auch in diesem Stadium manchmal Blutmahlzeiten genommen[91].

4.2.2 Anopheles maculipennis s.s.

Anopheles maculipennis s.s. ist ebenfalls unter dem Namen *Anopheles typicus* bekannt, um eine bessere Abgrenzung zum Namen des *Anopheles maculipennis*-Komplexes zu schaffen. Gemäß ihrem Namen gehört auch diese Art zu der bereits genannten Anopheles-Gruppe. Malaria kann durch diese Anopheles-Art durch die drei Haupterreger *Plasmodium vivax*, *Plasmodium malariae* und *Plasmodium falciparum* übertragen werden. *Anopheles maculipennis s.s.* hat die räumlich größte Verbreitung in diesem Komplex und ist eine Gebirgsform, die bis nach Nordschweden nachgewiesen werden kann.

---

88 Weyer, Die Malaria-Überträger.
89 Ebd.
90 Hundertmark (1938) in: Weyer, Die Malaria-Überträger.
91 Weyer, Die Malaria-Überträger.

Die Funde des *Anopheles maculipennis*-Komplexes über 1000 m ü. NN sind auf diese Form zurückzuführen, jedoch ist die Verbreitung nicht nur auf Höhenlagen beschränkt, sondern durchaus auch in Ebenen zugegen[92]. In Deutschland konnte diese Anopheles-Art in der oberen Rheintal-Region, Thüringen, Schleswig-Holstein, Hamburg, Hannover, Süddeutschland, im Harz sowie an der Ostseeküste nachgewiesen werden (Abb. 5)[93,94,95].

Die Brutplätze von *Anopheles maculipennis s.s.* zeigen eine Neigung für Quellwasser sowie Gebirgsweiher mit Frischwasserzufluss. Jedoch haben andere Untersuchungen gezeigt, dass eine Entwicklung in Brackwasser ebenfalls möglich ist[96].

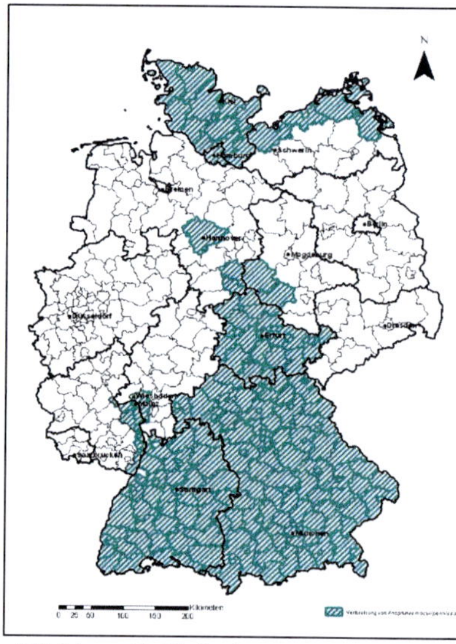

Abbildung 5: Verbreitung von *Anopheles maculipennis s.s.*

Für *Anopheles maculipennis s.s.* gilt in Bezug auf die Lebensbedingungen Ähnliches wie für *Anopheles atroparvus*, d.h. auch sie sind endophil und hauptsächlich in Ställen anzutreffen, wechseln aber auch in den menschlichen Wohnbereich. Ebenso gehören sie zu den zoophilen Mücken, die unter bestimmten klimatischen Bedingungen zeitweilig auch ein anthropogenes Blutmahl nehmen[97]. Unter normalen Entwicklungsbedingungen genügt *Anopheles maculipennis s.s.* die geringste Luftfeuchtigkeit in dem Komplex[98].

92 Weyer, Die Malaria-Überträger.
93 Baer, H.-W. (1960): Anopheles und Malaria in Thüringen. Parasitologische Schriftenreihe 12. Jena.
94 Mohrig, Die Culiciden Deutschlands.
95 Becker, N. & A. Kaiser (1995): Die Culicidenvorkommen in den Rheinauen der Oberrheingebietes mit besonderer Berücksichtigung von Uranotaenia (Culicidae, Diptera) – einer neuen Stechmückengattung für Deutschland. Mitteilungen der Deutschen Gesellschaft für allgemeine und angewandte Entomologie 10. S. 407-413.
96 Weyer, Die Malaria-Überträger.
97 Ebd.
98 Hundertmark (1938) in: Weyer, Die Malaria-Überträger.

Im Gegensatz zu *Anopheles atroparvus* erfolgt die Überwinterung von Anopheles *maculipennis s.s.* die gesamte Zeit des Winters an kühlen Plätzen, ohne an Mensch oder Tier zu saugen. Es werden lediglich die gesammelten Fettvorräte benötigt. Im April sind dann die ersten Culiciden dieser Art anzutreffen. Auch sie erreichen ihr Populationsmaximum im August und September[99].

4.2.3 Anopheles messeae

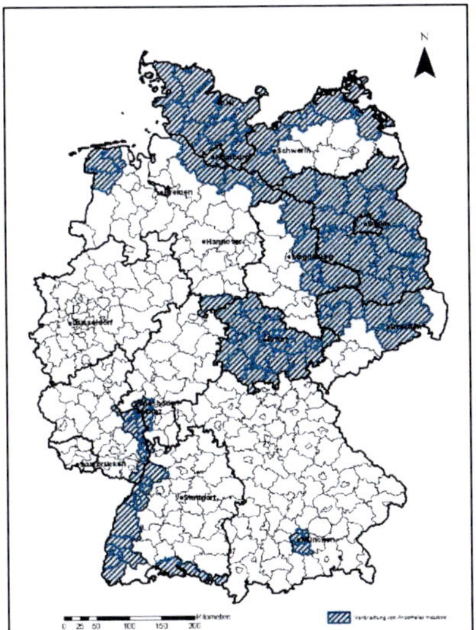

Abbildung 6: Verbreitung von *Anopheles messeae*

Die Art *Anopheles messeae* gehört ebenso wie *Anopheles atroparvus* und *Anopheles maculipennis s.s.* zum *Anopheles maculipennis*-Komplex und kann daher ebenso als Vektor für *Plasmodium vivax*, *malariae* und *falciparum* dienen. *Anopheles messeae* ist eine Binnenlandform, welche Niederungen, Sumpf- und Seelandschaften sowie Flusstäler favorisiert. Die nördlichste Verbreitung konnte zwischen Schweden und Finnland an der gemeinsamen Grenze nachgewiesen werden[100]. Die Verbreitung von *Anopheles messeae* ist in Deutschland regional nicht gut eingrenzbar, denn man findet diese Art vereinzelt beinahe überall, besonders an der Ostsee, in der oberen Rheintalregion, Schleswig-Holstein, Ostfriesland, Thüringen, Brandenburg, Berlin und der Elbeniederungen (Abb. 6)[101,102,103].

99 Weyer, Die Malaria-Überträger.
100 Ebd.
101 Baer, Anopheles und Malaria in Thüringen.
102 Mohrig, Die Culiciden Deutschlands.
103 Becker & Kaiser, Die Culicidenvorkommen in den Rheinauen.

Die Larven von *Anopheles messeae* sind vorwiegend an großen vegetationsreichen Süßwasserstellen im Binnenland zu finden. Dazu gehören Sumpfwiesen, alte Flussläufe und verlandende Seeufer mit genügend Schilf. Die Wassertemperaturen liegen dabei unter den günstigen Temperaturen für *Anopheles atroparvus*[104].

Anopheles messeae ist, wie die vorher genannten Arten des *Anopheles maculipennis*-Komplexes, endophil und bevorzugt Ställe als Lebensraum, kann aber auch Häuser und Wohnungen aufsuchen. Zudem wird das Blutmahl meist an Tieren vorgenommen und seltener, bedingt durch Temperatur und Luftfeuchtigkeit, am Menschen[105].

In der Überwinterungsphase, die als Adult erfolgt, zeigen sich deutliche Ähnlichkeiten zu *Anopheles maculipennis s.s.*, denn auch *Anopheles messeae* überwintert an kühlen Orten und greift auf die Fettvorräte zurück. Im April und Mai können die ersten fliegenden Culiciden gesichtet werden, deren Dichtemaximum im August und September erreicht wird[106,107].

4.2.4 Anopheles algeriensis

Anopheles algeriensis findet sich nur vereinzelt in Mitteleuropa, darunter an mehreren Orten in Deutschland (Abb. 7) wie z.B. im Spreewald und an der Müritz sowie in der Umgebung von Krefeld, Frankfurt am Main und Berlin[108,109,110]. Der mitteleuropäische Raum stellt ihre nördliche Verbreitungsgrenze dar, *Anopheles algeriensis* ist überwiegend in den südlichen Gebieten Europas zu finden, ebenso wie in Nordafrika und in einigen Gebieten Asiens[111]. Daher ist die epidemiologische Bedeutung für Mitteleuropa als gering einzustufen.

---

104 Weyer, Die Malaria-Überträger.
105 Ebd.
106 Ebd.
107 Baer, Anopheles und Malaria in Thüringen.
108 Weyer, Die Malaria-Überträger.
109 Baer, Anopheles und Malaria in Thüringen.
110 Mohrig, Die Culiciden Deutschlands.
111 Weyer, Die Malaria-Überträger.

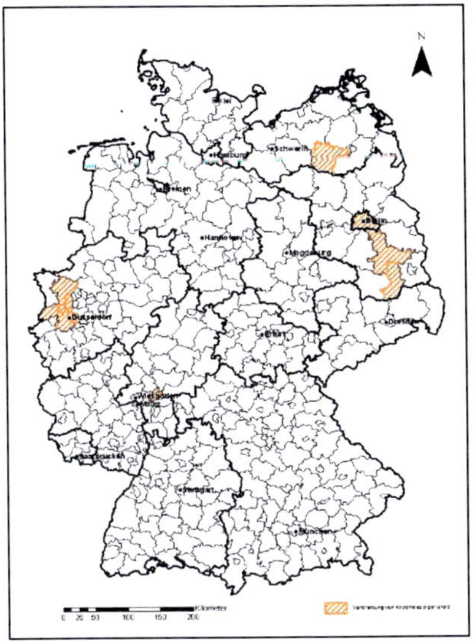

Abbildung 7: Verbreitung von *Anopheles algeriensis*

Die Brutplätze von *Anopheles algeriensis* liegen hauptsächlich in schattigen Sumpfgebieten mit einem hohen Wasserstand. Diese Freilandart wird nur selten in Wohnräumen und Stallungen gefunden. Sie bevorzugt Wildtiere, gelegentlich aber auch Menschen und deren Vieh bzw. Haustiere[112]. Die Überwinterung erfolgt im larvalen Stadium[113].

4.2.5 Anopheles claviger

Anopheles claviger kann Malaria mit den Plasmodien *Plasmodium vivax* sowie *Plasmodium falciparum* übertragen, wobei sie in den nördlichen Gebieten kaum eine Rolle als Malariavektor spielt. Die europäische Verbreitung erstreckt sich nach WEYER[114] bei Fundorten auf Gesamteuropa mit Südschweden und Norwegen als nördliche Grenzen. Eine große, aber zahlenmäßig nicht häufige Verbreitung kann auch in Deutschland nachgewiesen werden u.a. in der Umgebung von Frankfurt am Main, München, Leipzig, Göttingen, Greifswald, Thüringen sowie am Oberrhein, in den bayerischen Alpen, im Schwarzwald und im Fichtelgebirge (Abb. 8)[115,116,117]. Die Populationsdichte kann bei sehr günstigen Bedingungen rasch ansteigen. *Anopheles claviger*

112 Weyer, Die Malaria-Überträger.
113 Baer, Anopheles und Malaria in Thüringen.
114 Weyer, Die Malaria-Überträger.
115 Baer, Anopheles und Malaria in Thüringen.
116 Mohrig, Die Culiciden Deutschlands.
117 Becker (1997) in: Ramsdale & Snow, The distribution of the genus Anopheles in Europe.

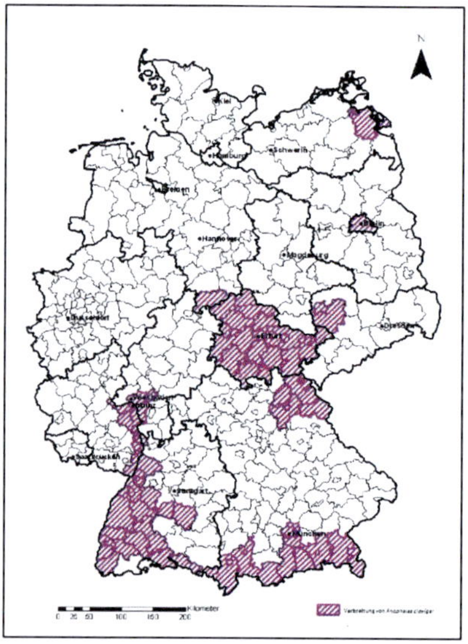

Abbildung 8: Verbreitung von *Anopheles claviger*

bevorzugt geschlossene Waldgebiete sowie Quellland. Höhen über 1000 m ü. NN hindern sie nicht an der Entwicklung, so dass sie ab dieser Höhe an die Stelle von *Anopheles maculipennis s.s.* tritt. Die Larven von *Anopheles claviger* wurden in den 1930er Jahren sogar auf einer Höhe von 2000 m ü. NN im Atlas-Gebirge dokumentiert[118].

Die Brutplätze dieser Anopheles-Art reichen von sonnigen im Frühjahr bis schattigen Orten im Herbst. Sie ist zudem als Kaltwasserbrüter bekannt und bevorzugt Wassertemperaturen unter 20°C[119,120]. Die Larven von *Anopheles claviger* finden sich an quellreichen Orten, in tiefen Wasserlöchern, in Gräben, im Schattenbereich der Ufervegetation und bei keiner anderen Möglichkeit auch auf feuchter Erde. Auch verunreinigtes Wasser sowie Abwässer hemmen sie nur bedingt in ihrer Entwicklung. Die Überwinterung dieser Culiciden erfolgt im larvalen Stadium, so dass die Larven in den Wintermonaten auch unter Eis an den Brutplätzen zu finden sein können. Laborversuche haben jedoch gezeigt, dass sie im gefrorenen Eis nicht überleben. Demnach wird davon ausgegangen, dass die Überwinterung in einem besonderen inaktiven Stadium erfolgt, welches der Diapause ähnlich sein muss[121].

Die adulten Mücken sind exophile und zoophile Arten. Jedoch findet man diese Mücke nicht nur im Freien, sondern auch in Ställen und Häusern, weshalb auch – entgegen der Priorität – Menschen gestochen werden können. Nach der Überwinterung erscheinen die ersten Adulte im April bis Anfang Mai, wäh-

118 Weyer, Die Malaria-Überträger.
119 Bates, M. (1949): The natural history of mosquitoes. New York.
120 Snow, Malaria and mosquitoes in Britain.
121 Bates, The natural history of mosquitoes.

rend sie sich im Hochsommer wieder zurückziehen, um sich dann in den Herbstmonaten wieder vermehrt zu zeigen[122].

4.2.6 Anopheles plumbeus

In Europa gilt *Anopheles plumbeus* als verbreitete Form, welche als Malariavektor durch *Plasmodium vivax* und *Plasmodium falciparum* gilt. In Deutschland konnte sie in Gebieten Süd-, West- und Ostdeutschlands nachgewiesen werden[123]. Dies betrifft v.a. Bayern, Baden-Württemberg, Hessen, Thüringen, Mecklenburg-Vorpommern, das Rheinland, Hamburg, das obere Donautal, den Harz, Leipzig und vereinzelt Schleswig-Holstein (Abb. 9)[124,125].

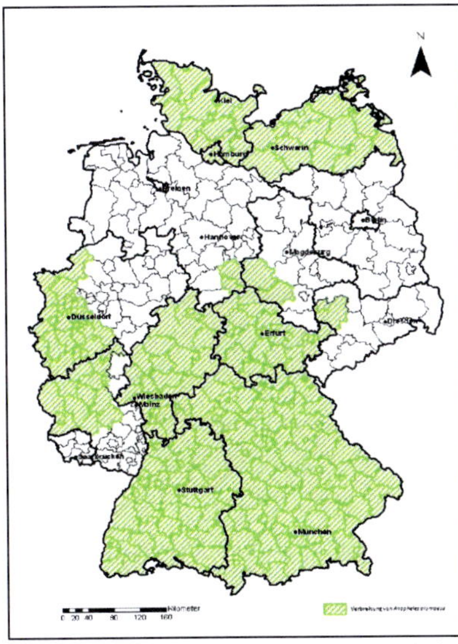

Abbildung 9: Verbreitung von *Anopheles plumbeus*

Die Larven sind nicht wie bei den bisher genannten Arten häufig in Gewässern zu finden, sondern besonders in hohlen Bäumen und nur vereinzelt in geschlossenen Gewässern. *Anopheles plumbeus* ist als anthropophil bekannt, verbreitet sich aber nicht in Wohnräumen und ist damit exophil[126]. Nach ROUBAUD & COLAS BELCOUR (1933) überwintert *Anopheles plumbeus* auf die gleiche Weise wie *Anopheles claviger*, d.h. als Larve, gegebenenfalls unter Eis[127].

---

122 Weyer, Die Malaria-Überträger.
123 Ebd.
124 Mohrig, Die Culiciden Deutschlands.
125 Becker & Kaiser, Die Culicidenvorkommen in den Rheinauen.
126 Weyer, Die Malaria-Uberträger.
127 Bates, The natural history of mosquitoes.

4.3 Vektorkompetenz verbreiteter Anophelesarten in Deutschland

Unter Vektorkompetenz versteht man die Fähigkeit eines Vektors, als Überträger einer Infektionskrankheit wie der Malaria fungieren zu können. In Deutschland sind Fälle bekannt, bei denen Erreger importiert und andere Menschen im Umkreis infiziert wurden, z.B. 1997 in Duisburg. Dort lag ein an Malaria tropica erkrankter Patient aus Angola im Krankenhaus und wurde von einer einheimischen Anophelesmücke gestochen. Diese nahm Gametozyten auf, die sich im Vektor weiter zu Sporozoiten entwickeln konnten. Nun stach diese Mücke zwei andere Patienten, welche sich auch im Krankenhaus befanden und daraufhin ebenfalls an Malaria erkrankten. Der Brutplatz von mehreren Anopheleslarven der Gattung *plumbeus* lag in diesem Fall nur ca. 700 m vom Krankenhaus entfernt. Des Weiteren begünstigte eine mehrere Wochen anhaltende Hitzeperiode die Sporogonie der Plasmodien[128]. Das Risiko einer Übertragung wächst somit auch mit einer steigenden Anzahl von Fernreisenden, einer damit steigenden Anzahl von Gamontenträgern, sich wandelnden klimatischen Bedingungen und einer durch das Beispiel nachgewiesenen Gefahr von einheimischen Anophelen ausgehend.

Der Human Blood Index (HBI) ist ein Ausdruck für die Beziehung zwischen Anopheles und dem Menschen als Nahrungsquelle, wobei der HBI genauer als der Anteil der Blutmahlzeiten am Menschen definiert wird, welche von einer Population genommen werden. Dieser Index unterliegt artspezifischen Unterschieden, z.B. hat *Anopheles atroparvus* in Europa einen HBI von 84%, d.h. sie nimmt ihr Blutmahl relativ häufig am Menschen, während die Mücken des *Anopheles maculipennis*-Komplexes einen mittleren HBI-Wert von 63% haben.

Die Vektorkompetenz wird nicht nur durch das Stechverhalten beeinflusst, sondern auch durch die Überlebenswahrscheinlichkeit der Vektoren. MARTENS[129] gibt nach Daten von BOYD (1949), HORSFALL (1955) und CLEMENT & PATERSON (1981) tägliche Wahrscheinlichkeiten des Überlebens von 82% bei

128 Krüger, A.; Rech, A.; Su, X. Z. & E. Tannich (2001): Two cases of autochthonous Plasmodium falciparum malaria in Germany with evidence, for local transmission by indigenous Anopheles plumbeus. Online unter: http://www3.interscience.wiley.com/cgi-bin/fulltext/118999358/PDFSTART (26.10.2009)

129 Martens, P. (1998): Health and climate change – modelling the impacts of global warming and ozone depletion. London.

9°C, 90% bei 20°C und 4% bei 40°C für adulte Moskitos an. Dabei wird leider nicht nach Spezies und Luftfeuchtigkeitsgehalt differenziert.

5 Verbreitung von Malaria

Heutzutage gelten v.a. tropische und subtropische Gebiete als Endemiegebiete für Malaria. Aber auch in gemäßigten Breiten können die klimatischen Verhältnisse für Erreger und Vektor günstig sein, was z.B. durch autochthone Malariafälle bis in die 1970er Jahre belegt ist sowie durch die heutige Verbreitung in gemäßigten Regionen des Mittleren Ostens[130]. Bereits FOCKE[131] stellte fest, dass die gefährlichsten Gegenden für eine Malariaverbreitung sumpfige Tiefebenen sowie geschlossene Gewässer waren. Dabei wurde auch erwähnt, dass unter anderen Umständen wie in Südeuropa auch trockene Gebiete als Verbreitungsgebiete eingestuft werden müssen.

Damit sich Malaria verbreiten kann, müssen verschiedene Bedingungen erfüllt sein. Dazu zählt das Vorhandensein der Vektoren, welche mit Plasmodien infiziert sein müssen. Des Weiteren ist die Populationsdichte ein wichtiger Faktor sowie die klimatischen Gegebenheiten, die direkt auf die Lebensbedingungen wirken[132].

5.1 Heutige Verbreitung

Die heutige Verbreitung von Malaria beschränkt sich, bis auf wenige nicht signifikante Ausnahmen, auf mehr als 100 Staaten. Diese liegen vorwiegend in den tropischen und subtropischen Gebieten Afrikas wie auch in Abbildung 10 dargestellt ist. Die dunkelblau-eingefärbten Gebiete kennzeichnen die endemischen Malaria- bzw. hohen Risiko-Gebiete.

Von den ca. 500 Millionen Inzidenzfällen pro Jahr sterben etwa eine Millionen Menschen jährlich an dieser Krankheit und 90% davon leben auf dem afrikanischen Kontinent[133]. Trotz des bereits registrierten globalen Temperaturanstiegs ist die geographische Verbreitung der Malaria rückläufig. Dies liegt ins-

---

130 Doolan, D. L.; Dobaño, C. & J. K. Baird (2009): Acquired Immunity to Malaria. Online unter: http://cmr.highwire.org/cgi/reprint/22/1/13 (16.01.2010).

131 Focke, W. O. (1889): Die frühere und jetzige Verbreitung der Malaria in Niedersachsen. Bericht über eine durch den Niedersächsischen Aerztevereinsbund veranstaltete Umfrage. Hannover.

132 Stark, K.; Niedrig, M.; Biederbick, W.; Merkert, H. & J. Hacker (2009): Die Auswirkungen des Klimawandels. Welche neuen Infektionskrankheiten und gesundheitliche Probleme sind zu erwarten? Bundesgesundheitsblatt 52, S.699-714.

133 Millet et al., Imported malaria in a cosmopolitan European city.

besondere am Rückzug der Infektionskrankheit aus gemäßigten und subtropischen Gefilden. Dort haben sich die ökologischen Faktoren für die Überträger durch die Verminderung von Brutplätzen u.a. infolge von Trockenlegungen sowie Mückenbekämpfung verschlechtert. Daneben haben sich die medizinischen Gegebenheiten verbessert[134].

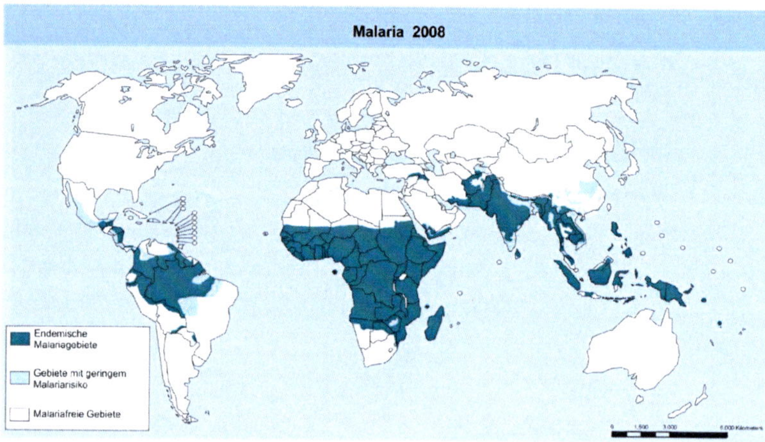

Abbildung 10: Verbreitung von Malaria[135]

Das Risiko an Malaria zu erkranken wächst durch den Import der Erkrankung weiter. Touristen, Gastarbeiter sowie Immigranten tragen die Erreger von Land zu Land bzw. aus Malaria-Risikogebieten in Malaria-freie Regionen und dies meist ohne prophylaktische Maßnahmen[136]. In Europa gibt es heute nur selten autochthone Fälle von Malaria, denn die Vektoren sind endemisch, jedoch nicht die Pathogene, was auch als „Anophelismus ohne Malaria" bezeichnet wird[137].

---

134 Stark et al., Die Auswirkungen des Klimawandels.

135 verändert nach: WHO http://gamapserver.who.int/mapLibrary/Files/Maps/Global_Malaria_ITHRiskMap.JPG

136 Millet et al., Imported malaria in a cosmopolitan European city.

137 Ebert & Fleischer, Globale Erwärmung und Ausbreitung von Infektionskrankheiten.

5.2 Ehemalige Verbreitung in Europa

Innerhalb des Pleistozäns, welches vor ca. 2,5 Millionen Jahren begann und vor ca. 12.000 Jahren endete, war der Großteil Europas – bis auf die südlichsten europäischen Gebiete – frei von Malaria. In den Warmzeiten dieser Serie waren die klimatischen Bedingungen jedoch so gut, dass Malariaübertragungen in einem Großteil Europas möglich waren. Seit dem Ende der letzten Eiszeit haben sich die klimatischen Voraussetzungen noch einmal verbessert und die Verbreitung der Malaria nach Norden wurde weiter begünstigt[138].

Noch vor dem 2. Weltkrieg war Malaria in Europa eine endemische und weit verbreitete Krankheit. Heutzutage ist es schwierig, ehemalige Malariafälle nach Endemie und Import zu differenzieren. Große Bevölkerungsbewegungen aufgrund der zwei Weltkriege und deren soziale und ökonomische Auswirkungen machen eine Unterscheidung schwer. Nach dem 2. Weltkrieg und einem erneuten Aufflackern der Malaria durch rückkehrende Soldaten verschwand die Krankheit allmählich aus den europäischen Staaten, bis sie 1975 ein letztes Mal in Mazedonien nachgewiesen wurde[139].

Im 19. Jahrhundert lag eine der berüchtigtsten Malariaregionen Europas an den Läufen der Donau und ihren Nebenflüssen. Sie erstreckte sich vom südlichen Österreich bis auf beide Seiten des Flusses in Ungarn. Besonders intensiv war das Auftreten von Malaria in den Ebenen Ungarns sowie in den Marschregionen, welche von der Theiß, ein Nebenfluss der Donau, und wiederum deren Nebenflüssen durchkreuzt wurden[140].

In Südeuropa und im Balkan war der Einfluss der Infektionskrankheit wesentlich höher als in den nordeuropäischen Staaten. Die meisten Neuerkrankungen Europas konnten in Griechenland nachgewiesen werden. Zwischen 1931 und 1935 lag die jährliche Zahl an Infizierten bei ein bis zwei Millionen. Berichte von schlimmen Epidemien am Anfang des 20. Jahrhunderts gibt es ebenfalls aus Rumänien mit 420.000 Inzidenzfällen pro Jahr sowie Italien mit

138 Bruce-Chwatt & Zulueta, The Rise and Fall of Malaria in Europe.

139 Ebd.

140 Hirsch, A. (1883): Handbook of geographical and historical pathology 1: Acute infective diseases. London.

300.000 Neuerkrankungen im Jahr 1905[141]. Für die ehemalige USSR wird für 1922 eine Zahl von 1,6 Mio. Inzidenzfällen angegeben [Anm. d. Verf.: In anderen Quellen ist eine bis zu vierfach höhere Zahl genannt]. Neben dieser hohen Zahl an Neuerkrankungen lag die Mortalitätsrate zudem in einigen Regionen bei bis zu 85%[142]. Zur Zeit des 2. Weltkriegs grassierte die Malaria auch in Jugoslawien und Spanien. 1942 und 1943 sind in Jugoslawien ca. 600.000 Malariainfektionen aufgetreten und in Spanien 400.000 Fälle im Jahr 1943[143].

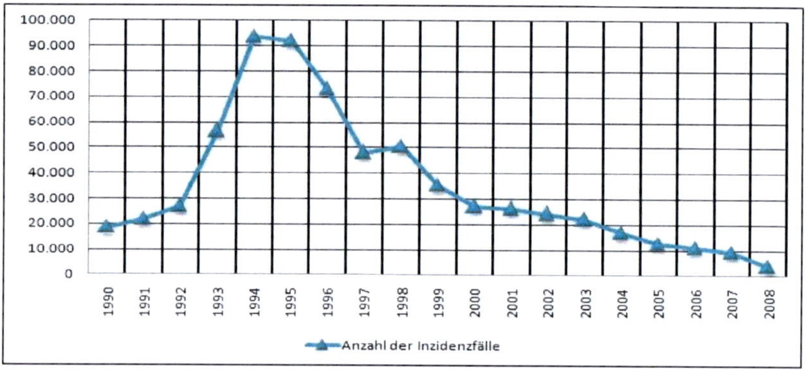

Abbildung 11: Inzidenzfälle in Europa 1990-2008[144]

Ende der 1970er Jahre war im europäischen Gebiet mit etwa 120.000 Fällen wieder ein vermehrtes Auftreten von Malariaerkrankungen zu beobachten. Diese Zahl konnte zwar daraufhin verringert werden, jedoch sind in den letzten Jahren wieder autochthone Fälle in Italien, Griechenland und Bulgarien aufgetreten – also dort, wo die Malaria als ausgestorben galt[145]. Nach der WHO[146] lag die Zahl der Inzidenzfälle in Europa im Jahr 2006 noch bei über 10.000 und 2008 dagegen nur noch bei ca. 4000, wie Abbildung 11 zeigt. Je-

141 Bruce-Chwatt & Zulueta, The Rise and Fall of Malaria in Europe.

142 Howard-Jones, N. (1975): The Scientific Background of the International Sanitary Conferences 1851 - 1938. WHO - History of International Public Health 1. Genf.

143 Bruce-Chwatt & Zulueta, The Rise and Fall of Malaria in Europe.

144 nach WHO (2009): Centralized information system for infectious diseases (CISID). Online unter: http://data.euro.who.int/cisid/?TabID=223217 (25.10.2009).

145 Maier, Mögliche Auswirkungen von Klimaänderungen auf die Ausbreitung von primär humanmedizinisch relevanten Krankheitserregern.

146 WHO, Centralized information system for infectious diseases.

doch sind von 20% der europäischen Staaten keine Daten vorhanden, was diesen Abwärtstrend erklären kann.

5.3 Ehemalige Verbreitung in Deutschland

In der Geschichte Deutschlands im Gegensatz zu anderen Ländern Europas gibt es nach Bruce-Chwatt & Zulueta[147] viel Ungewissheit bezüglich Malariaerkrankungen. Nachgewiesen sind aber Fälle von sporadischem Fieber sowie Wechselfieber (Malaria), ab dem 7. Jahrhundert und besonders vom 17. bis 19. Jahrhundert. Bei den autochthonen Malariainfektionen in Deutschland handelte es sich hauptsächlich um Malaria tertiana, ausgelöst durch *Plasmodium vivax*. Vereinzelt ist aber auch über Infektionen mit Malaria quartana und Malaria tropica berichtet worden[148,149].

In der ersten Hälfte des 19. Jahrhunderts waren Malaria-Epidemien besonders im Rheinland verbreitet, wobei einige der Ausbrüche auf die Durchreise von Napoleons Soldaten auf ihrer Rückkehr zurückzuführen sind[150]. Die wichtigsten endemischen Malariaregionen Deutschlands lagen an der Nordseeküste, v.a. in Ostfriesland, denn dort waren im Jahr 1810 mehr als ein Viertel der lokalen Bevölkerung am Wechselfieber erkrankt. Auf kräftige Stürme folgten 1826 epidemische Infektionen an der Nordseeküste mit ca. 10.000 Neuerkrankungen[151].

In der zweiten Hälfte des 19. Jahrhunderts konnte ein hohes Malariavorkommen an den Ufern des Rheins in der Pfalz, im Rheingau und entlang der Donauebenen in Baden-Württemberg und Bayern nachgewiesen werden. In Südwest-Deutschland kam es dagegen nur zu kleineren Malaria-Ausbrüchen an den sumpfigen Fluss- und Seeufern sowie in feuchten Gebirgstälern. Die Verbreitung in Norddeutschland war größer als in anderen deutschen Gebieten, besonders an den Küstengebieten Schleswig Holsteins, im Heideland Hannovers und Oldenburgs, in den norddeutschen Tiefebenen, entlang der

147 Bruce-Chwatt & Zulueta, The Rise and Fall of Malaria in Europe.

148 Martini, Lehrbuch der medizinischen Entomologie.

149 Bitter, L. (1924): Das Vorkommen der Malaria quartana in Norddeutschland. Deutsche Medizinische Wochenschrift 50:1, S. 880-881.

150 Kortenhaus (1928) in: Bruce-Chwatt & Zulueta, The Rise and Fall of Malaria in Europe.

151 Bruce-Chwatt & Zulueta, The Rise and Fall of Malaria in Europe.

Elbe und damit auch im Wendland[152]. Zwischen 1877 und 1885 lag das Vorkommen der Malaria in Oldenburg mit jährlich 14,5 Erkrankungen von 1000 Personen über dem anderer Städte Deutschlands[153]. In Wilhelmshaven betrug die Zahl der Inzidenzfälle in den Jahren 1860-1869 über 19.500[154]. Ebenfalls betroffen waren die wassergesättigten Ebenen Nordrhein-Westfalens[155].

Im Laufe des 19. Jahrhunderts fiel die Zahl der Malaria-Neuinfektionen, v.a. aufgrund der Drainage von Marschen und der Begradigung des Rheins sowie fortschrittlicheren landwirtschaftlichen Techniken[156]. Vereinzelte Ausbrüche konnten dennoch weiterhin in Sachsen und Baden-Württemberg beobachtet werden[157].

Von Anfang bis Mitte des 20. Jahrhunderts sind die meisten Malariafälle aus Schleswig-Holstein, dem nördlichen Rheinland, dem südlichen Baden-Württemberg, Südbayern und Berlin dokumentiert. Vor dem 1. Weltkrieg zählten zudem weitere Regionen in Niedersachsen, Nordrhein-Westfalen, der Pfalz und Bayern dazu. In Emden (Ostfriesland) lag die Zahl der Neuerkrankungen zwischen 1910 und 1916 jährlich bei ca. 200. 1915 bis 1920 folgten aufgrund der kriegsbedingten Zerstörungen – und damit Schaffung von Mückenbrutplätzen – sowie Heimkehrern, Flüchtlingen etc. starke Malariaausbrüche indigener Art, so dass die Anzahl der Erkrankten zwischen 1917 und 1919 auf etwa 7000 anstieg[158].

Malaria tertiana, verursacht durch *Plasmodium vivax*, war am häufigsten in Nord-West-Deutschland verbreitet, aber auch Malaria quartana war nicht selten. Die dokumentierten Fälle von Malaria tropica in der Umgebung von

152 Hirsch, Handbook of geographical and historical pathology.

153 Bruce-Chwatt & Zulueta, The Rise and Fall of Malaria in Europe.

154 Martini, E. (1920): Über Stechmücken besonders deren europäische Arten und ihre Bekämpfung. Online unter: http://ia311229.us.archive.org/1/items/berstechmcke00mart/berstechmcke00 mart.pdf (25.05.2009).

155 Hirsch, Handbook of geographical and historical pathology.

156 Becker, Die Rolle der Globalisierung und Klimaveränderung auf die Entwicklung von Stechmücken.

157 Hirsch, Handbook of geographical and historical pathology.

158 Bruce-Chwatt & Zulueta, The Rise and Fall of Malaria in Europe.

Hamburg und Bremen können auf Seeleute zurückgeführt werden, die die für den Menschen gefährlichste Malaria-Art in diese Region brachten[159].

HORMANN[160] gibt für die Nachkriegsjahre 1945 bis 1947, mit ähnlichen Bedingungen wie nach dem 1. Weltkrieg, genau 13.826 Malarianeuerkrankungen in allen Teilen des Landes an, von denen mindestens 3561 indigener Art waren. Am höchsten lag die Zahl 1946 und 1947 ging sie schon stark zurück. In diesen Jahren waren besonders Berlin, Frankfurt, Brandenburg, Mecklenburg-Vorpommern und Schleswig-Holstein betroffen. Der Großteil dieser Fälle war durch *Plasmodium vivax* verursacht und eine kleine Anzahl durch *Plasmodium malariae*[161].

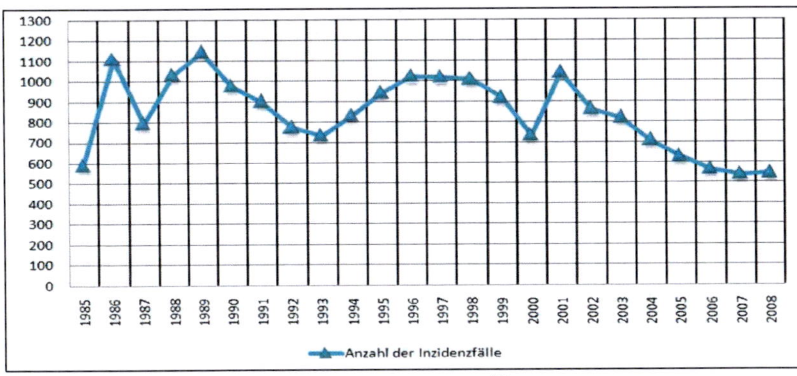

Abbildung 12: Inzidenzfälle in Deutschland 1985-2008[162]

Seit etwa 1990 werden in Deutschland jährlich etwa 1000 Malariaerkrankungen mit weniger als 10 Todesfällen gemeldet, Tendenz seit 2001 fallend (Abb. 12), welche aber alle auf den Import des Erregers zurückgehen und nicht autochthon übertragen wurden[163].

159 Bruce-Chwatt & Zulueta, The Rise and Fall of Malaria in Europe.

160 Hormann, H. (1949): Malaria in Deutschland 1945 - 1947. Zeitschrift für Tropenmedizin und Parasitologie 1, S. 32-91.

161 Schröder (1949) in: Bruce-Chwatt & Zulueta, The Rise and Fall of Malaria in Europe.

162 nach WHO, Centralized information system for infectious diseases.

163 WHO, Centralized information system for infectious diseases.

5.4 Das Verschwinden der Malaria

Für das Verschwinden der Malaria aus Europa können verschiedene Gründe angeführt werden. Besonders hervorzuheben sind dabei die Arbeit verschiedener Gesundheitsorganisationen und ab 1948 der Einsatz der WHO. Zum einen führte die WHO eine Malariabekämpfungs-Kampagne mit dem Einsatz von Insektiziden wie DDT und epidemiologischer Überwachung. Zum anderen spielte der medizinische Fortschritt (z.B. durch Chinin und eine dadurch initiierte Chemoprophylaxe) eine große Rolle sowie bessere Lebensbedingungen der Bevölkerung, wodurch die Vektoren sich bevorzugt in dunkleren Ställen niederließen. Anophelesmücken mit humanpathogenen Malariaparasiten können das Vieh zwar beißen, aber nicht infizieren[164]. Des Weiteren waren der landwirtschaftliche Fortschritt, soziale bzw. ökonomische Besserungen, landschaftliche Veränderungen (z.B. Trockenlegung und Regulierung von Gewässern und damit die Beseitigung der Brutplätze) und im Allgemeinen gesteigerte Lebensbedingungen, die zu einer Unterbrechung des Kontakts von Vektor und Mensch geführt haben, wichtig für das Verschwinden der Malaria[165,166].

Diese Argumente reichen jedoch nicht für alle ehemaligen Malariagebiete aus und beschäftigen sich nur mit den Überträgern, aber nicht mit den Erregern. Teilweise hatte es den Anschein als wäre die Malaria ohne erkennbaren Grund verschwunden. Viele versuchten die Frage zu beantworten, wie es möglich sei, dass ein spontaner Rückgang der Krankheit erfolgen kann, ohne dass die Vektoren sich in ihrer Anzahl reduzieren. Berichten zufolge wurden die Krankheitsverläufe milder, so dass einige Autoren darauf schlossen, dass sich auch der Virulenzgrad der Pathogene verringert hatte. Eine Bestätigung dieser These liefert *Plasmodium vivax*[167,168]. Stämme dessen wurden im 1. Weltkrieg nach Großbritannien importiert, wobei die einheimischen Stämme in Griechenland und Indien eine geringere Virulenz aufwiesen[169]. SAUTET

---

164 Reiter, P. (2008): Global warming and malaria: knowing the horse before hitching the cart. Online unter: http://www.malariajournal.com/content/pdf/1475-2875-7-S1-S3.pdf (29.04.2009).

165 Bruce-Chwatt & Zulueta, The Rise and Fall of Malaria in Europe.

166 Maier, Das Verschwinden der Malaria in Europa.

167 Ebd.

168 Snow, Malaria and mosquitoes in Britain.

169 Maier, Das Verschwinden der Malaria in Europa.

(1948) beobachtete in Frankreich im Zusammenhang mit einem Rückgang der Malaria tertiana-Infektionen eine kleinere Anzahl an Gametozyten im Blut. Ein Grund dafür könnte die Mutation des *Plasmodium vivax*-Stammes zu einem schwach virulenten Stamm sein und so das Verschwinden der Malaria aus manchen Regionen erklären. Eine andere Erklärung liegt in der Immunität, wobei diese durch eine hohe Anzahl an Parasiten im Blut hervorgerufen werden kann und dadurch zu einer Minderung der Infektiosität der Gamonten führt. Dies wurde für einige *Plasmodium vivax*-Stämme in Sri Lanka nachgewiesen. Bei anderen Erregern wie *Plasmodium falciparum* wird diese Möglichkeit zur Eindämmung durch sehr wirksame Vektoren wie *Anopheles gambiae* nichtig[170].

Für die mitteleuropäischen Gebiete bedeutet das, dass die Brutplätze der Anophelen u.a. durch Drainagemaßnahmen begrenzt wurden, wodurch auch die Populationen der Plasmodien zu Teilpopulationen mit nur eingeschränktem Genaustausch zerfielen. Daraus resultierten überwiegend Klone der Erreger, die durch das Chinin, aber v.a. durch die besseren Lebensumstände der Bevölkerung und damit einer erhöhten Widerstandsfähigkeit gegenüber Erkrankungen, immer ungefährlicher wurden[171].

5.5 Möglichkeit der Wiedereinführung in Deutschland

Inzwischen gilt Malaria in Deutschland seit ca. 50 Jahren als ausgerottet. Da Vektoren und ihre Pathogene erst ab einer bestimmten Temperatur zur Übertragung von Malaria in der Lage sind, gewinnt die Ausbreitung im Zusammenhang mit der Klimaerwärmung in heute nicht endemischen Gebieten immer mehr an Bedeutung. Besonders wichtig wird diese Betrachtungsweise, wenn potentielle Vektoren wie in Deutschland vorhanden sind und diese auch theoretisch in der Lage sind als Malariaüberträger zu fungieren[172,173]. Außerdem besteht noch die Möglichkeit, dass sich Vektoren an die bisher kühleren

170 Maier, Das Verschwinden der Malaria in Europa.
171 Ebd.
172 Ebert & Fleischer, Globale Erwärmung und Ausbreitung von Infektionskrankheiten
173 Becker, Die Rolle der Globalisierung und Klimaveränderung auf die Entwicklung von Stechmücken.

Klimate anpassen und so zum Risiko für den Menschen werden[174]. Gleiches gilt für die Erreger[175].

Eine weitere wichtige Determinante ist die der Immunität gegenüber Malaria. Diese ist in momentanen Endemiegebieten höher, so dass der Einfluss des Klimawandels auf die Übertragungszahlen dort geringer ausfallen würde als in Gebieten mit einer hauptsächlich nicht immunen Bevölkerung, wie es z.B. in Mitteleuropa der Fall ist[176].

In Anbetracht der Prognosen über die Klimaveränderungen wird deutlich, dass *Anopheles atroparvus*, eine endemische Anophelesart in unseren Breiten, z.B. in halb Niedersachsen im Jahr 2100 autochthon Malaria übertragen könnte[177]. Das britische Gesundheitsministerium (2002) spricht sogar schon im Jahr 2050 von einem günstigen Klima für endemische Malaria in England[178]. Im Gegensatz zu diesen Aussagen steht die, dass der Rückgang der Malaria in Europa während einer Phase stattgefunden hat, in der sich das Klima bereits erwärmte und demnach dem Zusammenhang zwischen Klimaerwärmung und Malaria zu viel Bedeutung beigemessen wird[179]. Korrelierend dazu weisen GUERNIER ET AL.[180] darauf hin, dass unabhängig von der klimatischen Region nur ein geringer Effekt aufgrund der durchschnittlichen Temperatur und des Niederschlags bezüglich der Diversität von humanpathogenen Infektionskrankheiten besteht. Einen größeren Einfluss auf die Malaria sollen dagegen z.B. Landnutzungsänderungen haben[181].

---

174 Bradshaw, W. E. & C. M. Holzapfel (2001): Genetic shift in photoperiodic response correlated with global warming. Online unter: http://www.pnas.org/content/98/25/14509.full.pdf+html (25.10.2009).

175 Lafferty, K. D. (2009): The ecology of climate change and infectious diseases. Online unter: http://www.esajournals.org/doi/pdf/10.1890/08-0079.1?cookieSet=1 (19.10.2009).

176 Martens, Health and climate change.

177 Knobloch, Globale Zunahme von Tropenkrankheiten.

178 Lafferty, The ecology of climate change and infectious diseases.

179 Reiter, P.; Thomas, C. J.; Atkinson, P. M.; Hay, S. I.; Randolph, S. E.; Rogers, D. J.; Shanks, G. D.; Snow, R. W. & A. Spielman (2004): Global warming and malaria: A call for accuracy. Online unter: http://www.marshall.org/pdf/materials/221.pdf (19.09.2009).

180 Guernier, V.; Hochberg M. E. & J.-F.Guégan (2004): Ecology drives the worldwide distribution of human diseases. Online unter: http://www.plosbiology.org/article/fetchObjectAttachment.action?uri=info%3Adoi%2F10.1371%2Fjournal.pbio.0020141&representation=PDF (25.10.2009)

181 Lafferty, The ecology of climate change and infectious diseases.

MAIER[182] stellt fest, dass unter heutigen Bedingungen ein Wiederauftreten der Malaria in Europa nicht möglich sei. Jedoch ist er der Meinung, dass die Auswirkungen von Maßnahmen der Renaturierung, besonders an Gewässern, nicht einzuschätzen sind und mit einer Erneuerung der Mückenbrutplätze verbunden sind. Ähnliche Auswirkungen sind aufgrund anderer land- und forstwirtschaftlicher sowie wasser- oder städtebaulicher Maßnahmen zu erwarten, die die Lebensbereiche von Vektoren ändern oder menschlichen Kontakt zum Vektor ermöglichen[183].

182 Maier, Das Verschwinden der Malaria in Europa.

183 Maier, Umweltveränderungen und deren Einflüsse auf krankheitsübertragende Arthropoden in Mitteleuropa.

6 Effekte des Klimas auf Anophelen und Plasmodien

Es besteht weitestgehend die Meinung, dass vektorbezogene Infektionskrankheiten tropische Temperaturen benötigen, um sich auszubreiten. Dabei liegen die Sommertemperaturen in gemäßigten Zonen zeitweilig genauso hoch wie in den tropischen Regionen. Da letztere keinen kalten Winter haben, ist dies der wichtigste Unterschied. Werden die Plasmodien jedoch zur richtigen Jahreszeit eingeführt und können geeignete Vektoren infizieren, steigen die Übertragungszahlen der Malaria[184].

Da sich aber Anophelen und Plasmodien in bestimmten Temperaturbereichen entwickeln, kann selbst schon eine augenscheinlich kleine Erhöhung der Durchschnittstemperatur für das Erreichen eines Schwellenwerts ausreichend sein und somit einen Anstieg der Inzidenzzahlen veranlassen[185]. Eine hohe Luftfeuchtigkeit ist z.B. für die Vektoren zum Überleben unerlässlich, allerdings nur in Verbindung mit einer nicht zu hohen Lufttemperatur[186]. Nach JETTEN & TAKKEN[187] wird die Lebensdauer bei starker Trockenheit und Hitze verkürzt, so dass teilweise eine Übertragung der Malaria nicht mehr möglich ist.

Neben der Lufttemperatur ist auch die Wassertemperatur für die Anophelesmücken in deren aquatischen Entwicklungsstadien von Bedeutung. An heißen Tagen liegt die Temperatur der Gewässer meist unter der der Luft. Dieser Unterschied wird geringer, wenn man die monatlichen Mitteltemperaturen heranzieht, da normalerweise flache Gewässer die Umgebungstemperatur gut widerspiegeln[188].

Anophelesmücken und die humanpathogenen Erreger breiten sich unter bestimmten klimatischen Bedingungen aus und diese Faktoren sind bereits größtenteils bekannt. Einen Überblick über die klimatischen Faktoren Temperatur und Niederschlag und deren Einfluss auf den Malaria-Zyklus gibt Abbil-

184 Reiter, Climate Change and mosquito-borne disease. Online unter: http://ff.org/centers/csspp/pdf/reiter-climate-change-mbd.pdf (14.11.2009).

185 Hemmer et al., Globale Erwärmung.

186 Maier, Umweltveränderungen und deren Einflüsse auf krankheitsübertragende Arthropoden in Mitteleuropa.

187 Jetten & Takken, Anophelism without Malaria in Europe.

188 Martens, Health and climate change.

dung 13. Auf die Einzelheiten wird in den folgenden Abschnitten eingegangen.

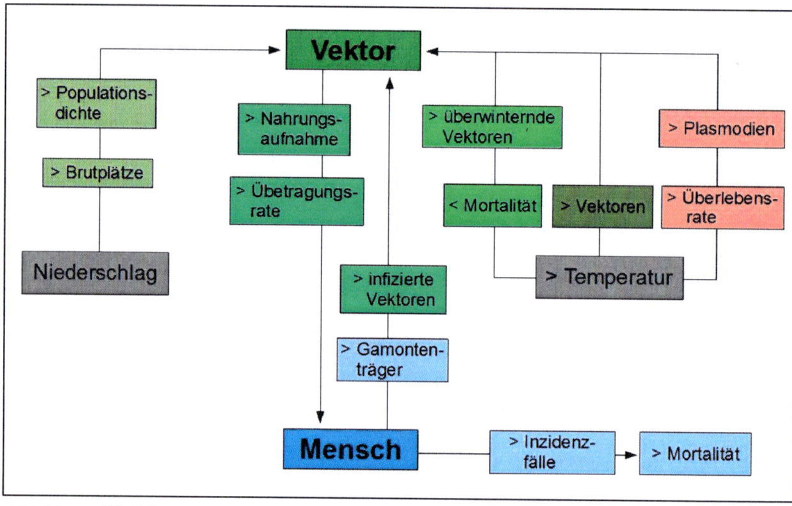

Abbildung 13: Effekte von Niederschlag und Temperatur auf das Vektor-Mensch-System

Nicht nur die direkten klimatischen Variablen Temperatur, Niederschlag und Luftfeuchtigkeit bestimmen die Verbreitung der Vektoren und Erreger, diese sind nur die wichtigsten bei der Betrachtung. Windstärke und die Sonnenscheindauer können ebenso eine wichtige Rolle einnehmen[189].

Eine indirekte Geltung spricht MARTENS[190] der Vegetation und den landwirtschaftlichen Praktiken zu, die wiederum durch Temperatur- und Niederschlagsänderungen beeinflusst werden. Ein weiterer indirekter Faktor ist der Meeresspiegelanstieg mit resultierenden Überflutungen der Küsten. Damit entstehen neue vektorielle Brutplätze, was zu einer steigenden Anophelesanzahl führt und damit zu einem vermehrten Übertragungsrisiko.

6.1 Prognostizierte Klimaveränderungen

Das Intergovernmental Panel on Climate Change (IPCC) wurde Ende der 1980er Jahre von der UNEP (United Nations Environment Programme) und

189 Reiter, Climate Change and mosquito-borne disease.
190 Martens, Health and climate change.

der WMO (World Meteorological Organization) gegründet, um die Risiken der globalen Klimaveränderung zu bewerten und Anpassungsstrategien zu entwickeln. Zu diesem Zweck wurden seit 1990 bisher vier Sachstandsberichte veröffentlicht, der letzte im Jahr 2007. Ein Sonderbericht aus dem Jahr 2000 beschäftigt sich mit den Emissionen der Treibhausgase und daraus abgeleiteten Klimaszenarien, die in den dritten und vierten Sachstandbericht aufgenommen wurden. Diese Szenarien werden in Szenariengruppen (A1, B1, A2 und B2) eingeteilt, wobei A1 und A2 ökonomisch ausgerichtet sind, B1 und B2 dagegen ökologisch[191].

Die Szenarien der Gruppe A1 basieren auf einem großen, globalen Wirtschaftswachstum sowie auf einem technologisch orientierten Markt. Des Weiteren wird hier von zunehmender Mobilität, einer Verringerung der globalen Unterschiede z.B. bei dem Pro-Kopf-Einkommen und einer Bevölkerungsreduktion auf 7 Milliarden Menschen im Jahr 2100 ausgegangen. Die A1-Gruppe wird weiterhin in drei Untergruppen aufgeteilt, die sich in der Ausrichtung ihres Energiesystems differenzieren. Bei A1FI werden fossil-intensive Technologien angewendet, A1T nutzt nichtfossile Energiequellen und A1B stützt sich auf eine ausgewogene Nutzung aller Energiequellen, wobei keine Abhängigkeit von einer bestimmten herrscht[192].

Die Szenariengruppe B1 steht ebenfalls für ein großes Wirtschaftswachstum auf globaler Ebene und ist der A1-Gruppe sehr ähnlich. Nur wird hier mehr Wert auf eine ökologische und soziale Orientierung gelegt sowie auf saubere Technologien und weniger Materialismus. Der Bevölkerungsanstieg vollzieht sich dabei auf niedrigem Niveau[193].

Die A2-Szenarien sind regional ausgerichtet, was sich in der Ausrichtung auf die regionale Wirtschaftsentwicklung zeigt, so dass technologische Änderungen sowie das Pro-Kopf-Einkommen eine langsamere Entwicklung aufweisen. Im Gegensatz zur B1-Gruppe ist hier mit einer stetigen Bevölkerungszunahme zu rechnen[194].

---

191 IPCC (2000): Special Report on Emissions Scenarios. Intergovernmental Panel on Climate Change. Online unter: http://www.grida.no/publications/other/ipcc_sr/?src=/climate/ipcc/emission/ (06.02.2010).

192 Ebd.

193 Ebd.

194 Ebd.

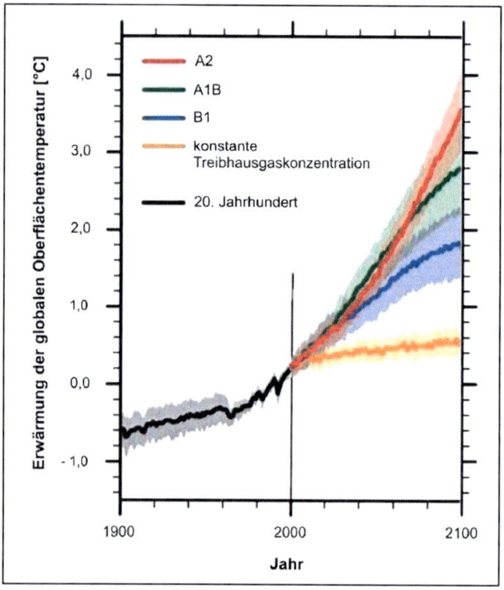

Abbildung 14: Temperaturerhöhung im Gegensatz zum Referenzzeitraum 1980-1999 (nach SOLOMON ET AL. 2007)

B2 ist wie A2 regionalorientiert und befasst sich auf dieser Ebene mit Ökologie und sozialer Gerechtigkeit. Die wirtschaftliche Entwicklung liegt hierbei auf mittlerem Niveau, dafür ist der technologische Entwicklung vielfältig. Das Bevölkerungswachstum ist auch hier stetig, aber langsamer als bei A2[195].

6.1.1 Temperaturänderungen

Für den IPCC-Bericht 2007 wurden die Szenarien B1, A1B und A2 ausgewählt, da diese jeweils für einen eher geringen, einen mittleren und einen hohen Emissionsausstoß stehen, gleiches gilt für die Temperaturerhöhung. Die globalen mittleren Temperaturänderungen zum Bezugszeitraum 1980-1999 sind in Abbildung 14 graphisch dargestellt. Für das B1-Szenario wurde eine mittlere Temperaturänderung von +1,8°C mit einer Spanne zwischen +1,1-2,9°C errechnet. Das mittlere Szenario A1B weist eine Änderung der Durchschnittstemperatur um +2,8°C auf, im Bereich von +1,7-4,4°C. Für das A2-Szenario gilt eine mittlere Temperaturerhöhung von +3,4°C im Bereich von +2,0-5,4°C[196].

---

195 IPCC, Special Report on Emissions Scenarios.

196 Solomon et al., Climate Change 2007: The Physical Science Basis.

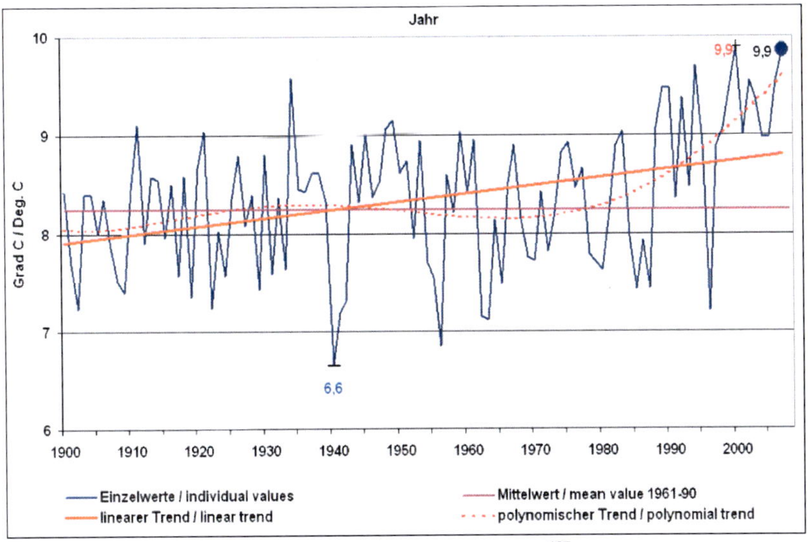

Abbildung 15: Temperaturanstieg in Deutschland 1901-2007[197]

Betrachtet man Europa, ist die Durchschnittstemperatur in den letzten 100 Jahren um 0,8°C gestiegen, was sich v.a. in den Wintermonaten sowie in den sich häufenden sehr warmen und trockenen Sommermonaten zeigt[198]. Die mittlere Temperatur in Deutschland ist seit 1901 bereits um 0,9°C gestiegen (Abb. 15) und kann mit dem weiteren Ausstoß von Treibhausgasen wie CO_2 bis zum Jahr 2100 sogar um weitere 2,5-3,5°C steigen. Am stärksten betroffen wären dabei der Süden sowie der Südosten Deutschlands, denn dort sind im Winter Temperaturerwärmungen von bis zu 4°C im Vergleich zum Bezugszeitraum 1961 bis 1990 zu erwarten[199].

197 DWD (2008): Der Klima-Report 2007. Online unter: http://www.dwd.de/bvbw/generator/Sites/DWDWWW/Content/Oeffentlichkeit/KU/KU2/KU22/klimastatusbericht/klimareport/klimareport__2007,templateId=raw,property=publicationFile.pdf/klimareport_2007.pdf (30.10.2009).

198 Hemmer et al., Globale Erwärmung.

199 Roeckner E. & D. Jacob (2008): Der Klimawandel ist voll im Gange: Ein Überblick. In: Lozán, J. L.; Graßl, H.; Jendritzky, G.; Karbe, L. & K. Reise (2008): Warnsignal Klima: Gesundheitsrisiken. Gefahren für Pflanzen, Tiere und Menschen. Wissenschaftliche Auswertungen. Hamburg, S.19-34.

Eine Temperaturerhöhung im Winter bedeutet v.a. auch, dass ein höherer Anteil der Vektoren erfolgreich überwintern kann und damit neue Gebiete erschlossen werden können[200].

Das Umweltbundesamt (UBA) hat regionale Klimaszenarien für Deutschland entwickelt, die sich auf die drei oben genannten IPCC-Szenarien im Bezugszeitraum 1961-1990 stützen. Dabei ist für alle diese Szenarien bis 2100 ein Erwärmungstrend zu erkennen, der je nach Szenario unterschiedlich ausfällt und zwischen 2,5°C (B1) und 3,5°C (A1B und A2) liegt (Abb. 16).

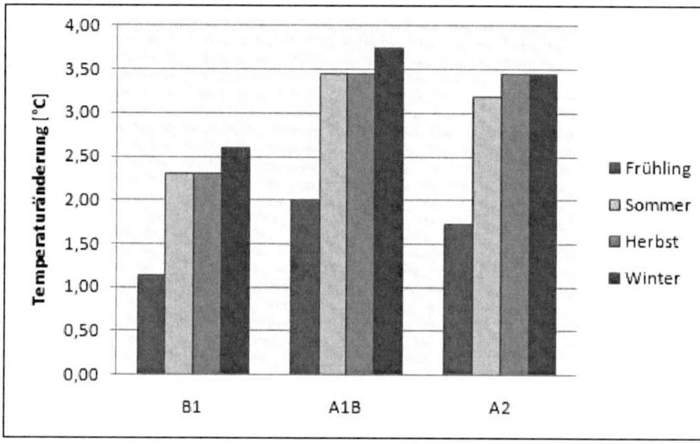

Abbildung 16: Mittlere jahreszeitliche Temperaturerwärmung zum Bezugszeitraum 1961-1990 in den Szenarien B1, A1B und A2

Der Grund für die ähnliche Erwärmung in A1B und A2 ist die abkühlende Wirkung der Aerosole, welche durch Vulkanausbrüche in die Atmosphäre gelangt sind, die sich im A1B-Szenario schneller verringert als bei A2. Dadurch erfolgt eine Kompensation der bei A1B geringer ausfallenden CO_2-Emissionen. Die jahreszeitliche Temperaturerwärmung liegt ebenfalls für B1 am niedrigsten. Im Frühjahr wird ein Anstieg um ca. 1,5°C prognostiziert, in den anderen Jahreszeiten soll dieser jeweils etwa 3,0°C betragen. Die Temperaturerhöhung im Winter fällt für alle drei Szenarien am höchsten aus, bei A1B liegt diese zeitweise bei mehr als 4,0°C. Dieser extreme winterliche Wert kann durch die verminderte, zukünftige Albedo erklärt werden, denn bei wärmeren Luftmassen fällt der Niederschlag häufiger als Regen und die Schnee-

200 Parry et al., Climate Change 2007: Impacts, adaptation and vulnerability.

schmelze wird begünstigt. Dadurch ist die Landoberfläche schneefrei und kann höhere Strahlungsmengen absorbieren, wodurch sich der Boden schneller erwärmt[201].

6.1.2 Niederschlagsänderungen

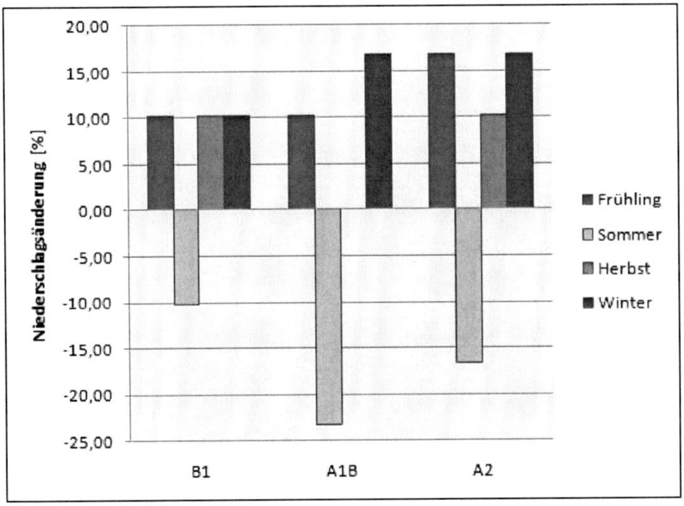

Abbildung 17: Mittlere jahreszeitliche Niederschlagsänderung zum Bezugszeitraum 1961-1990 in den Szenarien B1, A1B und A2

Anders als bei den Temperaturen bleibt die jährliche Niederschlags-menge in den drei Szenarien B1, A1B und A2 annähernd konstant (Abb. 17). Zwischen den jahreszeitlichen Werten wird es dagegen gravierende Unterschiede geben, so dass die Frühjahrs- und Herbstniederschläge im Durch-schnitt um ca. 10% ansteigen können, während im Sommer eine Niederschlagsabnahme von bis zu 20% zu erwarten ist. Für die Niederschlagsmenge in den Wintermonaten dagegen wird dagegen ein Anstieg um ca. 20% prognostiziert, was sich aber durch weniger Schneefall und mehr Regen äußern könnte[202].

---

201 Jacob, D.; Göttel, H.; Kotlarski, S.; Lorenz, P. & K. Sieck (2008): Klimaauswirkungen und Anpassung in Deutschland – Phase 1: Erstellung regionaler Klimaszenarien für Deutschland. Online unter: http://www.umweltdaten.de/publikationen/fpdf-l/3513.pdf (11.01.2010)

202 Ebd.

6.2 Temperaturänderung und Malaria

MARTENS[203] prognostiziert aufgrund von Modellierungen mit einer globalen Temperaturerhöhung von 1,6°C bis zum Jahr 2050 und der stetig steigenden Bevölkerungszahl eine Steigerung der Krankheitshäufigkeit der Malaria von ca. 350 Millionen auf 950 bis 1300 Millionen Erkrankte sowie eine geographische Ausweitung der Malariarisikogebiete. Neben Malaria weisen auch andere Infektionskrankheiten heute schon in einigen Gebieten jährliche Schwankungen auf, die teilweise mit den bisherigen klimatischen Änderungen erklärt werden können[204].

Die Bedingungen, welche die Ausbreitung von Malaria beeinflussen, können auch unter dem Stichwort Globalisierung zusammengefasst werden. Diese geht einher mit erhöhter Mobilität, globalen Handelsbeziehungen und der Klimaerwärmung. Die Entwicklungen der Culiciden und der Pathogene im Vektor werden so verkürzt bzw. positiv gefördert[205,206].

Zum einen muss der Vektor eine ausreichend lange Lebensdauer haben, damit die Sporogonie der Plasmodien abgeschlossen werden kann und die Anophelesmücke infektiös wird, zum anderen bestimmt die Umgebungstemperatur, ob eine vollständige Genese der Sporozoiten erfolgt. Hohe Temperaturen beeinflussen demnach die Reproduktionsrate im Vektor, was wiederum die Zeit verkürzt, in der der Speichel der Mücke infektiös wird und dies hat wiederum einen Effekt auf die Wahrscheinlichkeit einer erfolgreichen Übertragung der Sporozoiten[207]. Bei *Anopheles messeae* beispielsweise vollzieht sich die vollständige Genese von der Larve zum Adult bei einem Temperaturanstieg von ca. 2 °C etwa drei Tage schneller. Dies hat einen Anstieg der Vektorpopulationen zur Folge und zudem einen verkürzten gonotrophischen

---

203 Martens, Health and climate change.

204 Kovats et al. (2003) in: Haines, A.; Kovats, R. S.; Campbell-Lendrum, D. & C. Corvalan (2006): Climate change and human health: impacts, vulnerability and mitigation. Online unter: http://www.sciencedirect.com/science?_ob=MImg&_imagekey=B6T1B-4K7PD7T1B-1&_cdi=4886&_user=5731894&_orig=search&_coverDate=06%2F30%2F2006&_sk=996320471&view=c&wchp=dGLbVtz-zSkzV&md5=61b031c62e309cc3c5331b066edfe84d&ie=/sdarticle.pdf (19.10.2009).

205 Becker, Die Rolle der Globalisierung und Klimaveränderung auf die Entwicklung von Stechmücken.

206 Lafferty, The ecology of climate change and infectious diseases.

207 Reiter, Climate Change and mosquito-borne disease.

Zyklus, was wiederum einen schnelleren Metabolismus ermöglicht und so die Zahl der Blutmahlzeiten erhöht[208,209].

6.2.1 Temperatureinfluss auf Plasmodien

Bei Temperaturen ab ca. 32°C für *Plasmodium vivax* im Vektor können die beschleunigte parasitäre Entwicklung und die hohe Bissrate die geringere Lebenserwartung nicht mehr kompensieren, bei *Plasmodium falciparum* liegt dieser Wert bei etwa 33°C. Allgemein liegen die Maximumtemperaturen für das epidemische Potential für Malaria zwischen 29-33°C. Generell stattfinden können nach MARTENS[210] Malariaübertragungen durch *Plasmodium vivax*, *ovale* und *malariae* zwischen 16-32°C und bei *Plasmodium falciparum* zwischen 18-33°C. Nach MARTIN und LEFEBVRE (1995) liegen diese Bereiche für *Plasmodium falciparum* bei 19-32°C und für die anderen Arten bei 19-32°C[211]. Sobald eine Umgebungstemperatur von 45°C erreicht oder überschritten wird, wird die Lebensdauer der Erreger beschränkt und führt zum Tode[212].

JANCSÓ[213] untersuchte anhand von *Anopheles maculipennis s.s.*, infiziert mit *Plasmodium vivax* und *Plasmodium malariae*, die Dauer der Sporozoitenreifung in Abhängigkeit von der Umgebungstemperatur (Abb. 18). Bei einer Infektion der Anophelen mit *Plasmodium vivax* und einer Umgebungstemperatur < 17°C stagniert die Bildung von Sporozoiten und es kommt selbst nach über 50 Tagen nicht zu einer Infektion der Speicheldrüsen, was mit einer Unterbrechung des Malariazyklus gleichzusetzen ist. Dagegen haben Temperaturen von 17-37°C einen positiven Einfluss auf die extrinsische Inkubations-

---

208 Becker, Die Rolle der Globalisierung und Klimaveränderung auf die Entwicklung von Stechmücken.

209 Lafferty, The ecology of climate change and infectious diseases.

210 Martens, Health and climate change.

211 Hay, S. I.; Omumbo, J. A.; Craig, M.H. & R. W. Snow (2000): Earth observation, geographic information systems and Plasmodium falciparum malaria in Sub-Saharan Africa. In: Hay, S. I.; Randolph, S. E. & D. F. Rogers (Hrsg.): Remote sensing and geographical information systems in epidemiology. Amsterdam, S. 173-215.

212 Garnham (1998) in: Snow, Malaria and mosquitos in Britain.

213 Jancsó, N. (1921): Experimentelle Untersuchungen über die die Malariainfektion des Anopheles und des Menschen beeinflussende Umstände. Beihefte zum Archiv für Schiffs- und Tropenhygiene, Pathologie und Therapie exotischer Krankheiten 25:2. Leipzig.

zeit und es kommt zu einer Infektion der vektoriellen Speicheldrüsen. Hohe Temperaturen von 35-37°C führen zwar zur Sporozoitenreifung, jedoch ist *Anopheles maculipennis s.s.* geschwächt und deren Lebensdauer verkürzt. Bei 24°C sowie bei 30°C werden nach 10 Tagen infizierte Speicheldrüsen nach-gewiesen. Zwischen 20-22°C erfolgt dies nach 19 Tagen.

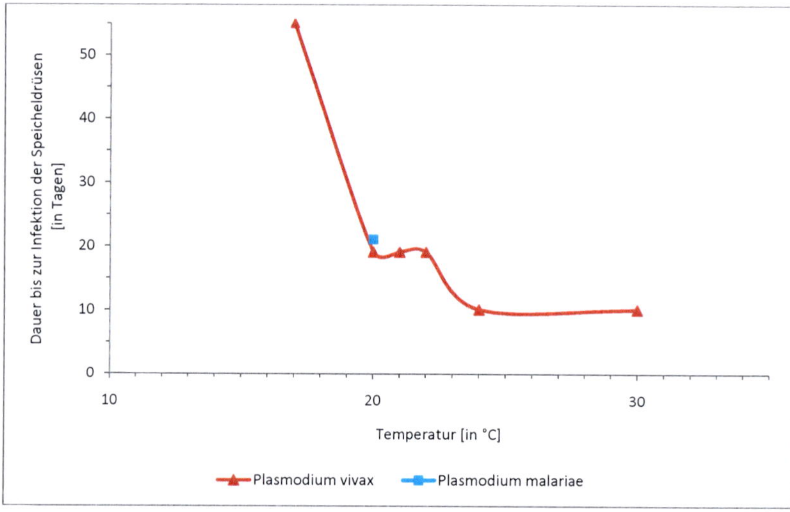

Abbildung 18: Sporozoitenreifung in Abhängigkeit von der Umgebungstemperatur[214]

[214] nach Jancsó, Experimentelle Untersuchungen über die die Malariainfektion.

Für *Plasmodium vivax* wurde die temperaturabhängige Dauer der Sporozoitenreifung im Vektor nach MARTINI[215] bereits beschrieben (Kapitel 3.2.1) und ist in Abbildung 19 dargestellt.

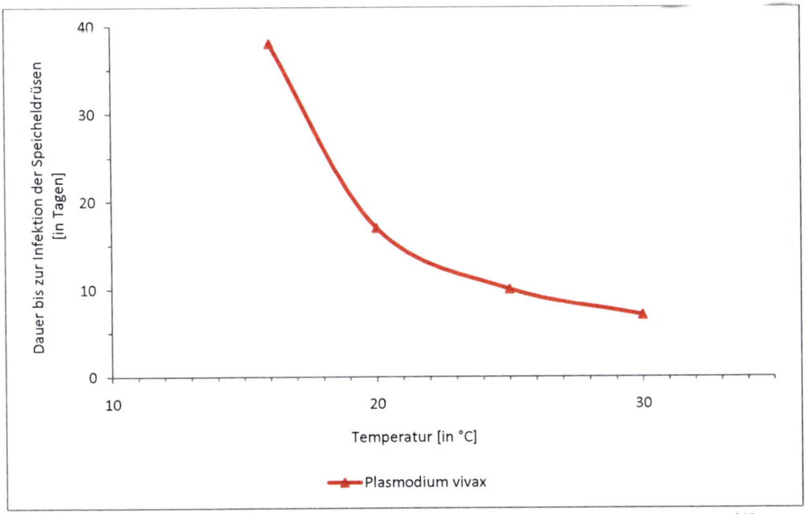

Abbildung 19: Sporozoitenreifung in Abhängigkeit von der Umgebungstemperatur[216]

Die Untersuchung von JANSCÓ[217] wurde nicht nur für *Plasmodium vivax*, sondern ebenfalls für *Anopheles maculipennis s.s.* mit *Plasmodium malariae* durchgeführt. Dabei waren Infektionen der Speicheldrüsen zwischen 19-24°C möglich. Bei 20°C dauerte die Entwicklung von Sporozoiten etwa 3 Wochen. Zusammenfassend hält JANCSÓ[218] fest, dass ab 30°C die Lebensfähigkeit der Anophelen beeinträchtigt ist und die Plasmodienentwicklung bei Temperaturen < 24°C sehr langsam verläuft. Gleichzeitig wurden Versuche mit wechselnden Temperaturen durchgeführt, die besagen, dass ein kurzzeitiger Wechsel von einer hohen zu einer niedrigen Temperatur, sogar bis auf < 16°C, keine nachteilige Entwicklung auf den Vektor oder die extrinsische Inkubationsperiode des Erregers hat und eine Infektion weiterhin möglich ist. Dies bedeutet, dass auch bei kühleren Nächten der Zyklus nicht einfach un-

215 Martini, Lehrbuch der medizinischen Entomologie.
216 nach Martini, Lehrbuch der medizinischen Entomologie.
217 Jancsó, Experimentelle Untersuchungen über die die Malariainfektion.
218 Ebd.

terbrochen werden kann. Nach CAMBOURNAC[219] beträgt die Dauer bei *Plasmodium malariae* bei 24°C etwa 25 Tage und bei 19°C sind es 40 Tage, was eine große Differenz zu den Werten JANSCÓS[220] zeigt.

Plasmodium falciparum bevorzugt eher wärmere, tropische Temperaturbereiche. Bei 23-25°C werden 14-15 Tage zur Beendigung der extrinsischen Inkubationszeit benötigt, bei 19°C sind dies schon 20 Tage[221,222]. 14 Tage werden dagegen von *Plasmodium ovale* bei 27°C benötigt[223].

Zur Dauer der extrinsischen Inkubationsperiode bei 20°C wurden ebenfalls Versuche durchgeführt. Die Dauer bis zur Sporozoitenreifung dauerte bei *Plasmodium vivax* 16-17 Tage, bei *Plasmodium falciparum* 22-23 Tage und bei *Plasmodium malariae* mit 30-35 Tagen am längsten[224].

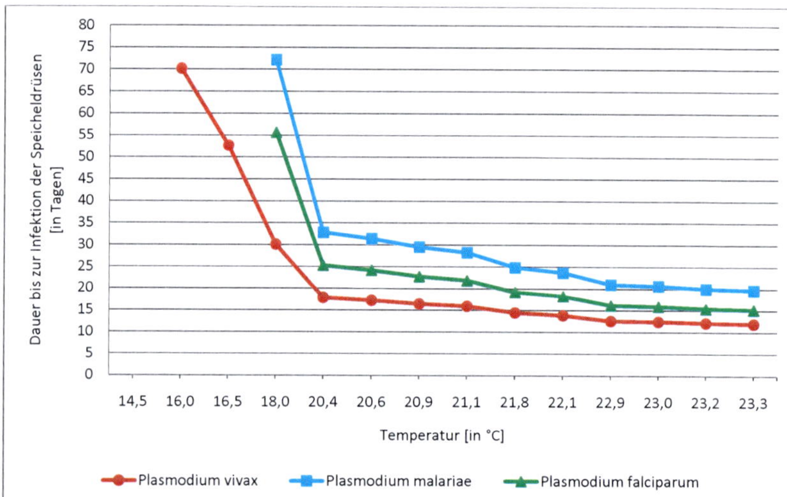

Abbildung 20: Sporozoitenreifung in Abhängig von der Umgebungstemperatur nach MOSHKOVSKY[225]

219 Cambournac (1942) in: Snow, Malaria and mosquitos in Britain.
220 Jancsó, Experimentelle Untersuchungen über die die Malariainfektion.
221 Cambournac (1942) in: Snow, Malaria and mosquitos in Britain.
222 Roubaud (1918) in: Snow, Malaria and mosquitos in Britain.
223 Garnham (1998) in: Snow, Malaria and mosquitos in Britain.
224 Boyd &Stratman-Thomas (1933) in: Bates, The natural history of mosquitoes.
225 in: Jetten & Takken, Anophelism without Malaria in Europe.

Nach MOSHKOVSKY[226] wird eine Gleichung beschrieben, welche die Beziehung der Sporogonie zur herrschenden Temperatur darstellt. Dabei wird die Temperatur mit einbezogen, unter der keine weitere Entwicklung der Erreger stattfinden kann und die benötigte Dauer bei dieser Temperatur, um die Sporogonie abzuschließen. Diese wird für *Plasmodium vivax* bei 14,5°C mit 105 Tagen, bei *Plasmodium malariae* bei 16°C mit 144 Tagen und bei *Plasmodium falciparum*, bei ebenfalls 16°C, mit 111 Tagen angegeben. Abbildung 20 gibt dazu die Dauer in Tagen bei anderen Temperaturen an.

6.2.2 Temperatureinfluss auf Anophelen

Wie schon angedeutet, haben Temperaturen > 30°C einen negativen Einfluss auf die Lebensdauer der adulten Anophelesmücken. Neben den Adulten besitzen auch die vorherigen Entwicklungsstadien der Larve und der Puppe eine Temperaturabhängigkeit.

Das erste larvale Stadium von *Anopheles maculipennis s.s.* kann beispielsweise bei Temperaturen < 4°C nicht mehr überleben. Jedoch wird von SAUTET (1936) eingeräumt, dass die Resistenz gegenüber niedrigen Temperaturen in den folgenden Larvalstadien steigt. Das Optimum der Larve von *Anopheles maculipennis s.s.* liegt nach Versuchen von IVANOVA (1940) zwischen 23-28°C[227].

Für Larven von *Anopheles atroparvus* liegen die günstigsten Temperaturbedingungen mit einem Überlebensoptimum zwischen 25-30°C[228].

Die Entwicklungsdauer vom Ei zum Adult bei 10,5°C liegt für *Anopheles claviger* nach HORSFALL[229] bei 76 Tagen. Weniger als die Hälfte der Zeit (34 Tage) werden bei 19,5°C benötigt[230].

Die Dauer der Entwicklung bis zum Adult reichen bei *Anopheles messeae* nach BECKER[231] von ca. 35 bis 20 Tagen. Dabei bewirkt eine nur minimale

---

226 Ebd.

227 Bates, The natural history of mosquitoes.

228 Mosna (1937) in: Bates, The natural history of mosquitoes.

229 Horsfall, Mosquitoes.

230 Snow, Malaria and mosquitos in Britain.

231 Becker, Die Rolle der Globalisierung und Klimaveränderung auf die Entwicklung von Stechmücken.

Temperaturerhöhung einen großen Sprung in der Entwicklungsdauer vom Ei bis zum Adult. Bei 15°C werden etwa 35 Tage benötigt, bei 20°C schon 10 Tage weniger und bei 25°C ca. 20 Tage.

Nach SNOW[232] muss die Culicide nach Erreichen des adulten Stadiums bei einer mittleren Temperatur von 16-18°C etwa 26-27 weitere Tage überleben, um infektiös werden zu können. Das bedeutet, dass insgesamt vom Ei bis zur Vollendung der Sporogonie des Plasmodiums mindestens ca. 1,5-2 Monate vergehen können.

6.3 Niederschlagsänderung und Malaria

Nicht nur die Temperatur spielt bei der Entwicklung der Anophelen eine wichtige Rolle sondern auch das Vorhandensein von Oberflächenwasser (z.B. zur Eiablage und für die aquatischen Stadien) sowie die Luftfeuchtigkeit, die indirekt mit Niederschlägen gekoppelt ist. Damit verbunden ist die relative Luftfeuchte, die im günstigsten Fall über 60% liegen sollte[233]. Es besteht auch ein Zusammenhang zwischen Starkregenereignissen und dem Auftreten von vektorbezogenen Krankheiten, v.a. da Mückenlarven aquatische Habitate benötigen[234]. Demnach existieren bei steigendem Niederschlag die Möglichkeiten, dass sich Zahl und Qualität der Vektorbrutplätze erhöhen. Jedoch können starke Regenereignisse auch das Gegenteil bewirken und Brutplätze wegspülen[235]. Nicht nur die Brutplätze wären betroffen, sondern auch die aquatischen Entwicklungsstadien, die vegetativen Unterschlupfe und damit die Lebensdauer[236,237,238].

---

232 Snow, Malaria and mosquitos in Britain.

233 Becker, Die Rolle der Globalisierung und Klimaveränderung auf die Entwicklung von Stechmücken.

234 Landesman et al. (2007) in: Lafferty, The ecology of climate change and infectious diseases.

235 Maier, Mögliche Auswirkungen von Klimaänderungen auf die Ausbreitung von primär humanmedizinisch relevanten Krankheitserregern.

236 Githeko, A. K.; Lindsay, S. W.; Confalonieri, U. E. & J. A. Patz (2000): Climate change and vector-borne diseases: a regional analysis. Online unter: http://www.scielosp.org/pdf/bwho/v78n9/v78n9a09.pdf (21.06.2009).

237 Martens, Health and climate change.

238 Martens, W. J. M.; Jetten, T. H.; Rotmans, J. & L. W. Niessen (1995): Climate change and vector-borne diseases. Online unter: http://www.sciencedirect.com/science?_ob=MImg&_imagekey=B6VFV3YVCYRG-4-1&_cdi=6020&_user=10&_o

Bei sinkenden Niederschlagsmengen ist der gegensätzliche Effekt zu sehen, was zu einer Verringerung der Brutplätze führt. Jedoch kämen dann vermehrt alternative Brutplätze wie z.B. Regentonnen und andere Wasserspeicher in Betracht[239].

Die Feuchtigkeitsbedürfnisse der Mücken sind je nach Spezies unterschiedlich. *Anopheles atroparvus* benötigt beispielsweise hohe Luftfeuchtigkeitswerte, um sich zu entwickeln[240].

MARTINI und TEUBNER[241] führten Versuche durch, um das Verhalten von Culiciden bei verschiedenen Temperaturen und Luftfeuchtigkeitswerten zu untersuchen. Dabei bezogen sie sich besonders auf *Anopheles maculipennis s.s.* und *Anopheles messeae*. Erstere Art zeigte eine Präferenz gegenüber hohen Sättigungsgraden bei 80-95% relativer Luftfeuchte und wich übersättigter Luft aus. Im Gegensatz dazu meidet *Anopheles messeae* Sättigungswerte, die an 100% reichen und begegnet Schwankungen der Luftfeuchtigkeit sehr empfindlich, während *Anopheles maculipennis s.s.* keine Empfindlichkeit gegenüber Schwankungen zeigt[242,243]. Weiterhin stellten MARTINI und TEUBNER[244] fest, dass bei 21°C auch 55% relative Feuchte ausreichen, um *Anopheles maculipennis s.s.* über einen Monat am Leben zu erhalten.

---

rig=search&_coverDate=06%2F30%2F1995&_sk=999949996&view=c&wchp=dGLzVzz-zSkWz&md5=8bb129b983039f259e2edad3b531df66&ie=/sdarticle.pdf (29.10.2009).

239 Githeko et al., Climate change and vector-borne diseases.

240 Baer, Anopheles und Malaria in Thüringen.

241 Martini, E. & E. Teubner (1933): Über das Verhalten von Stechmücken besonders von Anopheles maculipennis bei verschiedenen Temperaturen und Luftfeuchtigkeiten. Beihefte zum Archiv für Schiffs- und Tropenhygiene, Pathologie und Therapie exotischer Krankheiten 37:1. Leipzig.

242 Ebd.

243 Baer, Anopheles und Malaria in Thüringen.

244 Martini & Teubner, Über das Verhalten von Stechmücken.

7 Modellierung der Malariatransmission

Die ersten Modelle zu Malariaübertragungen gibt es schon seit etwa 100 Jahren. RONALD ROSS begann als erster mit mathematischen Modellrechnungen zur Malaria bzw. deren Übertragungs- und Verbreitungsfähigkeit unter bestimmten Bedingungen[245]. Dabei nutzte er verschiedene Gleichungen, um Änderungen des Auftretens von empfänglichen und infizierten Menschen sowie Anophelen zu beschreiben. Später war es MACDONALD, der sein Modell durch eine biologische Dimension erweiterte und dadurch die Gleichung zur Basisreproduktionsrate (basic reproduction rate) schuf. Diese Modelle gaben damals wie heute einen guten Überblick über die Dynamik von Malariaübertragungen, dennoch sind sie wie alle Modelle stark vereinfacht, wodurch die Realitätsnähe nicht vollständig gegeben ist[246]. Des Weiteren sind verschiedene Parameter der Gleichungen von Temperatur und Niederschlag abhängig, was bei sich ändernden klimatischen Bedingungen dazu führt, dass sich auch die Inputparameter wieder ändern. Somit ist eine Prognose sehr schwierig, da man nicht alle Faktoren auf zukünftige Szenarien übertragen kann.

7.1 Epidemisches Potential

Das epidemische Potential zeigt sich als wichtiger Parameter, der in Abhängigkeit zum vektoriellen Überleben und der extrinsischen Inkubationsperiode steht[247]. Die behandelten Faktoren müssen im Zusammenhang mit der sich ändernden Umwelt, d.h. auch mit der Klimaerwärmung gebracht werden. Leider fehlen für Deutschland grundlegende ökologische Daten und Daten zur Entwicklung der Anopheles-Populationen, besonders in Bezug auf die larvalen Stadien, was Angaben zur Verbreitung der potentiellen Vektoren erschwert.

---

245 Reiter, Global warming and malaria.
246 Martens, Health and climate change.
247 Ebd.

7.1.1 Transmissionsmodell nach Ross

Ein wichtiges mathematisches Modell der Malaria ist, wie oben bereits erwähnt, das Übertragungsmodell von RONALD ROSS. Es gilt als das erste dieser Art. ROSS teilte die Bevölkerung in einen nicht mit Malaria infizierten Teil $(1-y)$ und einen bereits infizierten Teil (y). Erstere wurden mit einer Rate infiziert, die sich aus y und der Kontaktrate von Vektoren und Menschen (C) berechnet, was heute als Vektorkapazität bekannt ist. Die erkrankte Bevölkerung erholt sich mit der Rate r[248]:

$$\boxed{1-y} \underset{r}{\overset{C\,y}{\rightleftarrows}} \boxed{y}$$

7.1.2 Basisreproduktionsrate nach MACDONALD

Der Prozess der Malariaübertragung ist eng mit der Funktion der Basisreproduktionsrate (basic reproduction rate) R_0 verbunden, die die Beziehung zwischen Pathogen und primären Wirten ausdrückt. Aus der Berechnung von R_0 ergeben sich die Zweitinfektionen, die durch ein einzelnes infiziertes Individuum verursacht werden können, wenn dieses auf eine Wirtspopulation mit empfänglichen Mitgliedern trifft. Bei einem Wert $R_0 < 1$ ist eine Ausbreitung der Infektionskrankheit nicht zu befürchten, aber bei $R_0 \geq 1$ ist eine Ausweitung wahrscheinlich. R_0 wird wie folgt berechnet[249]:

$$R_0 = \frac{m\, a^2\, b\, c\, p^n}{r\,[-\ln(p)]}$$

Die Variable m steht für das Verhältnis von Anophelen zum Menschen. Dies variiert nach dem Angebot an Brutstätten, der Überlebensrate und der Bevölkerungsdichte. Die Anzahl an Stichen pro Person pro Tag wird durch a augedrückt und hängt vom Nahrungsverhalten des Vektors und damit indirekt von der Lufttemperatur ab. Das b steht für die Effizienz, mit der eine infektiö-

248 Molineaux, L. (1985): The pros and cons of modeling malaria transmission. Transactions of the Royal Society of Tropical Medicine and Hygiene 79:6. Online unter: http://han.sub.uni-goettingen.de/han/39969/www.sciencedirect.com/science?_ob=MImg&_imagekey=B75GP-4C0DX33-2N3-1&_cdi=13100&_user=5731894&_pii=0035920385901075&_orig=browse&_coverDate=12%2F31%2F1985&_sk=999209993&view=c&wchp=dGLbVtb-zSkWb&md5=a63b32f888e99b238d435be804ebd268&ie=/sdarticle.pdf (01.02.2010).

249 Levins et al. in: Martens, Health and climate change.

se Mücke einen Menschen infiziert, c dagegen sagt aus, mit welcher Wahrscheinlichkeit eine empfängliche Mücke durch den Biss eines Menschen infiziert wird. Die Inkubationsperiode im Vektor zeigt n an, r ist die Erholungsrate des Menschen und p beschreibt die tägliche Überlebensrate der Anophelen.

7.1.3 Vektorkapazität und Vektordichte

Der Begriff der Basisreproduktionsrate wird oft im Zusammenhang mit der Vektorkapazität (VC) gebraucht, da sich R_0 aus der Dauer des infektiösen Stadiums im Menschen multipliziert mit der Vektorkapazität berechnen lässt. VC repräsentatiert damit das Übertragungspotential der Vektorpopulation und den Anteil infizierter Menschen an der Bevölkerung. Damit beeinflusst VC die Rate, mit der Individuen infiziert werden[250]. Als Formel ausgedrückt sieht VC wie folgt mit den bisher bekannten Variablen aus [Anm. d. Verf.: in Formel $-log_e p$ geändert, da $-log_e p = -\ln(p)$ und somit Ähnlichkeit zu anderen Formeln im Text beibehalten][251]:

$$VC = \frac{m\,a^2\,p^n}{-\ln(p)}$$

Die Vektordichte ist ebenfalls ein Parameter, der zur Berechnung von R_0 herangezogen wird und besonders von den lokalen Umweltbedingungen abhängig, beispielsweise dem Angebot an Brutplätzen, was sich schwer in einer Gleichung erfassen lässt und somit nur minder repräsentativ sein kann[252].

Ebenfalls mit R_0 verknüpft ist der kritische Dichtewert der Vektorpopulationen, um eine Plasmodienübertragung zu gewährleisten. Dieser Wert wird mit folgender Gleichung ausgedrückt[253]:

$$m_{cl} = c_1 \frac{-\ln(p)}{bca^2p^n}$$

Dabei ist m_{cl} die kritische Dichte, ausgedrückt in Vektor pro Mensch. Die Konstante c_1 beinhaltet die Variablen, die temperaturunabhängig sind, wie die

250 Martens, Health and climate change.
251 Reiter, Climate Change and mosquito-borne disease.
252 Martens, Health and climate change.
253 Ebd.

Erholungsrate (recovery rate) des Menschen. Die restlichen Variablen verstehen sich wie bei R_0[254].

Um die kritische Dichte und deren Einfluss zu modifizieren, kann des Weiteren die Berechnung der entomologischen Inokulationsrate (EIR) hilfreich sein. Diese gibt die Anzahl der infektiösen Stiche pro Mensch und Zeiteinheit an, so dass Bissaktivität und das menschliche Erkrankungsrisiko einfließen. EIR ist im Wesentlichen von der Minimumtemperatur, dem saisonalen Niederschlag und Bewässerungsmaßnahmen abhängig[255].

7.1.4 Personenbezogenes Übertragungsmodell nach Martens

Martens[256] entwickelte ein mathematisches Modell, welches mit dem Malariaübertragungspotential einer Region und dem Verhältnis von infizierten Individuen zur Gesamtpopulation verbunden ist. Dafür teilte er letztere in drei Gruppen ein, die wiederum in Altersklassen (a) aufgeteilt wurden: 1. Empfängliche Individuen (X), 2. Infizierte Individuen (Y) und 3. Immune Individuen (Z):

$$\frac{\delta X}{\delta t} + \frac{\delta X}{\delta a} = \gamma(t)\, Z(a,t) - [\lambda(t) + \mu]\, X(a,t)$$

$$\frac{\delta Y}{\delta t} + \frac{\delta Y}{\delta a} = \lambda(t)\, X(a,t) - [\nu(t) + \mu]\, Y(a,t)$$

$$\frac{\delta Z}{\delta t} + \frac{\delta Z}{\delta a} = \nu(t)\, Y(a,t) - [\gamma(t) + \mu]\, Z(a,t)$$

μ steht für die Sterblichkeitsrate und λ für die Rate, mit der Individuen infektiös werden, was von der Vektorkapazität (VC) abhängt. Die Anzahl an empfänglichen Menschen kann sich mit der Zeit ändern, so dass sie in die Gruppe infizierter Menschen übertreten, was mit der Rate λ beschrieben ist. Infizierte Menschen können unter bestimmten Umständen auch wieder die Gruppe wechseln und immun werden, was durch die Rate ν ausgedrückt wird. Ebenfalls kann die Immunität in eine Malariaempfänglichkeit gewandelt

254 Martens et al., Climate change and vector-borne diseases.

255 Mabaso, M. L. H.; Craig, M.; Ross, A. & T. Smith (2007): Environmental predictors of the seasonality of Malaria transmission in Africa: The challenge. Online unter: http://www.ajtmh.org/cgi/reprint/76/1/33 (29.01.2010)

256 Martens, Health and climate change.

werden, durch γ beschrieben. $\gamma(t)$ zeigt demnach den Verlust der Immunität pro Zeiteinheit, $\lambda(t)$ die Infektionsrate der empfänglichen Personen pro Zeiteinheit und $\nu(t)$ den Erwerb von Immunität in einer bestimmten Zeit.

7.2 Temperatur- und niederschlagsbasierte Parameter

Die Effekte der Temperatur auf die Vektoren und Plasmodien wurden bereits beschrieben. Nun gilt es dies in mathematischen Formeln auszudrücken. Der extrinsischen Inkubationsperiode des Pathogens kommt eine besondere Wichtigkeit zuteil, da ohne die Beendigung dieser im Vektor keine Infektiosität des Menschen folgt. Die Dauer der extrinsischen Inkubationsperiode in Tagen lässt sich temperaturabhängig berechnen und beruht auf einer Gleichung von MOSHKOVSKY[257]:

$$n = \frac{D_m}{T - T_{min,m}}$$

Bei dieser Gleichung entspricht D_m der Anzahl an Temperaturtagen (degree days), welche für die Entwicklung des Plasmodiums benötigt werden. T steht für die aktuelle Durchschnittstemperatur und $T_{min,m}$ für die minimale Temperatur, die vom Plasmodium zur Entwicklung gebraucht wird (z.B. *Plasmodium vivax* 14,5°C). Die Anzahl der Degree Days ist für jeweils eine Plasmodienart konstant (*Plasmodium vivax* = 105; *Plasmodium falciparum* = 111). Sie gleichen dem Produkt aus Entwicklungsdauer (D) und der Temperatur über dem Entwicklungsnullpunkt (t_0). Letzterer berechnet sich wie folgt[258]:

$$t_0 = t_1 - \frac{D_2\,(t_2 - t_1)}{D_1 - D_2}$$

D_1 entspricht dabei der Entwicklungsdauer bei t_1 (Minimumtemperatur) und D_2 beschreibt die Dauer bei Maximumtemperatur (t_2).

Bisher wurde nur die Temperaturabhängigkeit in Modellierungen mit einbezogen. Jedoch gibt es auch verschiedene Studien, die einen Feuchtigkeitsindex (Moisture Index) heranziehen, um die Verteilung der Vektoren und Erreger darzustellen. Dieser Index beruht auf dem Verhältnis von Niederschlag (N)

---

257 Kiszewski et al., A global index representing the stability of Malaria transmission.

258 Booker, Die Rolle der Globalisierung und Klimaveränderung auf die Entwicklung von Stechmücken.

und potentieller Evapotranspiration (pEt), der mit 0,7 die untere günstige Grenze für alle Plasmodienarten ausgibt[259]:

$$MI = \frac{N}{pEt}$$

[259] Hay et al., Earth observation, geographic information systems and Plasmodium falciparum malaria.

8 Untersuchungsgebiet und Methodik

Das Untersuchungsgebiet dieser Studie beschränkt sich auf Mitteleuropa und dort besonders auf Deutschland. Es ist zweifellos schwierig, Voraussagen über die Epidemiologie einer Krankheit zu tätigen, aber es gibt bereits Modelle, durch die zumindest eine Annäherung erreicht werden kann (Kapitel 7).

Das methodische Vorgehen basiert auf der Arbeit mit ArcGIS 9.2 des Herstellers ESRI, um aus den vorhandenen Daten Karten zu erstellen, welche abschließend eine Risikoeinschätzung bezüglich der Malariaübertragungen in Deutschland ermöglichen sollen.

8.1 GIS-Darstellung

Durch den Einsatz von geographischen Informationssystemen (GIS) können die Folgen der Klimaveränderung für z.B. Malaria modelliert werden. Dabei werden die historischen Klimadaten, Informationen über Landnutzungs- und Vegetationstypen, Vektorpopulationen sowie die Prävalenz mit einbezogen und kombiniert[260]. Da die Arbeit mit GIS in diesem Fall gute Kenntnisse über das Vektor-Pathogen-System erfordert, ist dies nicht für alle vektorgebundenen Krankheiten möglich. Die Ergebnisse solcher Modellierungen werden zudem durch zwei Faktoren beschränkt, weshalb man eher von einer Risikobetrachtung sprechen sollte. Zunächst sind viele Daten veraltet oder ungenau. Des Weiteren ist es möglich, dass die heute bestimmenden klimatischen Faktoren in der Zukunft von anderen abgelöst werden[261].

8.1.1 Bevölkerungsdichte

Die Methodik der GIS-Darstellung beginnt mit der Bevölkerungsdichte als einem wichtigen Faktor der Malaria-Risikoerfassung, denn wenn diese zu gering ausfällt, kommt kein Vektor-Mensch-Kontakt zustande und damit keine Übertragung von Malaria. Die Dichte für Deutschland ist in Abbildung 21 mit Daten des Statistischen Bundesamtes aus 2008 und einer Karte der Verwaltungseinheiten des BKG (Bundesamt für Kartographie und Geodäsie) erstellt

260 Rogers & Randolph (2003) in: Ebert & Fleischer, Globale Erwärmung und Ausbreitung von Infektionskrankheiten.

261 Ebert & Fleischer, Globale Erwärmung und Ausbreitung von Infektionskrankheiten.

worden. Gut zu erkennen sind die Ballungsräume, welche sich besonders entlang des Rheins erstrecken sowie im Ruhrgebiet. Die neuen Bundesländer sind dagegen durch weniger dicht besiedelte Gebiete geprägt.

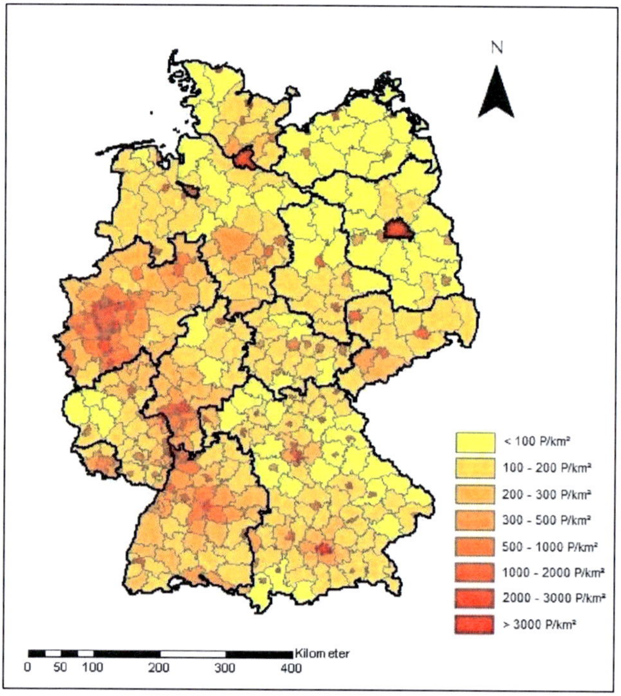

Abbildung 21: Bevölkerungsdichte in Deutschland in Personen/km²

8.1.2 Das Klima in der Klimanormalperiode 1961-1990

Der Deutsche Wetterdienst (DWD) stellt durchschnittliche Temperatur- sowie Niederschlagsdaten für den Zeitraum 1961-1990 tabellarisch für die hier relevanten Klimastationen zur Verfügung. Diese Stationen werden in ArcGIS abgebildet (Abb. 22, 23) und mit Temperatur- und Niederschlagswerten ergänzt. Daraufhin können diese Punktdaten mittels der deterministischen, Distanzbasierten Interpolationsmethode IDW (Inverse Distance Weighted) in räumlich verteilte Daten umgewandelt werden. Daraufhin werden die räumlichen Temperatur- und Niederschlagsdaten der Zukunftsperioden miteinander kombiniert, um schließlich Malariarisikokarten zu erhalten.

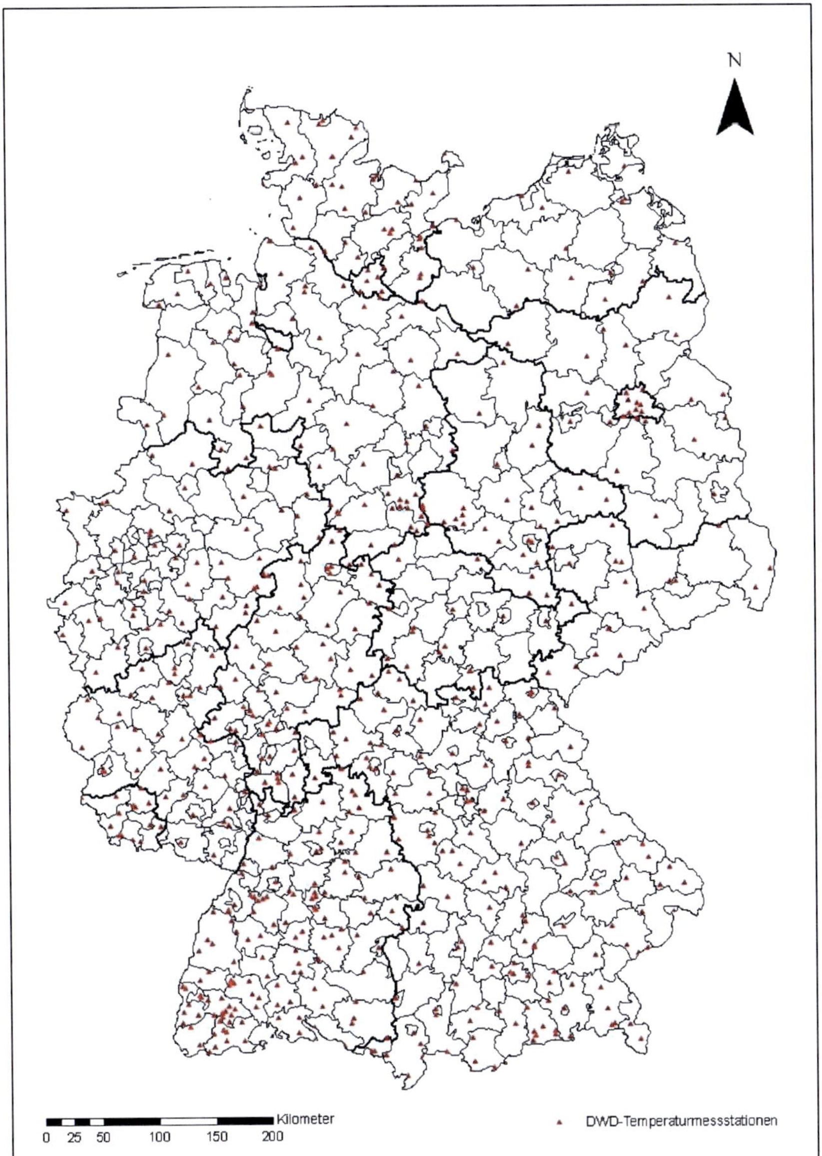

Abbildung 22: DWD-Klimastationen für Temperaturmessungen

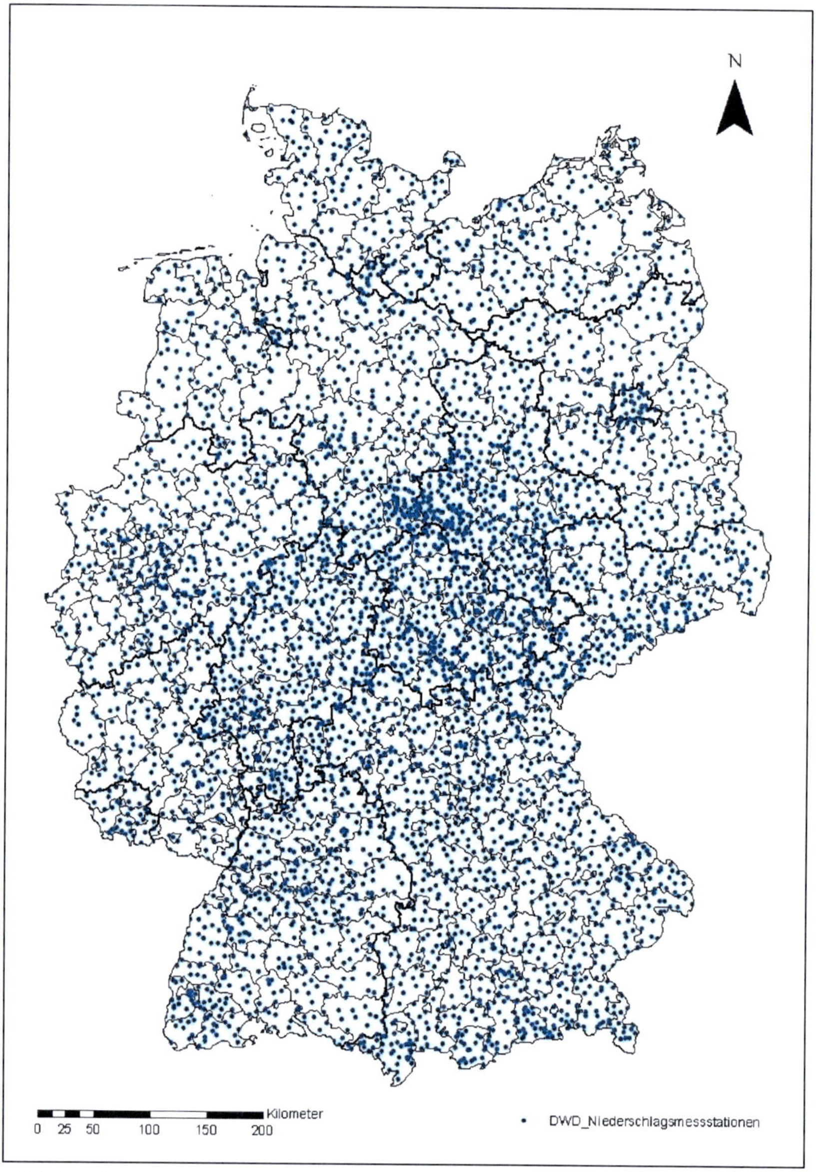

Abbildung 23: DWD-Klimastationen für Temperaturmessungen

Deterministische Interpolationsverfahren erfolgen mittels einer festgelegten Funktion, die bei einer relativ hohen Messpunktdichte eindeutige Werte auf lokaler Ebene liefert. Eine Interpolation z' an der Stelle x_0 wird aus den Werten $z(x_n)$ der n benachbarten Punkte $x_1 \dots x_n$ berechnet sowie aus der inversen Entfernung d zu x_0. Dabei gilt: Je näher ein Punkt x_n bei x_0 liegt, desto größer ist sein Einfluss.

8.2 Klimaszenarien

Die Klimaszenarien nach dem IPCC 2007 beziehen sich alle auf den Zeitraum 1980-1999. Dagegen hat das UBA im Jahr 2008 einen Forschungsbericht bezüglich der Klimaauswirkungen und Anpassung in Deutschland herausgegeben. In diesem wurden regionale Klimaszenarien auf der Grundlage der IPCC-Szenarien B1, A1B und A2 mit der Klimanormalperiode (1961-1990) als Grundlage entwickelt, d.h. ein regionales Klimamodell (REMO) wurde in das globale Modell (ECHAM5/MPI-OM) des Max-Planck-Instituts (MPI) integriert. Daraus folgten drei regionale Klimaszenarien mit einer hohen Auflösung und einem Raster von 10 km x 10 km[262].

8.2.1 Temperaturänderung 2021-2050

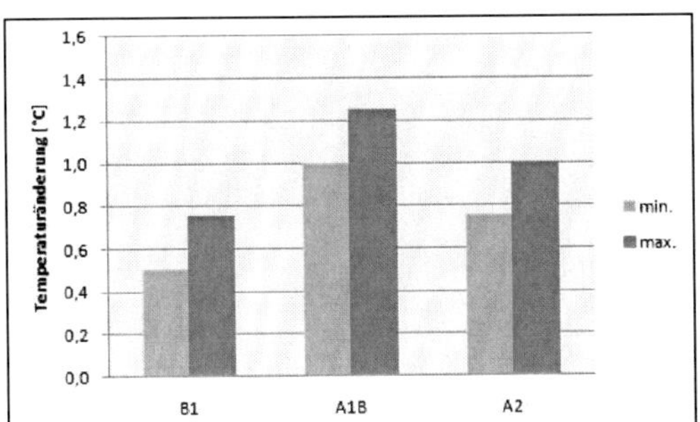

Abbildung 24: Jährliche Temperaturänderung im Zeitraum 2021-2050 gegenüber der Klimanormalperiode 1961-1990 auf Basis der B1-, A1B- und A2-Szenarien

Die folgenden Diagramme zeigen die möglichen Temperaturänderungen für den Zeitraum 2021-2050 gegenüber der Klimanormalperiode (1961-1990). Diese Diagramme basieren auf den minimalen sowie maximalen monatlich prognostizierten Änderungen der Klimaszenarien des UBA[263]. Diese Werte bilden zudem die Grundlage für die weitere GIS-Arbeit, denn sie

262 Jacob et al., Klimaauswirkungen und Anpassung in Deutschland.

263 Ebd.

werden mit den Temperaturkarten verknüpft, so dass daraus die absoluten Temperaturwerte für die besagten Zeiträume abgelesen werden können. Dazu werden die interpolierten Daten der Klimanormalperiode mit den Wertänderungen verrechnet.

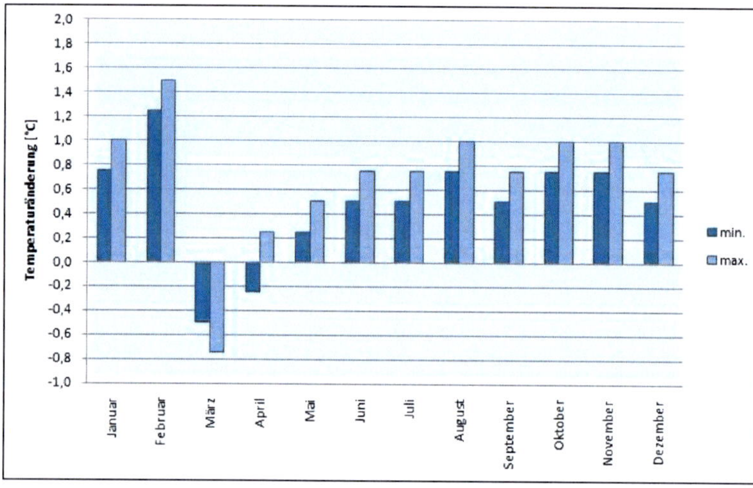

Abbildung 25: Monatliche Temperaturänderung im Zeitraum 2021-2050 gegenüber der Klimanormalperiode 1961-1990 auf Basis des B1-Szenarios

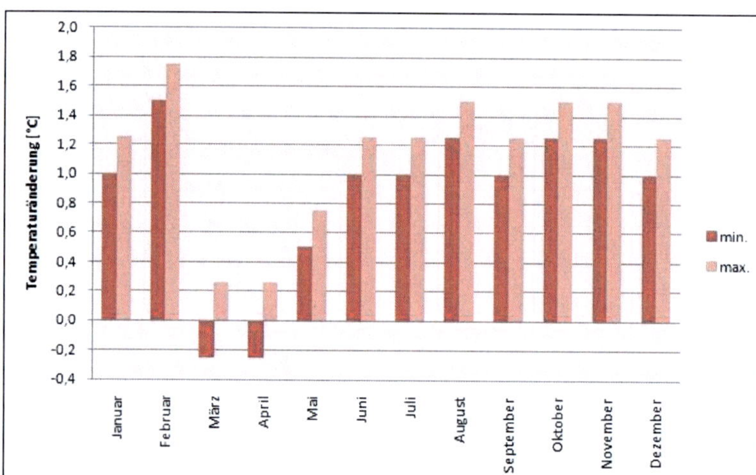

Abbildung 26: Monatliche Temperaturänderung im Zeitraum 2021-2050 gegenüber der Klimanormalperiode 1961-1990 auf Basis des A1B-Szenarios

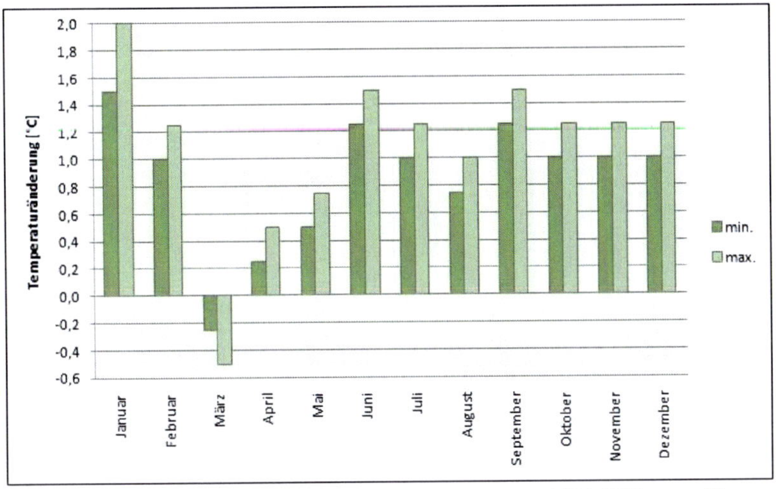

Abbildung 27: Monatliche Temperaturänderung im Zeitraum 2021-2050 gegenüber der Klimanormalperiode 1961-1990 auf Basis des A2-Szenarios

8.2.2 Temperaturänderung 2071-2100

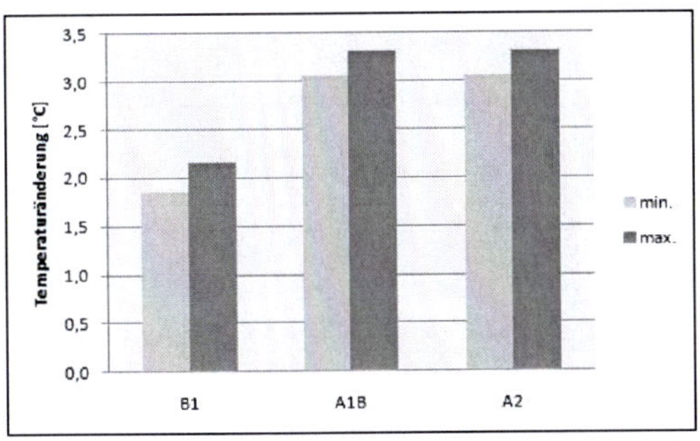

Abbildung 28: Jährliche Temperaturänderung im Zeitraum 2071-2100 gegenüber der Klimanormalperiode 1961-1990 auf Basis der B1-, A1B- und A2-Szenarien

Die folgenden Diagramme basieren wie in 8.2.1 auf den monatlich prognostizierten Werten des UBA und den drei Klimaszenarien B1, A1B und A2. Hierbei wird jedoch der Zeitraum 2071-2100 im Gegensatz zur Klimanormalperiode betrachtet (Abb. 28-31). Des Weiteren wird zwischen den maximalen und minimalen Änderungen der Temperatur unterschieden.

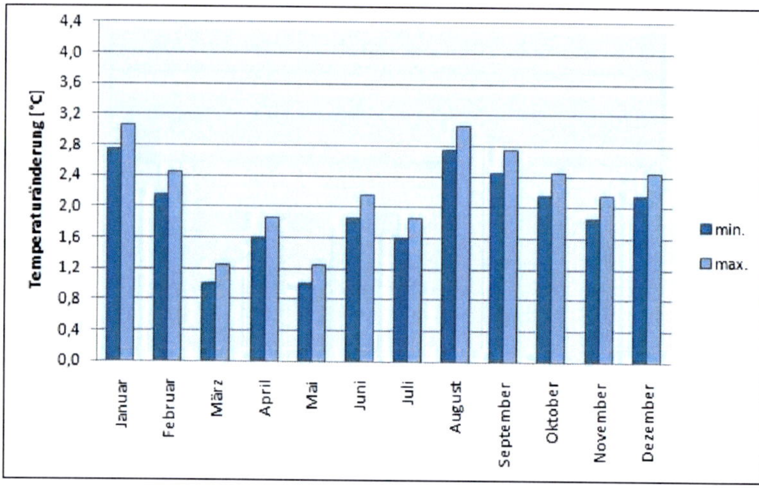

Abbildung 29: Monatliche Temperaturänderung im Zeitraum 2071-2100 gegenüber der Klimanormalperiode 1961-1990 auf Basis des B1-Szenarios

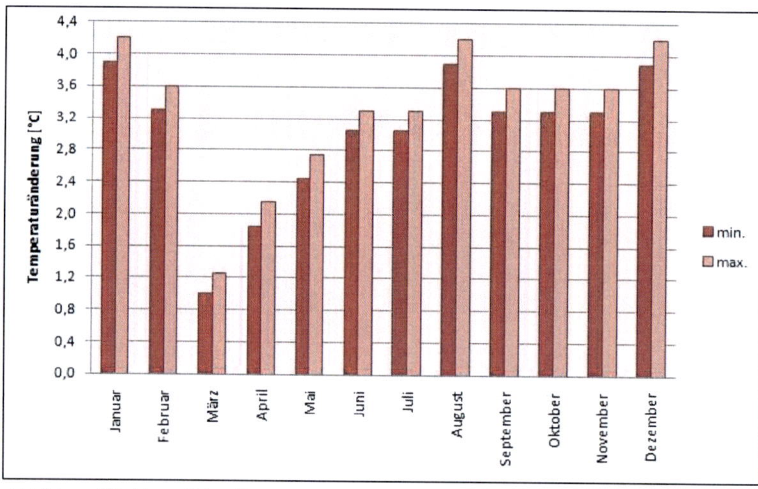

Abbildung 30: Monatliche Temperaturänderung im Zeitraum 2071-2100 gegenüber der Klimanormalperiode 1961-1990 auf Basis des A1B-Szenarios

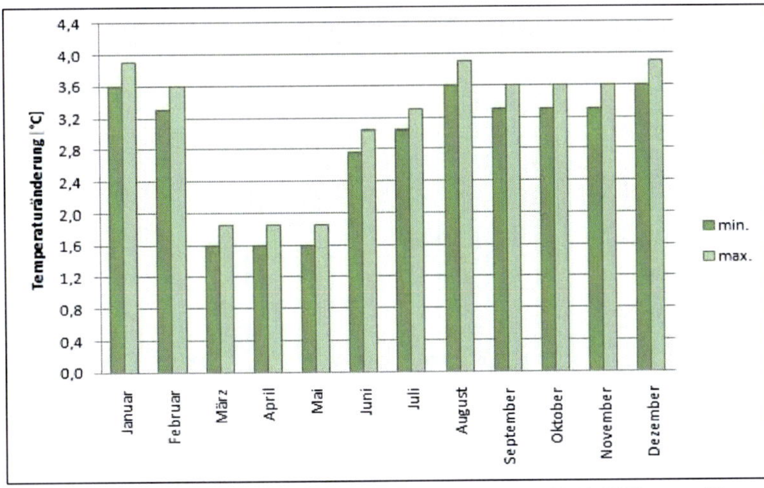

Abbildung 31: Monatliche Temperaturänderung im Zeitraum 2071-2100 gegenüber der Klimanormalperiode 1961-1990 auf Basis des A2-Szenarios

8.2.3 Niederschlagsänderung 2021-2050

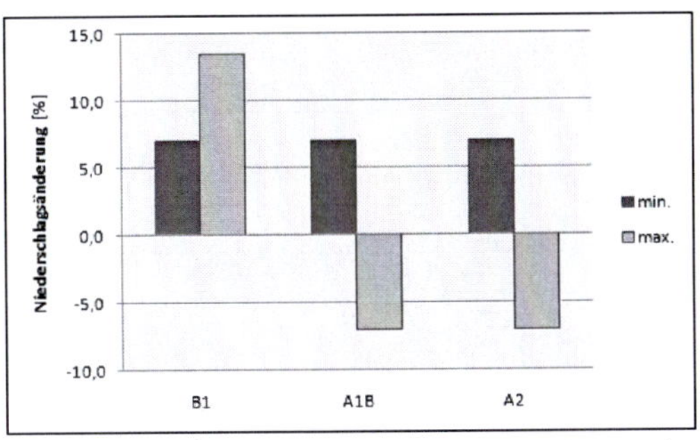

Abbildung 32: Jährliche Niederschlagsänderung im Zeitraum 2021-2050 gegenüber der Klimanormalperiode 1961-1990 auf Basis der B1-, A1B- und A2-Szenarien

Neben den Temperaturänderungen wurden auch die möglichen Niederschlagsänderungen für den Zeitraum 2021-2050 gegenüber der Klimanormalperiode erfasst. Die nachfolgenden Diagramme basieren auf den minimal sowie maximal prognostizierten Änderungen der Klimaszenarien auf Grundlage der B1-, A1B- und A2-Szenarien[264]. Auch diese Werte werden wie die Änderungen zur Temperatur mit den Niederschlagsdaten des Zeitraums 1961-1990 verrechnet.

264 Jacob et al., Klimaauswirkungen und Anpassung in Deutschland.

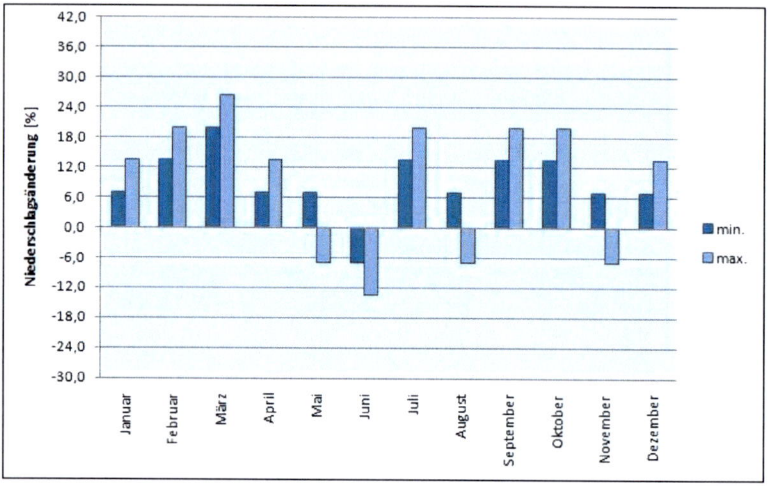

Abbildung 33: Monatliche Niederschlagsänderung im Zeitraum 2021-2050 gegenüber der Klimanormalperiode 1961-1990 auf Basis des B1-Szenarios

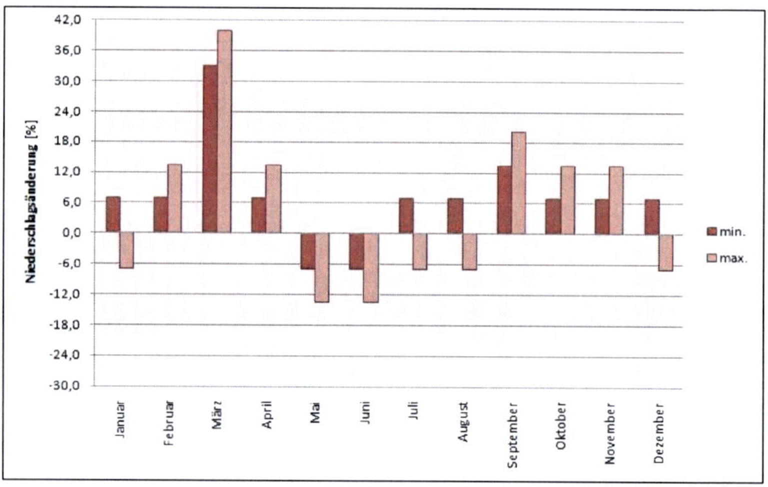

Abbildung 34: Monatliche Niederschlagsänderung im Zeitraum 2021-2050 gegenüber der Klimanormalperiode 1961-1990 auf Basis des A1B-Szenarios

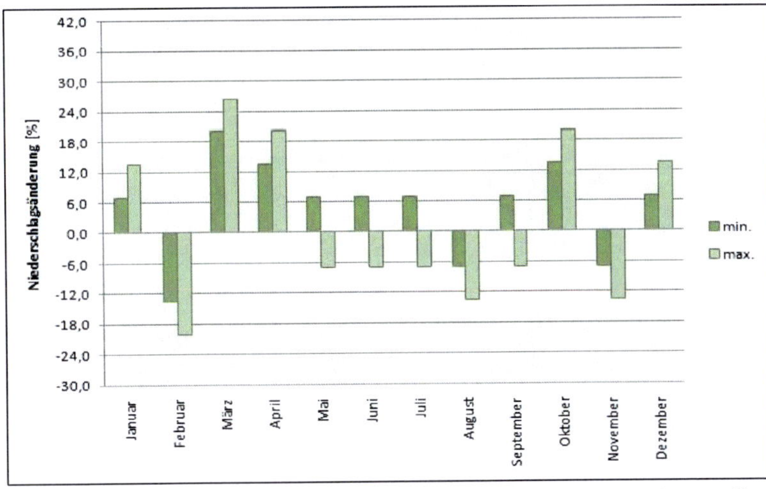

Abbildung 35: Monatliche Niederschlagsänderung im Zeitraum 2021-2050 gegenüber der Klimanormalperiode 1961-1990 auf Basis des A2-Szenarios

8.2.4 Niederschlagsänderung 2071-2100

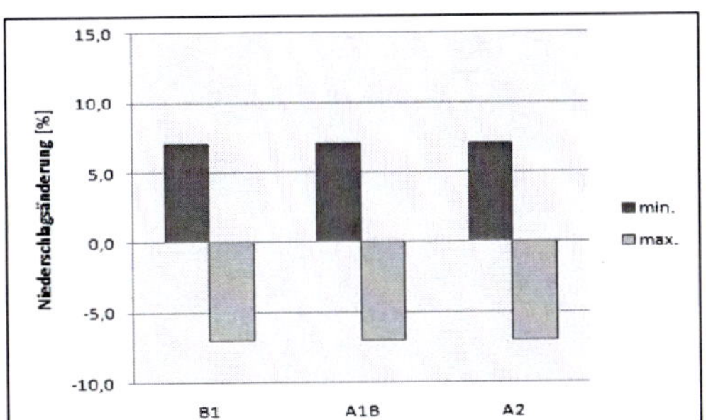

Abbildung 36: Jährliche Niederschlagsänderung im Zeitraum 2071-2100 gegenüber der Klimanormalperiode 1961-1990 auf Basis der B1-, A1B- und A2-Szenarien

Die folgenden Diagramme basieren ebenfalls auf den monatlich prognostizierten Werten für die Niederschlagsänderung des UBA und den drei Klimaszenarien B1, A1B und A2. Der Zeitraum 2071-2100 wird hierbei im Gegensatz zur Klimanormalperiode betrachtet. Dabei sind die minimalen sowie maximal prognostizierten Niederschlagsänderungen dargestellt.

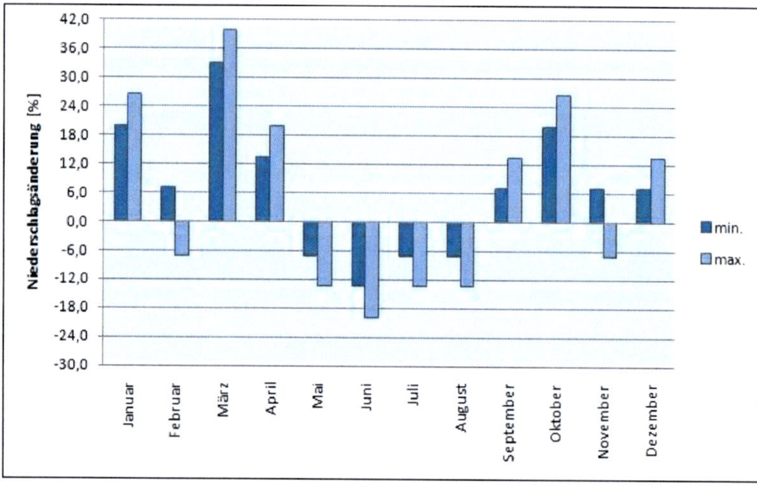

Abbildung 37: Monatliche Niederschlagsänderung im Zeitraum 2071-2100 gegenüber der Klimanormalperiode 1961-1990 auf Basis des B1-Szenarios

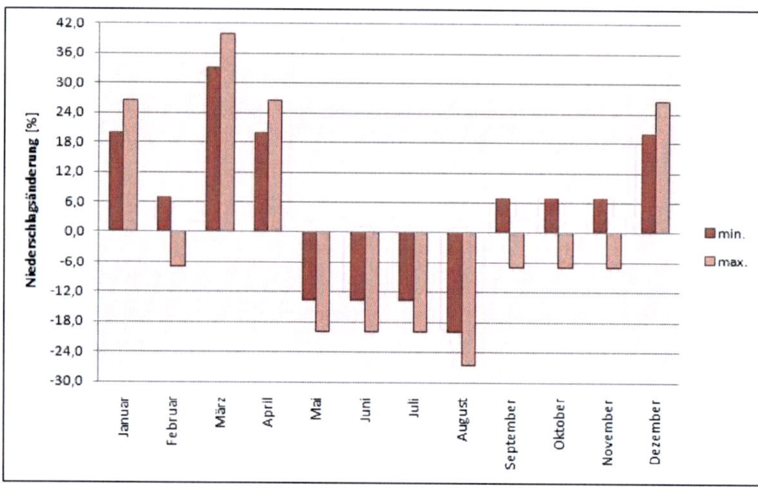

Abbildung 38: Monatliche Niederschlagsänderung im Zeitraum 2071-2100 gegenüber der Klimanormalperiode 1961-1990 auf Basis des A1B-Szenarios

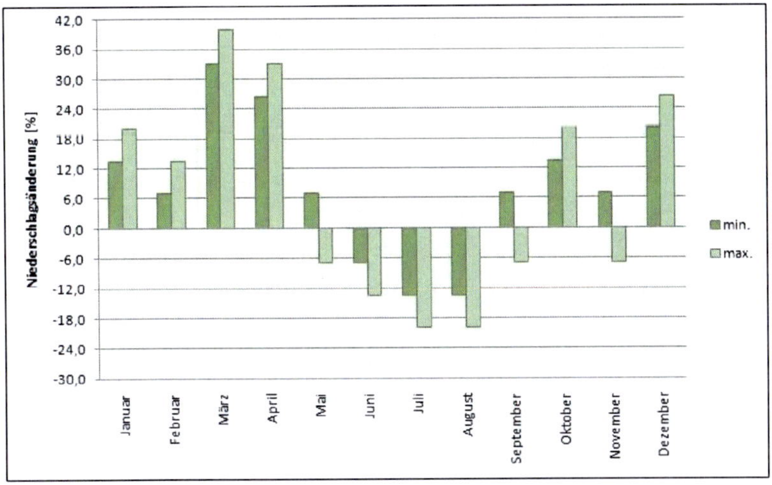

Abbildung 39: Monatliche Niederschlagsänderung im Zeitraum 2071-2100 gegenüber der Klimanormalperiode 1961-1990 auf Basis des B1-Szenarios

9 Ergebnisse

Aus der Analyse der Temperatur- und Niederschlagsdaten für die Zeiträume 2021-2050 und 2071-2100 im Gegensatz zur Klimanormalperiode 1961-1990 sind Karten entstanden (im Anhang), die zum einen die günstigen klimatischen Bereiche in Deutschland für die Anopheles- und Plasmodienentwicklung zeigen und zum anderen eine Risikoeinschätzung für die Malariaübertragung ermöglichen. Zunächst jeweils die monatlichen Temperaturbereiche gezeigt, die eine Entwicklung der Vektoren und Erreger zulassen. Danach folgt ein Vergleich der Temperatur-, Niederschlags- und Entwicklungswerte.

9.1 Temperaturkarten

Die folgenden Karten zeigen aufgrund der prognostizierten Temperaturänderungen die Gebiete in Deutschland, die aufgrund der monatlichen Temperaturwerte, eine Entwicklung der Anopheles- und Plasmodienarten zulassen würden. Dazu werden acht Bereiche differenziert, bei denen zunächst unberücksichtigt bleibt, ob eine Entwicklung gemäß der benötigten Dauer abgeschlossen werden kann:

1. Temperaturen < 10°C, so dass sich weder Anophelen, noch Plasmodien entwickeln können, werden in Grau dargestellt.

2. Der Temperaturbereich zwischen 10-10,5°C, der eine Entwicklung von *Anopheles atroparvus*, *Anopheles maculipennis s.s.* und *Anopheles messeae* ermöglicht, wird in Hellblau abgebildet.

3. Temperaturen bis 11°C sind in einem mittleren Blau dargestellt und zeigen die möglichen Entwicklungsgebiete von *Anopheles claviger* sowie *Anopheles algeriensis* zusätzlich zu den Anophelesarten, die unter Punkt 2 genannt sind. Da in den vorhandenen Literaturquellen keine Angaben zur minimalen Entwicklungstemperatur von *Anopheles algeriensis* gemacht werden, aber von einer großen Ähnlichkeit zu *Anopheles claviger* berichtet wird, wird hierbei von den gleichen Entwicklungstemperaturen ausgegangen.

4. Der Temperaturbereich bis 14,5°C umfasst die Temperaturen, die für die bisher genannten Anophelen günstig sind sowie für *Anopheles plumbeus*, der letzten in Deutschland vorkommenden Spezies, und ist dunkelblau gefärbt.

5. Temperaturen bis 16°C umschließen die günstigen Bereiche der Anophelesarten und zudem die Mindesttemperatur für *Plasmodium vivax* von 14,5°C. Dieser Temperaturbereich umfasst somit die erste Plasmodienart und ist in einem hellen Orange dargestellt.

6. Die Grenze von 16,5°C beinhaltet, neben den unter Punkt 5 benannten Spezies, zusätzlich *Plasmodium ovale*. Dieser Bereich ist in einem dunkleren Orange erfasst.

7. In diesem Punkt, der Temperaturen bis 18°C umfasst, kann sich ferner auch *Plasmodium malariae* entwickeln. Dies ist in Hellrot abgebildet.

8. Der letzte Bereich beinhaltet alle Temperaturen, die 18°C und mehr betragen. Hierbei werden alle humanpathogenen Erreger der Malaria mit einem dunklen Rot erfasst (*Plasmodium vivax*, *Plasmodium ovale*, *Plasmodium malariae* und *Plasmodium falciparum*).

9.1.1 Temperaturänderungen im B1-Szenario

Die minimalen und maximalen Temperaturänderungen der Zeiträume 2021-2050 sowie 2071-2100, auf Basis des B1-Szenarios, bringen in den Monaten April bis Oktober mögliche Entwicklungsgebiete für die Anophelesarten hervor, in den Monaten Mai bis September zudem für die Plasmodien.

Die maximale Temperaturerhöhung im April könnte zwischen 2021-2050 bereits eine Entwicklung der Anophelen des *Anopheles maculipennis*-Komplexes (*Anopheles atroparvus*, *Anopheles maculipennis s.s.* und *Anopheles messeae*) in größeren Gebieten des Oberrheins und vereinzelt im Rheinland bedingen, da diese Gebiete dann Temperaturen zwischen 10-10,5°C erreichen würden. Die minimale Änderung im April würde keine möglichen Entwicklungsgebiete hervorbringen. Der Zeitraum 2071-2100 weist bereits im April bei minimaler sowie maximaler Änderung Gebiete > 10°C am Oberrhein und im Rheinland auf und damit potentielle Entwicklungsgebiete der Anophelen des *Anopheles maculipennis*-Komplexes.

Eine minimale sowie maximale Temperaturerhöhung im Mai des Zeitraums 2021-2050 bedeutet Durchschnittstemperaturen von annähernd 15°C und damit günstige Bedingungen für die Anophelesarten des *Anopheles maculi-*

pennis-Komplexes, *Anopheles algeriensis*, *Anopheles claviger*, *Anopheles plumbeus* sowie für den Malariaerreger *Plasmodium vivax*, welcher eine Minimumtemperatur von 14,5°C benötigt.

Dic Rcgionen, in denen diese Arten günstlge Bedingungen vorfinden, beschränken sich bei einer minimalen Temperaturerhöhung von 0,25°C auf kleinere Gebiete des Oberrheins. Bei einer maximalen Änderung von 0,5°C weitet sich das Gebiet am Oberrhein aus, zudem kommen Regionen im Raum Düsseldorf sowie im Südosten Sachsen-Anhalts hinzu. Die kältesten Gebiete mit Temperaturen unter 10°C liegen in den Gebirgsregionen Harz, Rothaargebirge, Thüringer Wald, Erzgebirge, Hohes Venn, Schwarzwald, Schwäbische Alb, Fichtelgebirge, Bayerischer Wald und den Alpen (Abb. 40, 41).

Für den Zeitraum 2071-2100 zeigt sich in den Abbildungen 42 und 43 eine deutliche Änderung für den Mai gegenüber 2021-2050. Die günstigen Gebiete für die Mücken des *Anopheles maculipennis*-Komplexes weiten sich am Oberrhein, im Rheinland, in der Umgebung von Berlin und im Südosten Sachsen-Anhalts bei minimaler Änderung aus. Dagegen erfolgt bei maximaler Temperaturänderung (Abb. 43) bereits ein sprunghafter Flächenzuwachs der Gunstgebiete, welche dann für *Anopheles atroparvus*, *Anopheles maculipennis s.s.* und *Anopheles messeae* das gesamte Rheingebiet umfassen sowie die Regionen um Main, Neckar und Donau. Zudem weiten sich die Entwicklungsgebiete in den neuen Bundesländern auf fast das gesamte Gebiet Brandenburgs, Sachsen-Anhalts und den Großteil von Sachsen aus. Neben diesen regionalen Temperaturanstiegen, folgen zugleich auch regionale Temperaturabnahmen, die sich nicht mehr nur noch direkt auf die Mittelgebirgsregionen beschränken, sondern auch auf deren Umgebung.

Im Juni zeigt sich deutlich, dass bereits fast überall in Deutschland Temperaturen > 14,5°C herrschen, die für Vektoren sowie Erreger günstig sind (Abb. 44-47). Nur die Gebirgsregionen weisen im Zeitraum 2021-2050 (Abb. 44, 45) geringere Temperaturen bis 14,5°C auf und zählen damit zu den möglichen Entwicklungsgebieten der Anophelen. Temperaturen > 18°C für die minimale Änderung und somit auch potentielle Gunstregionen für *Plasmodium falciparum* liegen für 2021-2050 nur kleinräumig am Oberrhein, im Südosten Sachsen-Anhalts und Berlin vor. Förderliche Temperaturen für die Anophelesarten, *Plasmodium vivax*, *Plasmodium ovale* und *Plasmodium malariae*, d.h. Bereiche mit einem Durchschnitt von 16,5°C oder mehr, finden sich im Osten Deutschlands, fast ganzflächig in Brandenburg und Sachsen-Anhalt. Zudem zeigen auch das Rheinland, das Oberrheingebiet, der Nordwesten sowie der Südosten Bayerns die gleichen Bedingungen, besonders an den großen Flüssen Rhein, Main, Neckar und Donau. Bei maximaler Temperaturänderung erfolgt ein Flächenzuwachs dieser Gebiete (Abb. 45).

Für den Zeitraum 2071-2100 wird die Temperaturverteilung in den Abbildungen 46 und 47 dargestellt. Die wärmsten Gebiete mit Temperaturen > 18°C, damit ebenfalls günstig für *Plasmodium falciparum*, liegen hierbei am Oberrhein, großflächig in Sachsen-Anhalt, Berlin, Brandenburg, Sachsen und im Rheinland. Die Gebirgsregionen erreichen Temperaturen < 14,5°C, so dass sich dort Anophelen und maximal *Plasmodium vivax* entwickeln können. Die restlichen Regionen Deutschlands, bis auf die Nordseeküste und das nördliche Schleswig-Holstein, weisen bei minimaler Temperaturänderung Werte bis 18°C auf, so dass Gunstgebiete für alle potentiellen Vektoren bestehen sowie für fast alle humanpathogenen Plasmodien, mit Ausnahme von *Plasmodium falciparum*. Bei maximaler Temperaturerhöhung im Zeitraum 2071-2100 gestaltet sich dieser Aufbau ähnlich (Abb. 47). Die Nordseeküste und ganz Schleswig-Holstein gehören nun ebenfalls mit Temperaturen bis 18°C zu den potentiellen Gunstgebieten aller Anophelen sowie fast aller Plasmodien.

Abbildungen 48-51 stellen die Temperaturänderungen im Juli dar und Abbildungen 52-55 im August. Die Aufteilung der Gunstgebiete für Vektoren und Plasmodien gestaltet sich für beide Monate in den jeweiligen Zeiträumen sehr ähnlich. So ist es möglich, dass sich zwischen 2021-2050 über fast das ganze Bundesgebiet mindestens die sechs für Deutschland wichtigen Anophelesarten sowie drei Plasmodien, abgesehen von *Plasmodium falciparum*, entwickeln können. Nur die Mittelgebirge und Teile Schleswig-Holsteins bilden die Ausnahme, da dort geringere Temperaturen herrschen, welche aber immer noch mindestens für die Anophelen ausreichend sind. Die Juli-Temperaturen des Zeitraums 2021-2050 (Abb. 48, 49) liegen im Durchschnitt etwas höher als im August (Abb. 52, 53), so dass die Verbreitung der Arten, die höhere Temperaturen favorisieren, dementsprechend großflächiger ausfällt. Dies zeigt sich vorwiegend in Brandenburg, Sachsen-Anhalt, Sachsen, im Rheinland, am Oberrhein und in Bayern. Zudem geht dies konform mit den Flussläufen des Rheins, Mains, Neckars und der Donau. Obwohl die Temperaturen im Juli im Durchschnitt um 0,5°C höher liegen, zeigt sich in Schleswig Holstein, dass dort im August höhere Temperaturen zu erwarten sind und dann auch bessere Bedingungen für Plasmodien und Vektoren herrschen.

Im Zeitraum 2071-2100 liegen die Durchschnittstemperaturen für Juli (Abb. 50, 51) und August (Abb. 54, 55) fast im gesamten Bundesgebiet > 18°C, wobei nun der August der wärmste Monat ist. Die Ausnahmen im Juli bilden die Gebirge sowie Teile der Nordseeküste und Schleswig-Holsteins, wo die Temperaturen < 18°C liegen und ungünstig für den Erreger der Malaria tropica sind. Im August sind nur die Temperaturen der Gebirgsregionen für *Plasmodium falciparum* zu gering.

Der September im B1-Szenario (Abb. 56-59) ist der letzte Monat des Jahres, in dem eine Verbreitung der Anophelen sowie *Plasmodium vivax* und vereinzelt von *Plasmodium ovale* und *Plasmodium malariae* aufgrund der Temperatur möglich ist. Die blauen Gebiete in den Abbildungen 56 und 57 zeigen mögliche Gunstgebiete für Vektoren, jedoch ohne, dass zusätzlich eine Plasmodienentwicklung im Zeitraum 2021-2050 stattfinden kann, d.h. die Gebiete liegen durchschnittlich bei < 14,5°C. Die wärmsten Regionen, in Orange dargestellt, zeigen primär, dass günstige Temperaturen für *Plasmodium vivax* herrschen. Diese Regionen spiegeln im Allgemeinen die wärmsten Regionen Deutschlands wider und befinden sich im Rheinland, am Oberrhein, teilweise in Brandenburg und Berlin sowie in Teilen Sachsen-Anhalts und Sachsens.

Das Gebiet der Nordseeküste kühlt sich im Vergleich zum restlichen Deutschland weniger bzw. langsamer ab, so dass dort vergleichsweise noch hohe Temperaturen bis 16°C herrschen, während der Bundesdurchschnitt niedriger liegt.

Der Zeitraum 2071-2100 zeigt für September in den Abbildungen 58 und 59 einen deutlicheren Temperaturanstieg als noch 2021-2050. In den Gebirgsregionen ist bereits die Entwicklung der Anophelen möglich, in den generell wärmeren Regionen Deutschlands zeigen sich sogar Gunstgebiete für die Anophelen sowie *Plasmodium vivax*, *Plasmodium ovale* und *Plasmodium malariae*. Bei einem minimalen Temperaturanstieg (Abb. 58) liegen die Temperaturen in Brandenburg, Berlin, Sachsen-Anhalt und Sachsen hauptsächlich bei bis zu 16,5°C, während diese bei maximaler Änderung (Abb. 59) ansteigen und damit zusätzlich gute Bedingungen für *Plasmodium malariae* vorhanden sind.

Im Oktober gilt für beide Zeiträume, 2021-2050 und 2071-2100, lediglich eine mögliche, vereinzelte Verbreitung der Anophelesarten, ähnlich der maximalen Temperaturänderung im April für das B1-Szenario. Demnach liegen vereinzelt Gebiete im Rheinland und am Oberrhein zwischen 10-10,5°C, so dass vereinzelt Entwicklungen der Anophelen des *Anopheles maculipennis*-Komplexes auftreten können.

9.1.2 Temperaturänderungen im A1B-Szenario

Die minimalen und maximalen Temperaturänderungen des Zeitraums 2021-2050 für das A1B-Szenario führen wie in Szenario B1 in den Monaten April bis Oktober zu möglichen Gunstgebieten für die Anophelen. Zwischen Mai und September sind die Temperaturen zudem bei minimaler Änderung für Plasmodien günstig, bei maximaler Änderung sogar zwischen Mai und Oktober.

Die minimale Temperaturerhöhung im April würde weder für die Anophelesarten noch für die Plasmodien zukünftige Entwicklungsgebiete hervorbringen, während dies bei einer maximalen Änderung im Zeitraum 2021-2050 für die Anophelen des *Anopheles maculipennis*-Komplexes bereits möglich wird. Vereinzelt wird die Entwicklung dabei am Oberrhein und vereinzelt im Rheinland begünstigt, da diese Gebiete dann Temperaturen bis 10,5°C erreichen würden. Der Zeitraum 2071-2100 wird bereits bei minimaler Temperaturänderung für einige Anophelesarten günstig. Diese Gebiete beschränken sich ebenfalls auf kleine Regionen am Oberrhein sowie im Rheinland.

Die prognostizierten Änderungen der Temperatur, minimal als auch maximal, führen im Mai des Zeitraums 2021-2050 zu fast bundesweiten Durchschnittstemperaturen zwischen 11-14,5°C (Abb. 60-63). Damit können sich dort mindestens die sechs einheimischen Anophelesarten entwickeln. Einige Gebiete am Oberrhein, im Rheinland, in Sachsen-Anhalt und Berlin weisen sogar Temperaturen bis 16°C auf, so dass ebenfalls Gunstgebiete für *Plasmodium vivax* entstehen. Die kältesten Regionen befinden sich im Hohen Venn, Rothaargebirge, Harz, Thüringer Wald, Erzgebirge, Schwarzwald, Bayerischen Wald, Fichtelgebirge, in der Schwäbischen Alb und den Alpen.

Im Zeitraum 2071-2100 des gleichen Szenarios (Abb. 62, 63) liegen die Durchschnittstemperaturen ungefähr 2°C über denen des Zeitraums 2021-2050 (Abb. 60, 61). Etwa die Hälfte Deutschlands zählt dann mit Temperaturen bis 18°C zu den Gunstgebieten für die Anophelen des *Anopheles maculipennis*-Komplexes, *Anopheles algeriensis*, *Anopheles claviger*, *Anopheles plumbeus* sowie *Plasmodium vivax*, vereinzelt *Plasmodium ovale* und *Plasmodium malariae*. Die kältesten Regionen, in denen sich zwar Anophelen, jedoch keine Erreger entwickeln können liegen an der Nord- und Ostseeküste, in Mittel- und Südostdeutschland, Süddeutschland und der Eifel. Zudem umfassen diese Regionen die deutschen Mittelgebirge, wo teilweise weder eine Entwicklung der Vektoren noch der Erreger möglich sein wird.

Die wärmsten Regionen finden sich wieder am Oberrhein mit Temperaturen bis 18°C, so dass sich dort nur ungünstige Bedingungen für *Plasmodium falciparum* finden lassen. Gebiete mit mittleren Temperaturen von bis zu 16,5°C finden sich im Rheinland, in weiten Teilen des Oberrheins, im Südosten Sachsen-Anhalts sowie in Berlin und Umgebung. Dort sind damit günstige Entwicklungsbedingungen für die Anophelen und *Plasmodium vivax* sowie *Plasmodium ovale* vorhanden.

Abbildungen 64-67 zeigen die potentiellen Entwicklungsbereiche für das Szenario A1B im Juni. Während sich in den Gebirgsregionen im Zeitraum 2021-2050 höchstens die Anophelen entwickeln können, da dort die Temperaturen bei minimaler und maximaler Änderung nicht über 14,5°C ansteigen, sind im restlichen Deutschland die Bedingungen ebenfalls für die Plasmodien günstig. An der Nordseeküste, in Schleswig-Holstein und um die Gebirge zeigen sich dabei mögliche Gunstgebiete für die Anophelesarten sowie *Plasmodium vivax*. Im nördlichen und südlichen Niedersachsen, in Nordhessen, Bremen, kleinen Teilen Nordrhein-Westfalens sowie in Rheinland-Pfalz, an der Ostseeküste und besonders in Bayern werden die Bedingungen zudem für *Plasmodium ovale* günstig, da die Temperaturen hier bis auf 16,5°C zunehmen.

Die weitesten Gebiete Deutschlands sind im Zeitraum 2021-2050 durch Temperaturen bis 18°C gekennzeichnet. Damit sind zusätzlich die Temperaturbedingungen für *Plasmodium malariae* geschaffen, was sich besonders in weiten Teilen der neuen Bundesländer zeigt, im halben Gebiet Niedersachsens, im Rheinland, Oberrheingebiet, in Nord- und Südostbayern sowie entlang der Flüsse Rhein, Main, Donau und Neckar. Die Gunstgebiete für *Plasmodium falciparum* liegen in den wärmsten Regionen Deutschlands, d.h. am Oberrhein, vereinzelt im Rheinland, im Südosten Sachsen-Anhalts sowie in und um Berlin. Die maximale Temperaturänderung zeigt eine Ausweitung der wärmeren Gebiete, so dass sie die wärmeliebenderen Plasmodien räumlich ausweiten können. Dies fällt v.a. in Brandenburg und Berlin auf.

Wie im Mai liegen auch im Juni die Durchschnittstemperaturen des Zeitraums 2071-2100 etwa 2°C höher als 2021-2050. Dies zeigt sich deutlich in den Abbildungen 66-67 und den überwiegend rot-gefärbten Gebieten mit Temperaturen > 18°C. Damit ist potentiell eine Übertragung der Malaria tropica möglich. Die Temperaturen der Gebirgsregionen, Teile der Nordseeküste sowie Schleswig-Holsteins liegen etwas tiefer, so dass dort keine Gunstgebiete für *Plasmodium falciparum* auftreten.

Die anderen Plasmodien sowie Vektoren dagegen finden dort Gunstgebiete, da die Temperaturen bei minimaler und maximaler Veränderung für sie ausreichend sind.

Die Temperaturen des A1B-Szenarios (Abb. 68, 69) im Juli für den Zeitraum 2021-2050 liegen in etwa der Hälfte Deutschlands bei 18°C oder darüber, was für die minimale sowie maximale Änderung gilt. Damit können sich beispielsweise in weiten Teilen der neuen Bundesländer, d.h. in Berlin, Brandenburg, Sachsen-Anhalt sowie im Großteil Sachsens bei minimaler Temperaturänderung die Anophelen des *Anopheles maculipennis*-Komplexes, *Anopheles algeriensis*, *Anopheles claviger* und *Anopheles plumbeus* entwickeln. Zudem finden sich dort auch Gunstgebiete für die Erreger *Plasmodium vivax*, *Plasmodium ovale*, *Plasmodium malariae* und *Plasmodium falciparum*. Bei maximaler Änderung gilt dies ebenso für Mecklenburg-Vorpommern. Bei minimaler Änderung sind Temperaturen > 18°C auch in Nordrhein-Westfalen, v.a. im Rheinland, am Flusslauf des Rheins in Rheinland-Pfalz, Hessen und Baden-Württemberg zu erwarten. Im Saarland zeigen sich diese hohen Temperaturen besonders an der Saar. Des Weiteren sind für die Gebiete an den Flussläufen des Mains, Neckars und der Donau Temperaturen über 18°C prognostiziert, so dass auch dort die Bedingungen für Malariaübertragungen günstig sind. Bei maximaler Temperaturänderung des Szenarios weiten sich diese Gebiete stark aus, so dass auch das Risiko wächst.

Das restliche Deutschland wird nach den Prognosen zwar nicht Vektor- und Erreger-frei sein, aber die Temperaturen werden für *Plasmodium falciparum* nicht ausreichend sein, so dass zumindest der Erreger der Malaria tropica keine guten Entwicklungsbedingungen vorfinden kann.

Im August des gleichen Zeitraums zeigen sich ähnliche Gunstgebiete in Abbildung 47 (Abb. 72, 73), jedoch mit einer verminderten räumlichen Ausdehnung, da die August-Temperaturen niedriger liegen als noch im Juli. Deutlich zu erkennen sind jedoch weiterhin die wärmsten Gebiete Deutschlands, wozu das Rheinland, der Oberrhein und der Großteil der neuen Bundesländer gehören. Für die anderen deutschen Regionen gilt, dass dort Gunstbedingungen für die Anophelen herrschen sowie für die drei Plasmodienarten *Plasmodium vivax*, *Plasmodium ovale* und *Plasmodium malariae*.

Der Juli und August des Zeitraums 2071-2100 stellen sich mit flächendeckenden Temperaturen > 18°C fast gleich dar (Abb. 70-71, 74-75).

Lediglich das Rothaargebirge, der Harz, Thüringer Wald, Schwarzwald und Alpenraum weisen geringere Temperaturen auf, die dennoch für die sechs potentiellen Anophelesarten und drei Plasmodien, mit Ausnahme von *Plasmodium falciparum*, günstig sind.

Da der September im Zeitraum 2021-2050 deutlich kühler ist als der August und durchschnittlich < 18°C liegt, Abbildungen 76-77, entwickeln sich bei minimal und maximal möglicher Temperaturänderung keine Gunstgebiete für *Plasmodium falciparum*. Die wärmsten Gebiete mit Temperaturen bis 18°C liegen im Rheinland, am Oberrhein und im Südosten Sachsen-Anhalts. Dort finden sich auch im September noch kleinere Gunstgebiete für den *Anopheles maculipennis*-Komplex, *Anopheles algeriensis*, *Anopheles claviger*, *Anopheles plumbeus* sowie für die Erreger *Plasmodium vivax*, *Plasmodium ovale* und *Plasmodium malariae*. Temperaturen bis 16°C, somit günstig für die sechs Anophelesarten sowie für *Plasmodium vivax*, finden sich bei minimaler

Temperaturänderung im Westen Niedersachsens, im Großteil Nordrhein-Westfalens, Hamburg, Brandenburg, Berlin, Sachsen-Anhalt, Sachsen, an den Flussläufen des Rheins, der Mosel, der Saar, des Mains, des Neckars und der Donau. Bei maximaler Temperaturänderung breiten sich diese Gebiete aus, besonders in Bayern, Niedersachsen, Mecklenburg-Vorpommern und an der Ostseeküste Schleswig-Holsteins. Die restlichen, in Dunkelblau gezeigten Gebiete, bieten höchstens für die Anophelesarten günstige Bedingungen, jedoch nicht für die Erreger.

Der September im Zeitraum 2071-2100, Abbildungen 78-79, stellt sich deutlich wärmer dar als noch im Zeitraum 2021-2050. Die wärmsten Gebiete am Oberrhein, im Rheinland und Sachsen-Anhalt vermögen es Gunstgebiete für *Plasmodium falciparum* zu sein, d.h. dass dort Temperaturen > 18°C herrschen. Bei maximaler Änderung der Temperatur erfolgt dahingehend besonders im Rheinland ein Flächenzuwachs. Die Gebirgsregionen zeigen sich deutlich kühler und maximal für die Anophelen und *Plasmodium vivax* günstig. *Plasmodium ovale* könnte zusätzlich günstige Bedingungen in Schleswig-Holstein, Teilen Mecklenburg-Vorpommerns und an der Donau finden, da dort Temperaturen bis 16,5°C möglich sind. Bei maximaler Temperaturänderung können in den letztgenannten Regionen Temperaturen bis 18°C gemessen werden, so dass neben *Plasmodium ovale* auch *Plasmodium malariae* günstige Bedingungen antreffen kann.

Im Oktober des A1B-Szenarios (Abb. 80, 81) liegen die Temperaturen im Zeitraum 2071-2100 teilweise noch knapp bei 16°C, so dass sich im Rheinland Gunstgebiete für die Anophelesarten sowie für *Plasmodium vivax* entwickeln können. Die Gebirgsregionen sind kühler und eher ungünstig. Das restliche Bundesgebiet weist Temperaturen zwischen 11-14,5°C auf und ist damit potentiell günstig für die Anophelesarten.

Im Zeitraum 2021-2050 liegen die Temperaturen noch geringer, so dass dort keine guten Bedingungen für die Erreger herrschen können. Gleiches gilt im November und Dezember für beide Zeiträume, 2021-2050 und 2071-2100.

9.1.3 Temperaturänderungen im A2-Szenario

Im A2-Szenario der Zeiträume 2021-2050 und 2071-2100 können von Monaten Mai bis September, für minimale sowie maximale Änderungen der Temperatur, Gunstgebiete für Anophelen und Plasmodien ausgewiesen werden. Für den Zeitraum 2071-2100 ist dies zusätzlich im Oktober möglich, da die Temperaturen bis dahin höher ansteigen werden als bis 2050. Allein für die Anophelesarten zeigen sich bereits ab April Gunstgebiete, welche bis Oktober vorhanden sind, zwischen 2071-2100 sogar bis November. Im April und November könnten Temperaturen bis etwa 10,5°C erreicht werden, so dass Gunstgebiete für die Anophelesarten des *Anopheles maculipennis*-Komplexes entstehen könnten. Relativ hohe Temperaturen dieser Monate zeigen sich dann vereinzelt im Rheinland und am Oberrhein. Die restlichen Teile Deutschlands liegen mit ihren Durchschnittstemperaturen unter 10°C, d.h. dass weder für die Vektoren noch für die Erreger Gunstgebiete vorhanden sind.

Im Mai des Zeitraums 2021-2050 zeigen sich bei minimaler sowie maximaler Temperaturänderung nur kleinere Gebiete, die zwischen 14,5-16°C liegen, so dass sich die Anophelen und *Plasmodium vivax* entwickeln könnten (Abb. 82, 83). Diese Gebiete liegen, wie in den anderen Szenarien bereits als wärmste Regionen erwähnt, vereinzelt im Rheinland, am Oberrhein, im Südosten Sachsen-Anhalts und in Berlin. In den anderen Teilen Deutschlands, mit Ausnahme der Gebirgsräume, liegen die Temperaturen < 14,5°C, so dass sich zwar die Anophelen entwickeln können, jedoch keine Erreger.

Die Temperaturerhöhung im Zeitraum 2071-2100 ist deutlich in den Abbildungen 84-85 zu erkennen. Die Regionen, die zwischen 2021-2050 Gunstgebiete für die Anophelen sowie *Plasmodium vivax* waren, liegen mit ihren Temperaturen nun knapp über 16°C, so dass dort ein weiterer Erreger, *Plasmodium ovale*, günstige Temperaturbedingungen vorfinden kann. Zudem zeigt sich eindeutig eine Ausweitung der Temperaturbereiche 14,5-16°C, in denen die Anophelen Entwicklungsbedingungen vorfinden sowie der Erreger *Plasmodium vivax*. Diese Gebiete mit Temperaturen zwischen 14,5-16°C liegen hauptsächlich im Rheinland, am Oberrhein, Sachsen-Anhalt, Berlin und Brandenburg.

In den Abbildung 86-89 sind die minimalen und maximalen Temperaturänderungen im Juni dargestellt. Im Zeitraum 2021-2050, bei minimaler Änderung, liegen die wärmsten Regionen mit Temperaturen > 18°C hauptsächlich in Berlin und Brandenburg sowie am Oberrhein und vereinzelt im Rheinland. Bei maximaler Änderung breiten sich diese Gebiete aus und schließen weite Teile Sachsen-Anhalts mit ein. Die kältesten Regionen befinden sich in den Gebirgen und Umgebung. Dort finden sich maximal Gunstgebiete für die Anophelen sowie für *Plasmodium vivax* und *Plasmodium ovale*. Des Weiteren liegen kühlere Gebiete an der niedersächsischen Nordsee- und mecklenburgischen Ostseeküste sowie in Schleswig-Holstein. An der Nordseeküste und im Norden Schleswig-Holsteins reichen die Temperaturen bei minimaler Änderung teils nicht über 16°C, so dass nur für *Plasmodium vivax* und die Anophelesarten tendenziell günstige Temperaturbedingungen herrschen.

Größtenteils werden aber bis zu 16,5°C erreicht, so dass auch *Plasmodium ovale* günstige Bedingungen vorfindet. Bei maximaler Temperaturänderung werden diese noch relativ kühlen Gebiete durch Temperaturen bis 18°C verdrängt, so dass nun vermehrt auch *Plasmodium malariae* Gunstgebiete im Norden Deutschlands finden kann. Diese Temperaturen bis 18°C sind es auch, die deutschlandweit im Juni überwiegen. Damit sind für die Vektoren und Erreger, bis auf *Plasmodium falciparum*, fast überall potentielle Gunstgebiete vorhanden.

Im Zeitraum 2071-2100, Abbildungen 88-89, liegen die Temperaturen durchschnittlich um etwa 1,5°C höher als noch 2021-2050, so dass Temperaturbereiche > 18°C überwiegen und damit auch die Übertragung der Malaria tropica durch *Plasmodium falciparum* erfolgen kann. Die Gebiete, die im Zeitraum 2021-2050 noch zwischen 16,5-18°C lagen, liegen nun über 18°C. Die kältesten Gebiete finden sich wieder in den Gebirgen und ihrer weitläufigen Umgebung, ebenso an den Küsten. Diese Regionen weisen Temperaturen bis 18°C auf und bieten damit Gunstgebiete für die Anophelesarten sowie die drei Erreger *Plasmodium vivax*, *Plasmodium ovale* und *Plasmodium malariae*. Bei einer maximalen Temperaturänderung breiten sich die Gebiete mit Temperaturen > 18°C etwas aus und schließen fast die gesamte Ostseeküste mit ein. Eine deutliche Änderung ist ebenfalls in Bayern zu sehen, wo nun kaum noch Temperaturen < 18°C herrschen.

Der Juli im Zeitraum 2021-2050 ist auch im A2-Szenario mit durchschnittlichen Monatstemperaturen bis > 21°C eindeutig am wärmsten (Abb. 90, 91). Bis auf die Gebirgsregionen liegen alle Gebiete Deutschlands im Temperaturbereich > 16,5°C. Berlin, Brandenburg, Sachsen-Anhalt und das Saarland befinden sich sogar fast ganzflächig im Bereich > 18°C, für Sachsen und Rheinland-Pfalz gilt dies für den Großteil der Landesfläche.

Für den Juli im Zeitraum 2021-2050 sind im Vergleich von maximaler und minimaler Temperaturänderung nur geringe Unterschiede festzustellen. Diese zeigen sich besonders in Niedersachsen und Mecklenburg-Vorpommern, denn dort weiten sich bei maximaler Änderung der Temperatur die Regionen > 18°C deutlich aus.

Der August des Zeitraums 2021-2050 (Abb. 94-95) zeichnet sich wiederum kühler aus als der Juli. Bei minimaler und maximaler Änderung liegen die wärmsten Regionen > 18°C nicht mehr weiträumig vor, sondern flächenhaft begrenzt in Berlin, Brandenburg, Sachsen-Anhalt, Sachsen, im Rheinland, am Oberrhein und vereinzelt in Bayern. Temperaturen zwischen 16,5-18°C werden im restlichen Deutschland erreicht, mit Ausnahme der Gebirge, in deren Umgebung sich maximal noch *Plasmodium vivax* entwickeln kann.

Der Juli und August des Zeitraums 2071-2100 stellen sich fast gleich dar. Bis auf kleinflächige Ausnahmen, die den Harz, Thüringer Wald, den Schwarzwald und die Alpen mit einschließen, liegen die Temperaturen im gesamten Bundesgebiet > 18°C. Dadurch ist es den Anophelesarten des *Anopheles maculipennis*-Komplexes sowie *Anopheles algeriensis*, *Anopheles claviger*, *Anopheles plumbeus* und den Erregern *Plasmodium vivax*, *Plasmodium ovale*, *Plasmodium malariae* und *Plasmodium falciparum* möglich, fast überall temperaturbedingte Gunstgebiete zu finden bzw. sich dort zu entwickeln.

Im September des Zeitraums 2021-2050 liegen die wärmsten Gebiete Deutschlands im Rheinland und am Oberrhein sowie im Südosten Sachsen-Anhalts und in Berlin (Abb. 98, 99). Die Temperaturen liegen dort bei minimaler und maximaler Änderung zwischen 16-18°C. Da im Rheinland und am Oberrhein vereinzelt Temperaturen bis 18°C erreicht werden, können sich dort noch alle potentiellen Vektoren sowie fast alle Erreger, bis auf *Plasmodium falciparum*, entwickeln. In Sachsen Anhalt und Berlin werden keine

16,5°C erreicht, so dass dort auch *Plasmodium malariae* keine Gunstgebiete findet. Im September zeigen sich vermehrt kühlere Regionen, die < 14,5°C liegen und damit die Voraussetzungen der Temperatur an die Erreger nicht erfüllen, jedoch können sich immer noch die Anophelen entwickeln. Diese Regionen befinden sich bei minimaler Temperaturänderung großflächig in Schleswig-Holstein, Mecklenburg-Vorpommern, Bayern, Baden-Württemberg, Thüringen, Südniedersachsen, Ostwestfalen, Südsachsen und im westlichen Rheinland-Pfalz, besonders in der Umgebung der kleineren und größeren Gebirge. Die restlichen Teile Deutschlands weisen bei einer minimalen Änderung der Temperatur günstige Bedingungen für die Anophelesarten auf sowie für *Plasmodium vivax*, da Temperaturen bis 16°C erreicht werden.

Im Zeitraum 2071-2100 (Abb. 100, 101) zeigt sich der September ca. 2°C wärmer als noch 2021-2050. Die kältesten Regionen < 14,5°C, die zuvor noch weit verbreitet waren, finden sich nun nur noch in den Gebirgen. Um die Gebirge reichen die Temperaturen bis 16°C, so dass neben den Anophelen auch *Plasmodium vivax* günstige Bedingungen vorfindet. *Plasmodium ovale*, das mindestens 16°C benötigt, findet besonders bei der minimalen Temperaturänderung in Schleswig-Holstein, an der Ostseeküste und im südlichen Mecklenburg-Vorpommern günstige Bedingungen sowie in Nordhessen und Teilen Bayerns. Temperaturen ab 18°C, so dass zusätzlich auch *Plasmodium malariae* und *Plasmodium falciparum* Gunstgebiete antreffen, sind wiederum nur in den ohnehin wärmsten Gebieten Deutschlands vorhanden. Diese sind das Rheinland, der Oberrhein, das südöstliche Sachsen-Anhalt und Berlin.

Hauptsächlich zeichnet sich das Bundesgebiet im September aber durch Temperaturen zwischen 16,5-18°C aus, d.h. dass für *Plasmodium falciparum* keine günstigen Temperaturbedingungen bestehen. Bei maximaler Änderung der Temperatur im September zeigt sich der größte Unterschied im Bereich 16-16,5°C. Diese Bereiche werden besonders in Norddeutschland, Bayern und Nordhessen wärmer und fallen nun in den Bereich 16,5-18°C. Dies bedeutet, dass v.a. für *Plasmodium malariae* neue Gunstgebiete entstehen. Zudem weiten sich die Gebiete mit Temperaturen > 18°C aus.

Im Oktober des Zeitraums 2071-2100 zeigen sich im Rheinland noch Gunstgebiete für die Anophelesarten sowie *Plasmodium vivax* (Abb. 102, 103). Selbst im Oktober liegen die durchschnittlichen Temperaturen dort noch zwischen 14,5-16°C. Das restliche Bundesgebiet zeichnet sich dagegen durch Temperaturen im Bereich 11-14,5°C aus, bis auf die Gebirgsregionen, in denen teilweise keine 10°C erreicht werden. In deren Umgebung liegen die Temperaturen vereinzelt auch bei 10-10,5°C, so dass sich der *Anopheles maculipennis*-Komplex entwickeln kann sowie *Anopheles algeriensis* und *Anopheles claviger*.

9.2 Niederschlagskarten

Die folgenden Niederschlagskarten sind auf Basis der prognostizierten Niederschlagsänderungen für Deutschland erstellt worden. Dabei fundieren diese Karten auf den Szenarien B1, A1B und A2 des IPCC. Im Gegensatz zu den Temperaturkarten sind die Werte hier nicht monatlich erfasst, sondern separat für jede Periode, 2021-2050 und 2071-2100. Es gibt grundsätzlich drei Bereiche, die unterschieden werden:

1. Bei durchschnittlichen Niederschlagsmengen < 500 mm pro Jahr wird das Klima als trocken klassifiziert. Diese Zahl entspricht einer ungefähren monatlichen Niederschlagsmenge von etwa 40 mm pro Monat, so dass die orange- und rot-gefärbten Bereiche als trockene Gebiete zu auszuweisen sind.

2. Der mittlere Niederschlagsbereich umfasst Werte von 500-1200 mm durchschnittlichem Jahresniederschlag. Dies entspricht monatlichen Werten von ungefähr 40-100 mm und den hell-grünen Bereichen auf den folgenden Karten. Die heutigen Niederschläge Deutschlands liegen mit durchschnittlichen 500-800 mm pro Jahr in diesem Bereich, wobei es auch Regionen in Deutschland gibt, die eine weitaus höhere Niederschlagsmenge erreichen wie beispielsweise der Alpenrand mit jährlich bis zu 1500 mm.

3. Ab etwa 1200 mm Niederschlag im Jahr, > 100 mm im Monat, sind die betroffenen Gebiete sehr feucht. In den tropischen Ländern, in denen momentan die Malaria sehr weit verbreitet ist, sind diese Niederschläge zum Teil sicher höher. Dort fallen diese aber häufig als Starkniederschläge und weniger konstant, d.h. heftiger als es in Deutschland geschieht. Generell ist hoher Niederschlag von zwei Seiten zu betrachten, da durch ihn Anophelesbrutstätten weggespült, aber auch geschaffen werden können.

Eine weitere Klassifizierung erfolgt in den folgenden Abbildungen durch die Häufigkeit der beschriebenen Niederschlagsmengen, d.h. durch die Anzahl der Monate in denen eine Region bestimmte Werte aufweist. Dabei beziehen die Angaben über die Anzahl der Monate auf den Zeitraum, in dem bereits die Temperaturbedingungen für Vektoren und Malariaerreger theoretisch günstig sind. Für die Szenarien des Zeitraums 2021-2050 heißt das, dass die Monate Mai bis September einbezogen wurden, gleiches gilt für das B1-Szenario der Periode 2071-2100. Die Niederschlagskarten der Szenarien A1B und A2 basieren dagegen auf den Niederschlagsdaten der Monate Mai bis Oktober.

9.2.1 Niederschlagsbereiche 2021-2050

Wie man bereits in den Abbildungen 104-105 erkennen kann, gelten die allgemeinen Niederschlagsverteilungen für Deutschland weiterhin. Die Niederschlagsmenge verringert sich von Westen nach Osten, was daraus resultiert, dass sich die atlantischen Luftmassen im Luv der Mittelgebirge und den Alpen abregnen. Die östlicheren Lee-Bereiche bleiben dabei relativ trocken, was für die Periode 2021-2050 besonders im A2-Szenario (Abb. 108, 109) zu sehen ist.

Abbildungen 104-105 zeigen eine kumulierte Darstellung von Niederschlagsdaten der Monate Mai bis September für die minimale sowie maximale Änderung im B1-Szenario. Während bei minimaler Änderung der Niederschlagswerte auch relativ trockene Gebiete, z.B. östlich des Harzes, ausgewiesen werden können, zeigt sich das Bundesgebiet bei einer maximalen Veränderung dagegen etwas feuchter und die Regionen mit Werten < 40 mm/Monat schwinden.

Deutlich erkennbar sind in Abbildung 104 die Gebirge, deren Niederschlagsmengen weit über denen des Flachlandes liegen. Im Alpenraum, Schwarzwald, Rothaargebirge und Harz liegen die Niederschläge über 5 Monate jeweils bei > 100 mm monatlich. Mit Ausnahme des Rothaargebirges finden sich nur geringflächig Regionen, in denen ein Monat > 100 mm liegt und die restlichen 4 Monate mittlere Niederschläge von 40-100 mm aufweist. In

Norddeutschland, v.a. Schleswig-Holstein, Hamburg und Teilen Niedersachsens, befinden sich ein bis maximal zwei Monate > 100 mm Niederschlag.

Die höheren Niederschlagswerte weiten sich bei maximaler Änderung im B1-Szenario (Abb. 105) besonders um das Rothaargebirge und in Norddeutschland aus. Im Süden Deutschlands ändert sich im Alpenraum, im Schwarzwald und im Bayerischen Wald kaum etwas an den Niederschlagsbedingungen. Die Anzahl der feuchten Monate nimmt dagegen in der Schwäbischen Alb vereinzelt auf 5 Monate zu. Zudem zeigen sich nun auch die Umgebungen der Gebirge mit einem Monat > 100 mm feuchter als noch bei einer minimalen Änderung des Niederschlags.

Die Niederschlagsänderungen im A1B-Szenario zeigen im Gegensatz zum B1-Szenario, die allgemeinen Verhältnisse betrachtend, ein anderes Bild. In den Abbildungen 106-107 ist ersichtlich, dass bei einer minimalen Niederschlagsänderung feuchtere Verhältnisse herrschen als bei der maximalen. Es gilt demnach im Allgemeinen, dass die Anzahl der Monate mit Werten > 100 mm abnimmt, dafür aber vermehrt Gebiete < 40 mm/Monat liegen und dies besonders im Osten Deutschlands. Betrachtet man die Karte der geringsten Änderung, liegen im Norden maximal 2 Monate > 100 mm. Im Schwarzwald und in den Alpen herrschen wiederum die höchsten Niederschlagsmengen vor, so dass in den Bezugsmonaten Mai bis September kein Monat < 100 mm Niederschlag aufzeigt. Östlich des Harzes ist bei beiden möglichen Änderungen ein Gebiet zu erkennen, welches einen Monat Niederschlagswerte < 40 mm aufweist, während die anderen Monate im mittleren Bereich zwischen 40-100 mm liegen. Nördlich von Berlin zeigt sich ebenfalls eine Region, deren Niederschlag einen Monat gering ausfällt und < 40 mm liegt. Zudem gehen die Niederschläge im Erzgebirge deutlich zurück, so dass dort bei maximaler Änderung mittlere Mengen überwiegen.

Abbildungen 108-109 stellen die deutlichsten Veränderungen des Niederschlags dar. Zu sehen sind die Änderungen die sich für das Szenario A2 ergeben und bei maximaler Änderung der Niederschlagswerte ein deutlich trockeneres Bundesgebiet zeigen. Hauptsächlich liegen die Werte dabei im mittleren Bereich, während der Osten Deutschlands großflächig durch einen Monat < 40 mm geprägt ist.

Die Verringerung des Niederschlags ist ebenso in Schleswig-Holstein und allen Gebirgsregionen deutlich zu sehen. Auffällig ist dabei das Rothaargebirge, welches bei maximaler Änderung nur kleinflächig Gebiete vorweist, die über einen Monat Niederschlagswerte > 100 mm liefern. Der Schwarzwald ist bei minimaler Änderung noch durchgehend durch Niederschläge > 100 mm/Monat geprägt, während in Sachsen-Anhalt niederschlagsarme Gebiete sichtbar werden. Durch die maximalen Niederschlagsveränderungen verringert sich die Anzahl der feuchten Monate, so dass dort maximal noch 4 Monate > 100 mm liegen. Im Alpenvorland sowie in und um die Schwäbische Alb zeigen sich ebenfalls deutliche Niederschlagsabnahmen. Es werden dort vermehrt mittlere Niederschlagsmengen erreicht.

9.2.2 Niederschlagsbereiche 2071-2100

Die Niederschlagssituation ist im Zeitraum 2071-2100 trockener als noch 2021-2050. Im B1-Szenario gehen die hohen Niederschlagsmengen besonders in den Gebirgsregionen und Schleswig-Holstein zurück (Abb. 110, 111). Zudem weiten sich die Regionen, in denen die Niederschlagsmengen mindestens einen Monat lang < 40 mm liegen, aus. Diese liegen, wie bereits in Periode 2021-2050, vermehrt im Osten Deutschlands. Während diese geringen Niederschlagsmengen dort bei minimaler Änderung nur über einen Monat andauern, werden daraus bei maximaler Niederschlagsänderung teilweise schon 3 Monate. In Schleswig-Holstein liegen die Niederschläge gebietsweise einen Monat über dem Mittel, während dies in der vorangegangenen Periode teilweise noch bei 2 Monaten lag. Auffällig ist ebenfalls die Änderung in Süddeutschland, da das Alpenvorland nun durch mittlere Niederschläge geprägt ist und nur geringflächig mindestens einen Monat Niederschlagsmengen > 100 mm aufweist.

Die Änderungen des A1B-Szenarios (Abb. 112, 113) zeigen den gleichen Trend wie B1. Im Vergleich zur minimalen Änderung der Niederschläge, breiten sich die Gebiete aus, welche mindestens einen Monat < 40 mm Niederschlag liegen. Zudem sind in Abbildungen 112-115 die Monate Mai bis Oktober berücksichtigt und nicht wie bisher Mai bis September, da nun auch die Temperaturen im Oktober für Vektoren und Plasmodien zum Teil günstig sind und demnach ebenfalls die Niederschlagsverhältnisse erfasst werden müssen.

Bei minimaler Änderung der Niederschlagsmengen in Abbildung 112 zeigen sich die trockensten Gebiete Deutschlands im Großteil der östlichen Bundesländer. In einer kleinen Region sind bereits in den Bezugsmonaten keine Niederschlagsmengen > 40 mm zu erwarten. Im ganzen Bereich der trockenen Gebiete überwiegt allerdings, dass nur ein Monat unter der 40-mm-Marke bleibt. Die Regionen mit dem höchsten Niederschlag, in denen dies auch über mehrere Monate erfolgt, befinden sich im Alpenraum und im Schwarzwald. Die anderen Gebirge zeigen sich überwiegend mit Niederschlägen im Bereich von 40-100 mm. Maximal 2 Monate mit Niederschlagsmengen > 100 mm sind in Teilen Schleswig-Holsteins zu erwarten, bis zu 4 Monate hoher Niederschlag sogar im Rothaargebirge, Harz und Bayerischen Wald.

Bei maximaler Niederschlagsänderung (Abb. 113) weiten sich die trockenen Gebiete stark aus. Fast der gesamte Osten Deutschlands liegt nun in diesem Bereich, dabei handelt es sich meist um nicht mehr als einen Monat, sondern um mindestens 2 Monate, die im Bereich < 40 mm Niederschlag liegen. Ein großes Gebiet dort weist zudem 6 Monate < 40 mm Niederschlag auf. Neue Gebiete, in denen der Niederschlag unter 40 mm sinkt, befinden sich nun im Norden Schleswig-Holsteins sowie am Oberrhein und in Mitteldeutschland. Der Schwarzwald und die Alpenregion sind immer noch am feuchtesten, jedoch ist dies auch mit einem Rückgang, im Vergleich zum B1-Szenario und dem Zeitraum 2021-2050, verbunden.

Die Niederschlagsänderung im A2-Szenario zeigt sich weniger drastisch als noch im A1B-Szenario wie in Abbildungen 114-115 dargestellt ist. Die höchsten Niederschlagswerte sind im Schwarzwald und im Alpenraum zu verzeichnen, im Osten Deutschlands liegen sie wiederum am niedrigsten. Bei minimaler Änderung des Niederschlages liegen die Mengen in Schleswig-Holstein regional über 2 Monate > 100 mm. Im Rothaargebirge liegt die Anzahl der Monate mit hohem Niederschlag bei bis zu 5, während dies im Harz, Schwarzwald, bayerischen Wald und Alpenraum bis zu 6 Monate beträgt.

Die Gebiete, die < 40 mm Niederschlag liegen, befinden sich im Osten Deutschlands. Dabei ist diese geringe Menge hauptsächlich auf einen Monat begrenzt, geringflächiger bis zu 2 oder 3 Monaten.

Die maximale Veränderung der Niederschlagsmengen wird besonders in den trockeneren Gebieten im Osten deutlich. Dort steigt die Anzahl der Monate mit Niederschlagsmengen < 40 mm von hauptsächlich einem Monat, bei minimaler Änderung, auf größtenteils 3 Monate, bei maximaler Änderung. Gebietsweise ist nun ebenfalls am Oberrhein eine größere Region erkennbar, die über einen Monat niedrige Niederschlagsmengen aufweist. Schleswig-Holstein ist durch einen einmonatigen Niederschlag > 100 mm geprägt, das Rothaargebirge und der Harz nun mit maximal 4 Monaten. Der Schwarzwald und die Alpenregion zeigen weiterhin hohe Niederschlagsmengen von Mai bis Oktober, was aber mit einem Rückgang in der Fläche verbunden ist.

9.3 Temperatur- und Niederschlagsbedingungen

Im Folgenden sollen die Temperatur- und Niederschlagsbedingungen eines Zeitraums und jeweils eines IPCC-Szenarios direkt miteinander verglichen werden. Dazu wurden die bereits dargestellten Temperaturkarten aus Kapitel 9.1 miteinander verschnitten, so dass die Niederschlagskarten aus Kapitel 9.2 nun im direkten Vergleich mit den Temperaturbedingungen stehen können. Da bereits eine detaillierte Beschreibung der Niederschlagssituation erfolgte, liegt das Augenmerk auf extremen Regionen, wie sich dort Niederschlag und Temperatur verhalten und ob eine Übertragung bzw. Verbreitung der Malaria z.B. in Gebieten mit günstigen Temperaturwerten, aber ungünstigen Niederschlagswerten überhaupt möglich sein könnte.

In den Temperaturkarten wurden grundsätzlich die Temperaturbereiche berücksichtigt, die in einem Gebiet überwiegen, ähnlich der Karten in Kapitel 9.1. Dort wurden bereits die Temperaturbereiche ausgewiesen, die nun ebenfalls Berücksichtigung finden und wie in den Niederschlagskarten aus Kapitel 9.2 eine monatliche Abfolge der dominierenden Bereiche erhalten, d.h. die mögliche Übertragungsdauer angeben. Dabei ist es wichtig, dass die Differenzierung in den Übergangsregionen teilweise fließender verläuft als dargestellt. Es handelt sich hierbei um eine modellhafte und somit vereinfachte Darstellung.

9.3.1 Temperatur und Niederschlag 2021-2050

Die minimal sowie maximal prognostizierten Temperaturänderungen für den Zeitraum 2021-2050 und das B1-Szenario sind in den Abbildungen 116-117 dargestellt. Dazu geben die schraffierten Flächen die Regionen an, in denen der Niederschlag einen Platz als limitierender Faktor einnehmen kann, da dieser dort besonders hoch oder niedrig ist.

Die auffälligsten Gebiete bezüglich der Temperatur sind hier die roteingefärbten, welche zeigen, dass diese über 2 Monate hinweg im Temperaturbereich > 18°C liegen. Diese Gebiete befinden sich im Rheinland, am Mittel- sowie Oberrhein und großflächig im Osten Deutschlands, besonders in Brandenburg und Sachsen-Anhalt. In einem kleineren Gebiet Sachsen-Anhalts liegen die Niederschlagsmengen bei minimaler Änderung über einen Monat < 40 mm, so dass dort die Bedingungen teilweise zu trocken für Anophelen und Erreger sind.

Die Gebirgsregionen zeigen sich am kühlsten und niederschlagsreichsten. Besonders im Alpenraum und im Schwarzwald sind die Niederschlagsmengen sehr hoch, so dass dort weder bezüglich der Temperatur noch des Niederschlags Gunstgebiete für Anophelen oder Plasmodien ausgewiesen werden können. Im Norden Schleswig-Holsteins liegen die Temperaturen über 2 Monate zwischen 16-16,5°C, die Niederschlagsmengen liegen dabei mindestens einen, aber maximal 2 Monate > 100 mm. Der Großteil Deutschlands befindet sich hingegen überwiegend 2 Monate im Temperaturbereich zwischen 16,5-18°C.

Abbildung 117 zeigt die maximal möglichen Änderungen der Temperatur. Der größte Unterschied zur minimalen Änderung (Abb. 116) liegt darin, dass nun am Oberrhein auch ein kleineres Gebiet über 3 Monate Temperaturen > 18°C aufweist. Zudem weiten sich die Regionen mit gleichen Temperaturen über einen zweimonatigen Zeitraum weiter aus. Der Norden Schleswig-Holsteins liegt jetzt auch über 2 Monate bei Temperaturen zwischen 16,5-18°C, so wie der Großteil des Bundesgebietes. Die hohen Niederschläge nehmen ab, während gleichzeitig die relativ trockene Region im Osten an Niederschlag zunimmt, so dass hier nun günstigere Bedingungen für eine Vektor- sowie Erregerentwicklung anzutreffen sind.

Die Temperatur- und Niederschlagsbedingungen des A1B-Szenarios sind in den Abbildung 118-119 dargestellt. Zunächst fällt bei den Temperaturbedingungen der minimal prognostizierten Änderungen auf, dass nun bereits teilweise über 3 Monate Temperaturen > 18°C erreicht werden. Diese Regionen liegen am Oberrhein, in Berlin und im Südosten Sachsen-Anhalts. Die Niederschlagsmengen liegen dabei im mittleren Bereich. Weiterhin breiten sich die Gebiete im Rheinland, am Oberrhein, in Brandenburg, Sachsen-Anhalt und Sachsen aus, in denen die Temperaturen über 2 Monate > 18°C liegen. In den östlichen Gebieten befinden sich dabei die Niederschläge teilweise über einen Monat < 40 mm, die anderen Regionen weisen Niederschläge im mittleren Bereich auf. Angrenzend an die Flächen, die 2 Monate > 18°C liegen, befinden sich nun in Norddeutschland und Bayern teilweise Bereiche, in denen Temperaturen zwischen 16,5-18°C über 3 Monate herrschen. Der Großteil Deutschlands ist, wie im Szenario B1, hauptsächlich durch Temperaturen von 16,5-18°C über 2 Monate geprägt. Dagegen sind zwar die Temperaturen der Gebirgsräume weiterhin relativ gering, jedoch gehen dort auch die Niederschlagsmengen zurück bzw. die hohen Niederschläge verringern sich in der monatlichen Anzahl.

Die maximale Änderung der Werte im A1B-Szenario (Abb. 119) zeigt, bezüglich der Temperatur, die größte Differenz im Osten Deutschlands. Das Gebiet, welches vorher 3 Monate > 18°C lag, hat sich massiv ausgeweitet, während die gleichen Bereiche am Oberrhein einen geringeren Flächenzuwachs verzeichnen. Über einen Monat muss im Osten zudem teilweise mit Niederschlagsmengen < 40 mm gerechnet werden. Größtenteils ist aber keine Beeinträchtigung durch den Niederschlag zu erwarten, da sich dieser meist im mittleren Wertebereich befindet. Die Ausnahmen bilden dabei Schwarzwald und besonders der Alpenraum, in denen die Niederschläge über 4-5 Monate relativ hoch liegen. Besonders im Schwarzwald nehmen ebenfalls die Temperaturen zu, so dass dort die Einschränkung durch den Niederschlag im Zuge der Entwicklung der Vektoren und Erreger rückläufig ist.

Die minimalen Änderungen der Temperatur des A2-Szenarios in der Periode 2021-2050 sind in Abbildung 120 dargestellt. Dabei zeigen sich relativ große Gebiete, in denen die Temperaturen über 3 Monate > 18°C liegen. Diese befinden sich am Oberrhein, in Berlin, Brandenburg, Sachsen-Anhalt und vereinzelt im Rheinland. Bezüglich des Niederschlags sind die Einschränkungen gering, da dieser dort weder im hohen noch im niedrigen Bereich liegt. An die durch hohe Temperaturen charakterisierte Gebiete grenzen Regionen, in denen über 2 Monate hinweg die Temperaturen > 18°C liegen. Im Gegensatz zu den bisherigen Szenarien ist diese Ausdehnung wesentlich geringer. Dagegen sind die Bereiche relativ groß, in denen über 3 Monate Temperaturen zwischen 16,5-18°C herrschen. Diese Gebiete liegen hauptsächlich in Bayern, Nordrhein-Westfalen, Rheinland Pfalz, Nord-Brandenburg und Sachsen-Anhalt. Bei minimaler Änderung in diesem Szenario liegen die Niederschläge vorwiegend im mittleren Wertebereich, mit Ausnahme von Sachsen-Anhalt mit niederschlagsarmen Regionen und den südlichen Gebirge, in denen Auswirkungen durch hohen Niederschlag zu erwarten sind.

Die maximalen Temperaturänderungen des A2-Szenarios in Abbildung 121 zeigen sich ähnlich den minimalen Änderungen, da nur eine geringe Ausweitung der beschriebenen Gebiete erfolgt. Der Einfluss des Niederschlags wird hier jedoch größer, da nun besonders im Osten Deutschlands trockene Gebiete auftreten und somit die Entwicklung der Erreger und Vektoren eingeschränkt wird. Am Rhein in Rheinland-Pfalz zeigen sich ebenfalls trockene Regionen, welche sich im dreimonatigen Temperaturbereich > 18°C befinden.

9.3.2 Temperatur und Niederschlag 2071-2100

Für den Zeitraum 2071-2100 sind die Temperaturänderungen des B1-Szenarios in den Abbildungen 122-123 dargestellt. Die Gebiete, in denen bei minimaler Änderung die Temperaturen über 3 Monate > 18°C liegen, befinden sich am Ober- und Mittelrhein sowie im Rheinland, Sachsen-Anhalt, Berlin, Brandenburg und Sachsen. Teilweise kann im Osten Deutschlands, aufgrund von Trockenheit, der Niederschlag als limitierender Faktor auftreten, während im Süden Deutschlands eher hohe Niederschlagswerte zu erwarten sind. Das Bundesgebiet ist hauptsächlich durch einen zweimonatigen Zeitraum mit Temperaturen > 18°C geprägt, mit Ausnahme des Nordens und der Gebirge sowie deren Umgebung.

Bei maximaler Änderung der Temperaturwerte sticht heraus, dass sich die Regionen, die 3 Monate > 18°C liegen, ausweiten und der Norden Deutschlands über den gleichen Zeitraum im Temperaturbereich 16,5-18°C liegt. Die trockeneren Regionen im östlichen Deutschland verlagern sich weiter nach Osten, während im Süden kaum eine Änderung eintritt.

Im A1B-Szenario des Zeitraums 2071-2100 tritt das erste Mal der Fall auf, dass über 4 Monate Temperaturen > 18°C herrschen. Bei minimaler Temperaturänderung (Abb. 124) liegen diese Bereiche am Oberrhein, kleinflächiger im Rheinland und im Südosten Sachsen-Anhalts. Sachsen-Anhalt ist zudem durch niederschlagsarme Flächen geprägt, die stark als limitierender Faktor fungieren. Der Großteil des Bundesgebietes, mit Ausnahme der Gebirge und deren Umgebung sowie Teile Norddeutschlands, zeigt sich überwiegend 3 Monate > 18°C. Die restlichen Regionen liegen nur minder darunter, was sich in einer geringeren Anzahl der Monate > 18°C äußert.

Bei maximaler Temperaturänderung (Abb. 125) weiten sich die viermonatigen Gebiete > 18°C aus. Dies betrifft v.a. das Rheinland und den Oberrhein. Im Osten Deutschlands ist dieser Anstieg flächenhaft geringer, zudem dort weiterhin geringe Niederschläge herrschen. Ebenfalls trockenere Regionen zeigen sich nun auch am Oberrhein. Dagegen bilden sich die niederschlagsreichen Gebiete des Schwarzwaldes und des Alpenraums zurück. Des Weiteren erfolgt eine Ausweitung der Gebiete, die sich über 3 Monate > 18°C befinden, die Gebirgsregionen und Teile Norddeutschlands sind davon weitestgehend ausgeschlossen und über 2 Monate in diesem Temperaturbereich.

Die Temperaturbereiche des A2-Szenarios (Abb. 126, 127) stellen sich neben denen des Szenarios A1B mit viermonatigen Gebieten > 18°C ähnlich dar. Bei minimaler Änderung der Temperatur sind diese, ähnlich derer im A1B-Szenario, am Oberrhein, im Rheinland und im Südosten Sachsen-Anhalts zu finden. Dabei treten besonders im Osten Deutschlands großflächig Niederschlagsmengen über mindestens einen Monat < 40 mm auf. Die Anteile an zwei- bzw. dreimonatig andauernden Temperaturen > 18°C sind etwa gleich. Dabei ist die geringere Anzahl der warmen Monate in und um die Gebirge zu finden sowie in Norddeutschland. Die Gebirge liegen, wie in Szenario A1B, über 2 Monate im Temperaturbereich zwischen 16,5-18°C.

Bei maximaler Temperaturänderung des gleichen Szenarios (Abb. 127) zeigt sich eine gebietsweise Ausweitung der vier- sowie dreimonatig > 18°C liegenden Gebiete. Besonders auffällig zeigt sich der Anstieg im Rheinland. Die östlichen Regionen weisen bei maximaler Änderung weiter geringere Niederschläge auf, was sich ebenfalls am Oberrhein und in Süddeutschland, besonders in den Gebirgsregionen, zeigt.

10 Interpretation

Das Risiko einer erfolgreichen Malariaübertragung wächst oder sinkt aufgrund verschiedener Faktoren. Wichtig dabei sind u.a. die Umgebungstemperaturen, Niederschlagsverhältnisse, das Vorhandensein von Gewässern als potentielle Brutplätze und die Bevölkerungsdichte einer Region. Bisher wurden die Temperatur- und Niederschlagsverhältnisse zukünftiger Zeiträume aufgezeigt, an denen man die Länge der möglichen Übertragungszeit erkennen kann. Dazu muss angegeben werden wie viel Zeit benötigt wird, damit ein Erreger die Sporogonie bei einer bestimmten Temperatur abschließen kann und somit der Vektor infektiös wird. Dies wurde bisher nicht berücksichtigt. Um die Abhängigkeit von einem Entwicklungszyklus und der herrschenden Temperatur zu beschreiben, wurde in Kapitel 7.2 bereits die Gleichung nach MOSHKOVSKY vorgestellt, die eben diese Beziehung beschreibt.

In JETTEN & TAKKEN[265] wurde dazu nach MOSHKOVSY & RASHINA (1951) die Dauer, um die extrinsische Inkubationszeit abzuschließen, bei Minimumtemperatur für die drei Erreger *Plasmodium vivax*, *Plasmodium falciparum* und *Plasmodium malariae* angegeben. *Plasmodium vivax* benötigt 105 Tage, *Plasmodium falciparum* 111 Tage und *Plasmodium malariae* 144 Tage. Leider ist die Literatur bezüglich *Plasmodium ovale* weniger aufschlussreich. Die Dauer bei minimaler Temperatur sollte ungefähr der von *Plasmodium malariae* entsprechen, denn die Minimumtemperaturen liegen nah beieinander.

Um feststellen zu können, ob eine Region lange genug in einem bestimmten Temperaturbereich liegt, wurde in Kapitel 6.2.1 (Abb. 20) die jeweilige Dauer der Entwicklungszeit der Plasmodien bei bestimmten Temperaturen dargestellt. Es handelt sich dabei um ungefähre Werte, da sich die Faktoren, die mit der Entwicklungsgeschwindigkeit von Vektor und Erreger verbunden sind, immer ändern und auch die Anophelen und Plasmodien immer anders auf ihre Umwelt reagieren.

Kein Risiko besteht, wenn es keine Anophelen gibt, die sich in einer Region entwickeln können bzw. wenn die klimatischen Bedingungen für eine erfolgreiche Genese ungünstig sind. Bei einem Anophelismus ohne Malaria bleibt ein Restrisiko bestehen. Beispielsweise können Plasmodien importiert und

---

265 Jetten & Takken, Anophelism without malaria in Europe.

dadurch Infektionen verursacht werden. Dabei spielt auch der Niederschlag eine Rolle, da dieser hoch genug sein muss, damit Brutplätze entstehen können oder erhalten bleiben. Ist dieser zu gering, ist auch das Vorhandensein bzw. Überleben der Anophelen eher unwahrscheinlich. Ist der Niederschlag aber zu hoch oder durch Starkregenereignisse charakterisiert, besteht zum einen die Möglichkeit, dass zwar neue Brutplätze entstehen, aber auch weggespült werden können.

10.1 Malariaübertragung im Zeitraum 2021-2050

Im Zeitraum 2021-2050 befinden sich die längstmöglichen Übertragungsregionen von *Plasmodium falciparum*, d.h. Regionen, die 3 Monate > 18°C liegen, am Oberrhein, im Südosten Sachsen-Anhalts, Berlin und Brandenburg. Dabei handelt es sich um relativ kleine Gebiete bzw. überwiegen die zweimonatigen Temperaturbereiche > 18°C und die zwischen 16,5-18°C flächenhaft. Das Risiko erfolgreicher Übertragungen der Malaria steigt mit jedem Szenario, da auch mit jedem Szenario die maximal erreichbare Temperatur steigt. Dadurch wird das Stechverhalten der Anophelesarten angeregt und die Entwicklungszyklen laufen schneller ab.

10.1.1 B1-Szenario

Im B1-Szenario zeigen sich Temperaturen > 18°C über 3 Monate bei maximal prognostizierter Temperaturänderung, bei minimaler Änderung der Temperatur dagegen nur über 2 Monate hinweg. *Plasmodium falciparum* benötigt bei 18°C 55,5 Tage, um die Sporogonie im Vektor abzuschließen. Als Vektoren sind z.B. alle Culiciden des *Anopheles maculipennis*-Komplexes möglich, deren Minimumtemperatur bei etwa 10°C liegt und ehemals in Deutschland weit verbreitet waren, es heute z.T. noch sind und zukünftig wahrscheinlich nicht in der Populationsdichte abnehmen werden. Da bei den Anophelen des *Anopheles maculipennis*-Komplexes bei 18°C etwa ein Monat von der Entwicklung vom Ei bis zum Adult benötigt wird und *Plasmodium falciparum* zur Sporogonie im Vektor etwa 2 Monate benötigt, muss ein Minimum von ca. 3 Monaten mit Temperaturen von > 18°C vorhanden sein, was bei minimaler Temperaturänderung im B1-Szenario nicht der Fall ist. In diesem Szenario liegt die maximal erreichbare Temperatur bei minimaler Änderung zudem bei 20,4°C im Juli. Demnach ist hier, schon anhand der Temperaturbedingungen, eine Übertragung der Malaria tropica auszuschließen, da auch ein Monat mit 20,4°C nicht ausreichen würde, damit die Entwicklung von Vektor und *Plasmodium falciparum* im Vektor abgeschlossen werden kann. Da *Plasmodium malariae* bei 18°C etwa 2,5 Monate und bei 20,4°C etwas mehr als einen Monat im Erreger benötigt, ist auch die Übertragung der Malaria quartana eher unwahrscheinlich. *Plasmodium vivax* kann bei diesen Temperaturen am schnellsten zu einer Infektion der Speicheldrüsen des Vektors führen. Bei 18°C kann dies innerhalb von 30 Tagen geschehen und bei 20,4°C sogar innerhalb von 17,8 Tagen. Demnach wäre eine Übertragung der Malaria tertiana denkbar. Am Oberrhein sowie im Rheinland wäre es damit, auch aufgrund der Gewässernetz- und Bevölkerungsdichte, möglich, dass zukünftig vereinzelte autochthone Malariafälle durch *Plasmodium vivax* auftreten. In Brandenburg und Berlin gibt es zwar vereinzelt größere Seen, jedoch ist die Gewässernetzdichte geringer als in den eben genannten Gebieten. Ebenso ist die Bevölkerungsdichte geringer, mit Ausnahme von Berlin. Da es sich dabei um eine Großstadt handelt, ist der Großteil der Flächen verbaut und es können weniger Brutplätze der Anophelen ausgemacht werden, so dass hier auch ein geringeres Risiko der Malariaübertragung herrscht. Der Südosten Sachsen-Anhalts sowie der nordwestliche Teil Sachsens liegen ebenfalls im zweimonatigen Bereich > 18°C. Hier befinden sich aber die trockensten Gebiete Deutschlands, so dass dadurch eine kleinräumige Einschränkung der Malariaübertragung erfolgt. Zudem ist die Bevölkerungsdichte im Vergleich ebenfalls gering und es besteht nur ein geringes Übertragungsrisiko.

In den Gebieten Deutschlands, in denen über 2 Monate Temperaturen zwischen 16,5-18°C herrschen, ist auch diese Zeitspanne zu gering, um eine Infektion der Speicheldrüsen durch die Erreger zu erreichen. Eine Infektion mit *Plasmodium vivax* benötigt bei diesen Temperaturen etwas mehr als 2 Monate, so dass auch diese ausgeschlossen werden kann. Da die restlichen Gebiete Deutschlands in einem kälteren Temperaturbereich liegen und sich die Entwicklungs- und Infektionsgeschwindigkeiten verlängern, ist die Beendigung der Sporogonie theoretisch nur am Oberrhein und im Rheinland sowie vereinzelt im Osten Deutschlands durch *Plasmodium vivax* möglich.

Bei maximaler Temperaturänderung im B1-Szenario liegt eine Region am Oberrhein über 3 Monate im Temperaturbereich > 18°C. Die maximal erreichbare Temperatur liegt hier bei 20,6°C. Durch die Temperaturbedingungen und mittleren Niederschlagsmengen sowie überwiegenden Bevölkerungsdichten zwischen 300-500 Einwohnern pro km² und den Rhein sind wichtige Voraussetzungen möglicher Malariaübertragungen gegeben. Nun ist es möglich, dass in diesem Bereich auch autochthone Inzidenzfälle durch *Plasmodium falciparum* auftreten. Bei 20,6°C kann es innerhalb von 24,1 Tagen zu einer Infektion der Vektoren kommen, die ihrerseits wiederum etwa genauso lange für ihre Entwicklung vom Ei bis zum Adult benötigen. Die Malariaerreger *Plasmodium malariae* und *Plasmodium vivax* würden im Vektor ebenfalls eine vollständige Sporogonie in diesem Zeitraum durchführen können. Demnach ist das Malariainfektionsrisiko in dieser Region sehr hoch.

10.1.2 A1B-Szenario

Das A1B-Szenario bei minimaler Temperaturänderung ist dem B1-Szenario bei maximaler Temperaturänderung relativ ähnlich. Über 3 Monate finden sich dort Gebiete > 18°C am Oberrhein und zusätzlich in Berlin und im Südosten Sachsen-Anhalts. Hier gilt, dass der Zeitraum, in dem die Temperatur > 18°C liegt für Übertragungen der Malaria tropica, quartana und tertiana theoretisch ausreicht. In Berlin herrscht aber aufgrund der Bebauung und einem dadurch geringeren Brutplatzangebot ein geringeres Risiko. Der Südosten Sachsen-Anhalts weist neben günstigen Temperaturen weder einen niedrigen, noch hohen Niederschlag auf. Die betroffenen Regionen weisen zudem ein dichtes Gewässernetz auf. Einzig könnte hier die geringere Bevölkerungsdichte als limitierender Faktor fungieren.

Die Bereiche, welche über 2 Monate hinweg > 18°C liegen, sind besonders im Raum um die gerade genannten dreimonatig > 18°C liegenden Gebiete zu finden sowie im Rheinland. *Plasmodium vivax* benötigt bei der maximal erreichbaren Temperatur von 20,9°C in diesem Szenario bei geringer Temperaturänderung gerade einmal etwa 16,4 Tage, um die Sporogonie im Vektor abzuschließen. Damit herrscht in diesen Gebieten ein relativ hohes Risiko für Übertragungen der Malaria tertiana.

Im A1B-Szenario befinden sich Gebiete in Niedersachsen, Mecklenburg-Vorpommern, Hamburg und im Süden Schleswig-Holsteins im dreimonatigen Bereich von 16,5-18°C. In diesem Zeitraum ist eine Malariaübertragung durch *Plasmodium malariae* nicht möglich, da mit Reifung der Culicide etwa 3,5 Monate bis zur Infektiosität vergehen würden. Mit *Plasmodium vivax* allerdings besteht in diesen Gebieten ein Risiko, da dieser Erreger bei 16,5°C 52,5 Tage zur Vollendung der Sporogonie benötigt und der Vektor, der hier dem *Anopheles maculipennis*-Komplex angehören oder aber auch *Anopheles claviger* oder *Anopheles plumbeus* sein kann, maximal 35 Tage benötigt, um das adulte Stadium zu erreichen. In Mecklenburg-Vorpommern ist dabei das Gewässernetz aufgrund der vielen Seen fördernd, jedoch ist die Bevölkerungsdichte gering. In Bayern würde das Gewässernetz ebenfalls förderlich sein, die Bevölkerungsdichte jedoch keine Einschränkung in der Risikobetrachtung geben.

Bei maximaler Änderung der Temperatur des Szenarios A1B vergrößern sich die Gebiete der dreimonatigen Temperaturbereiche > 18°C. Vereinzelt sind nun auch Flächen im Rheinland betroffen, wo das Gewässernetz relativ dicht ist und somit ein potentielles Brutplatzangebot liefert. Die Bevölkerungsdichte ist besonders im recht versiegelten Ruhrgebiet sehr hoch, so dass das Risiko autochthoner Inzidenzfälle nicht allzu hoch ist. Für diese Gebiete am Oberrhein gilt das gleiche wie bereits bei minimaler Änderung der Temperatur- und Niederschlagsbedingungen beschrieben, d.h. es herrscht ein hohes Risiko. In Berlin und im Südosten Sachsen-Anhalts ist das Risiko dagegen geringer. In Brandenburg zeigen sich verbreitet nun ebenfalls Regionen die über 3 Monate hinweg > 18°C liegen. Das Gewässernetz ist nicht sehr dicht und die Bevölkerungsdichte eher gering, so dass die Wahrscheinlichkeit erfolgreicher Übertragungen ebenfalls gering ausfällt. Die Regionen, die 2 Monate > 18°C liegen, zeigen besonders im Rheinland und in Baden-Württemberg ein hohes Risikopotential durch *Plasmodium vivax*, da die Gebiete dichter besiedelt sind und über ein gutes Gewässernetz verfügen.

In Bayern, Niedersachsen, Hamburg und Bremen zeigen sich dreimonatige Temperaturbereiche zwischen 16,5-18°C. In Bayern und Niedersachsen wird dabei das Risiko von Malaria tertiana-Übertragungen höher liegen als in Hamburg und Bremen, obwohl das Gewässernetz dort überall ausreichend ist. Hamburg und Bremen haben einen Großstadtcharakter, was in den betroffenen Gebieten in Niedersachsens und Bayerns kaum zutrifft. Im restlichen Bundesgebiet herrschen über 2 Monate hauptsächlich Temperaturen zwischen 16,5-18°C, folglich ist dort bezüglich der benötigten Entwicklungszeiten kaum ein Übertragungsrisiko auszumachen.

10.1.3 A2-Szenario

Die maximal prognostizierten Temperaturen des A2-Szenarios bei minimaler sowie maximaler Änderung entsprechen mit 20,9°C und 21,1°C denen des A1B-Szenarios. Die Regionen, in denen bei minimaler Temperaturänderung über 3 Monate hinweg Temperaturen > 18°C herrschen, liegen wie im vorherigen Szenario am Oberrhein, vereinzelt im Rheinland, in Berlin, Brandenburg und im Südosten Sachsen-Anhalts. Der Niederschlag liegt im mittleren Bereich und wird wenig Einfluss haben. Dementsprechend liegt das Übertragungsrisiko der Malaria durch die Erreger *Plasmodium vivax*, *Plasmodium malariae* und *Plasmodium falciparum* im Rheinland und am Oberrhein relativ hoch, im Osten Deutschlands dagegen niedriger.

An diese Regionen grenzen Bereiche über 2 Monate mit ebenfalls > 18°C. Wie bereits geschildert, ist es nur *Plasmodium vivax* möglich, die Speicheldrüsen der Vektoren während dieser Dauer zu infizieren. Weiterhin gilt, dass das Risiko einer erfolgreichen Übertragung im Osten Deutschlands, aufgrund von Bevölkerungsdichte und Gewässernetz, geringer ist.

Dreimonatige Bereiche zwischen 16,5-18°C sind großflächig in Bayern vorhanden sowie in den nördlichen Gebieten Nordrhein-Westfalens, in Nord-Brandenburg und Sachsen-Anhalt. In Sachsen-Anhalt und Brandenburg ist das Risiko einer Übertragung der Malaria tertiana aus den bekannten Gründen geringer als in Bayern und Nordrhein-Westfalen.

Bei maximaler Temperatur- und Niederschlagsänderung des gleichen Szenarios mindern trockene Regionen das Übertragungsrisiko. Am Oberrhein herrschen 3 Monate Temperaturen > 18°C, wobei die Entwicklung der Anophelen nun durch geringen Niederschlag beeinflusst wird. Das hohe Risiko der Malariaübertragungen wird dadurch eingeschränkt. Gleiches gilt für entsprechende Gebiete in Brandenburg, Sachsen-Anhalt und Berlin. Dort sind die Monate mit Niederschlagsmengen < 40 mm weiter ausgeprägt, so dass das Risiko von Malaria tertiana, quartana und tropica sehr gering ist. Einzig im Rheinland liegt der Niederschlag weiterhin im mittleren Bereich und bringt keine Risikoänderung mit sich.

Temperaturen > 18°C, welche sich über 2 Monate halten, dominieren im Rheinland, am Oberrhein, Sachsen-Anhalt, Sachsen, Brandenburg und kleinflächig in Bayern. Fast der gesamte Bereich im Osten Deutschlands ist dabei durch geringe Niederschlagsmengen geprägt und macht eine Ausbreitung der Malaria tertiana praktisch unmöglich. Am Oberrhein sind die trockenen Gebiete weniger ausgeprägt, so dass dort ein höheres Risiko der Infektionen mit *Plasmodium vivax* herrscht. Im Rheinland befinden sich die Niederschläge weiterhin im mittleren Bereich, so dass ein relativ hohes Übertragungsrisiko herrscht.

Dreimonatige Gebiete zwischen 16,5-18°C sind bei maximaler Änderung, aufgrund der nicht vorhandenen Einschränkung durch den Niederschlag, für Malaria tertiana risikoreich. Die räumliche Verbreitung dieser Regionen weitet sich besonders in Süd- und Norddeutschland aus, was einen Anstieg des Übertragungsrisikos mit sich bringt.

10.2 Malariaübertragung im Zeitraum 2071-2100

Erstmalig gibt es im Zeitraum 2071-2100 Regionen, in denen 4 Monate Temperaturen > 18°C herrschen. Demnach ist dort auch das Risiko von Malariaübertragungen wahrscheinlich am größten, da sich mehr Anophelesgenerationen entwickeln können. Die Höchsttemperaturen reichen von 21,8°C bis 23,3°C, bei denen die Plasmodien teilweise keine 2 Wochen mehr benötigen, um die Sporogonie abzuschließen.

10.2.1 B1-Szenario

Im B1-Szenario gibt es große Regionen, in denen die Temperatur über 3 Monate > 18°C liegt. Bei minimaler Änderung des Niederschlages und der Temperatur können bis zu 21,8°C erreicht werden. Die Gebiete, die in diesem Bereich liegen, befinden sich am Oberrhein, im Rheinland, in Berlin, Brandenburg, Sachsen und Sachsen-Anhalt. In Sachsen-Anhalt ist dabei der Niederschlag regional sehr gering, so dass die Genese der Anophelen dort stark eingeschränkt ist. Des Weiteren sind Gewässernetz- und Bevölkerungsdichte weitere hemmende Faktoren, die das Risiko der Malariaübertragungen im Osten Deutschlands senken. Am Oberrhein und im Rheinland sind bezüglich dieser Faktoren keine Risikoeinschränkungen bei der Übertragung der verschiedenen Malariaarten zu erwarten. Bei einer Temperatur von 21,8°C werden etwa 1,5 Monate zur Entwicklung der Mücke und der erfolgreichen Sporogonie durch *Plasmodium vivax* erwartet. Bei *Plasmodium malariae* und *Plasmodium falciparum* beläuft sich die Dauer auf ca. 2 Monate. In den zweimonatigen Gebieten mit Temperaturen > 18°C sind kaum Einschränkungen durch den Niederschlag zu erwarten. Lediglich das Gewässernetz kann regional das Übertragungsrisiko der Malaria tertiana mindern. Dennoch können autochthone Übertragungen wahrscheinlich stattfinden. Die Gebiete mit Temperaturen zwischen 16,5-18°C über 3 Monate hinweg, befinden sich hauptsächlich in Schleswig-Holstein. Da die Küstenregionen früher schon besonders auffällig bezüglich Malariaübertragungen waren, gilt dort auch in Zukunft ein relativ hohes Risiko.

Bei maximaler Änderung von Temperatur und Niederschlag befinden sich die risikoreichsten, d.h. die dreimonatigen Regionen > 18°C, ebenfalls am Oberrhein, im Rheinland, in Berlin, Brandenburg, Sachsen, Sachsen-Anhalt und vereinzelt in Bayern. In den östlichen Gebieten ist der Niederschlag relativ niedrig, so dass dort ein geringeres Risiko als in den weiteren entsprechenden Gebieten herrscht. Am Oberrhein und im Rheinland gibt es weder Einschränkungen durch die Niederschlagsmengen noch durch die Bevölkerungsdichte. Die maximal prognostizierte Durchschnittstemperatur liegt bei 22,1°C, wodurch sich die Entwicklungszyklen der Vektoren und Erreger mehr oder weniger um etwa einen Tag beschleunigen können als bei minimaler Änderung im B1-Szenario. In Bezug auf die weiteren Temperaturbereiche und deren Dauer verhält sich das Übertragungsrisiko ähnlich dem bei minimaler Temperatur- und Niederschlagsänderung des Szenarios B1.

10.2.2 A1B-Szenario

Im A1B-Szenario sind die Monate Mai bis Oktober berücksichtigt. Daraus ergibt sich, dass nun auch über 4 Monate hinweg Durchschnittstemperaturen > 18°C herrschen. Entsprechende Gebiete liegen am Oberrhein und im Rheinland. Die maximal erreichbare Temperatur liegt bei minimaler Änderung der Bedingungen bei 23,0°C. *Plasmodium falciparum* kann die Sporogonie dabei innerhalb von 16 Tagen abschließen, *Plasmodium vivax* sogar in weniger als 2 Wochen und *Plasmodium malariae* benötigt knapp 3 Wochen. Die Wahrscheinlichkeit für erfolgreiche Übertragungen der Malaria ist demnach in diesen Regionen besonders hoch.

Bei minimaler Änderung der Temperatur- und Niederschlagsbedingungen ist das Bundesgebiet durch dreimonatige Durchschnittstemperaturen > 18°C geprägt. Im Osten Deutschlands ist der Niederschlag sehr gering und über mehrere Monate zeigt sich Trockenheit, so dass hier ein geringes Risiko autochthoner Inzidenzfälle auszuweisen ist. Die restlichen Gebiete in diesem Bereich müssen mit einem erhöhten Risiko rechnen, da durch den Niederschlag, die Bevölkerungsdichte und das Gewässernetz kaum Einschränkungen stattfinden. Zweimonatige Bereiche mit Temperaturen > 18°C befinden sich nun häufig in den Gebirgs- und Küstenregionen. Hier ist es möglich, dass Malaria tertiana-Übertragungen auftreten. Im Gebirgsraum wird dieses Risiko geringer ausfallen als an der Küste, aber dennoch muss mit einem Auftreten der Malaria in diesen Gebieten gerechnet werden.

Bei maximaler Temperatur- und Niederschlagsänderung im A1B-Szenario, weiten sich die viermonatigen Gebiete mit mehr als 18°C am Oberrhein und im Rheinland aus, zudem treten neue Gebiete an der Grenze von Sachsen-Anhalt und Sachsen auf. Letztere sind als weniger gefährlich einzustufen, da die Niederschlagsbedingungen dort sehr ungünstig liegen. Am Oberrhein zeigen sich nun vereinzelt auch trockene Gebiete, so dass auch hier eine Minderung des Malariaübertragungsrisikos eintritt. Im Rheinland dagegen fungiert wenig Niederschlag nicht als limitierender Faktor bezüglich des Risikos.

Das Niederschlagsverhalten im östlichen Deutschland zeigt sich weiterhin trocken, so dass bei 3 Monaten mit Temperaturen > 18°C nur ein geringes Übertragungsrisiko herrschen kann. Auch in Regionen Nordbayerns und Niedersachsens sinkt infolge ungünstiger Niederschlagsbedingungen die Wahrscheinlichkeit für Malariaübertragungen. Demnach sinkt die Wahrscheinlichkeit der Übertragungen auch hier. Bei zweimonatiger Durchschnittstemperatur > 18°C verhält es sich wie bei minimaler Änderung in diesem Szenario, d.h. dass ein Risiko von Malariaübertragungen durch *Plasmodium vivax* herrscht.

10.2.3 A2-Szenario

Wie im A1B-Szenario zeigen sich auch im A2-Szenario des Zeitraums 2071-2100 Gebiete, in denen die Temperatur über 4 Monate hinweg > 18°C liegt. Somit ist auch hier bei minimaler Temperatur- und Niederschlagsänderung die Wahrscheinlichkeit hoch, dass sich am Oberrhein und im Rheinland autochthone Malariafälle zeigen. Die dreimonatigen Regionen mit Temperaturen > 18°C sind bezüglich des Malariarisikos nur im Osten Deutschlands besonders aufgrund der geringen Niederschlagsmengen eingeschränkt. In den anderen Gebieten besteht in Anbetracht dessen kaum eine Limitation. Zweimonatige Gebiete, die Temperaturen > 18°C aufweisen, befinden sich bevorzugt in den Gebirgsräumen und an der Nord- sowie Ostseeküste. Letztere haben auch aufgrund der Vorgeschichte ein höheres Übertragungsrisiko vorzuweisen.

Bei maximaler Änderung der Umgebungsbedingungen im A2-Szenario weiten sich die Gebiete mit Durchschnittstemperaturen > 18°C über 4 Monate hinweg aus. Im Rheinland wächst dadurch das Übertragungsrisiko, während der Niederschlag am Oberrhein als limitierender Faktor fungiert und das Risiko dadurch senkt. Besonders im Osten Deutschlands ist auch ein flächenhaftes Wachstum trockener Regionen zu sehen. Dadurch kann bei dreimonatigen Durchschnittstemperaturen von mehr als 18°C nur eine sehr geringe Wahrscheinlichkeit erfolgreicher Malariaübertragungen herrschen, da u.a. das Brutplatzangebot der Anophelen begrenzt wird. Die anderen Gebiete Deutschlands, die von diesem Temperaturbereich betroffen sind, weisen aufgrund kaum vorhandener Einschränkungen ein höheres Risiko auf. Für die zweimonatigen Bereiche > 18°C gilt hier das Gleiche wie bei minimaler Änderung, d.h. dass das Übertragungsrisiko der Malaria tertiana an den Küsten höher sein wird als im Gebirgsraum.

11 Diskussion

Die Ergebnisse und Interpretation zeigen, dass theoretisch ein Vordringen der Vektoren und Erreger der Malaria nach Deutschland im Zuge der Klimaveränderungen nach den IPCC-Szenarien möglich ist bzw. dass die Bedingungen für autochthone Malariaerkrankungen günstiger werden. Dies gilt besonders für Malaria tertiana, da *Plasmodium vivax* die Möglichkeit besitzt, die Entwicklung in einheimischen Anophelen abzuschließen und somit übertragen werden kann. Aufgrund der längeren Sporogonie von *Plasmodium falciparum* sowie *Plasmodium malariae* im Vektor ist das autochthone Auftreten von Malaria tropica und Malaria quartana weniger wahrscheinlich, aber in einigen Regionen durchaus möglich.

Die Adaption der Vektoren und Plasmodien ist nicht nur auf ökologische Umstände begrenzt, da unter Umständen auch Resistenzen gegenüber Medikamenten und Insektiziden gebildet werden, so dass die Infektionsrate des Weiteren von der Sensitivität der Parasiten und Anophelen abhängt. Dieser Punkt wird aber oft nicht berücksichtigt. Des Weiteren sind soziale und ökonomische Änderungen von großer Bedeutung, denn das Übertragungspotential ist auch immer durch diese geprägt. Diese Faktoren ändern sich aber sehr schnell, so dass man für die Zukunftsperioden 2021-2050 und 2071-2100 diesbezüglich noch keine Angaben machen kann.

Die potentiellen Übertragungszeiträume werden in den Ergebnissen für die verschiedenen Malariaarten zusammen dargestellt, damit ein Überblick gegeben werden kann. In Bezug auf Übersichtlichkeit und Genauigkeit der Angaben bzw. Darstellungen ist es wichtig, dass diese auch getrennt behandelt werden, was mit einer umfassenderen Komplexität der Ergebnisse verbunden ist. Um weiterhin eine genauere Differenzierung der Risikoregionen zu erreichen, müssen die regionalen Unterschiede stärker einbezogen werden, d.h. dass kleinskalige Untersuchungen sinnvoll sind. SCHRÖDER ET AL.[266] haben sich beispielsweise auf das Bundesland Niedersachsen konzentriert, um dort das Risiko von Malaria tertiana auszumachen. Dies bezüglich konnten auch

---

266 Schröder, W.; Bast, H.; Pesch, R.; Schmidt, G. & E. Kiel (2007b): Pilot-study on GIS-based risk modeling of a climate warming induced tertian malaria outbreak in Lower Saxony (Germany). Online unter: http://www.springerlink.com/content/f053gp401144q6t8/fulltext.pdf (02.04.2010)

mit Hilfe des alten Archivs über Anophelesfunde des Niedersächsischen Landesamtes für Ökologie (NLÖ) detaillierte Karten erstellt werden.

Die Möglichkeiten, Übertragungspotentiale der Malariaerreger aufzuzeigen, sind sehr eingeschränkt. Fehlende Literatur und Versuchsergebnisse machen dies besonders im mitteleuropäischen Raum schwierig, was sich in dieser Studie besonders an fehlenden Daten zu *Plasmodium malariae* zeigt. Als die Malaria damals ausgerottet wurde, haben sich nur noch wenige Wissenschaftler mit der Malariafrage beschäftigt. Dies wirft durch die eventuell bevorstehenden Klimaveränderungen heute bereits Probleme auf. Zudem befasst sich diese Studie mit den IPCC-Szenarien B1, A1B und A2. Sobald diese Änderungen aber nicht eintreffen, können die Ergebnisse, welche sich auf diese beziehen, keine Verwendung finden. Dementsprechend müssen neue Modellberechnungen greifen, auf denen weitere Untersuchungen dieser Thematik basieren können. Diese Modelle können dennoch keine exakten Ergebnisse liefern, da die Input-Faktoren einem ständigen Wandel unterliegen und somit auch die Schlussfolgerungen fortwährenden Änderungen folgen müssen.

12 Schlussfolgerung

Seit mehr als 50 Jahren gilt die Malaria in Deutschland als ausgestorben. Die Voraussetzungen einer Übertragung (Gamontenträger, empfängliche Zwischenwirte, Anophelesmücken sowie günstige klimatische Bedingungen) wurden durch die Trennung des Kontaktes von Mensch und Mücke dezimiert. Die Lebensbedingungen änderten sich, der medizinische Fortschritt war enorm, Landnutzungsänderungen führten durch Trockenlegungen und Flussbegradigungen zur Zerstörung der Mückenbrutplätze. Wie gut sich Anophelen und Pathogene aber an sich ändernde Umstände anpassen können, zeigte das rasche Wiederauftreten der Malaria in den Nachkriegsjahren. Für die heutige Zeit bedeutet dies, dass auch momentane Änderungen zu einem zukünftigen Malariainzidenzanstieg führen können. Hier ist der Tourismus in Endemiegebiete zu nennen, der häufig ohne Prophylaxemaßnahmen erfolgt und durch den die Erreger der Malaria nach Deutschland importiert werden können.

Der zunehmende Tourismus führt ebenso zu vermehrter „Flughafen-„ sowie „Gepäckmalaria", was wiederum ein steigendes Risiko nach sich zieht. Ein weiterer wichtiger Punkt sind Renaturierungsmaßnahmen, die mit Wiedervernässungen gekoppelt sind und so zur Schaffung von neuen Brutplätzen der Mücken beitragen. Zudem darf der zentrale Punkt dieser Studie, die klimatischen Änderungen, nicht vergessen werden, welche ihrerseits mit der Geschwindigkeit der Sporogonie verbunden sind sowie der Infektiosität der Anophelen.

Die IPCC-Szenarien B1, A1B und A2 entsprechen geringen, mittleren und hohen Emissionen. Dies spiegelt sich ebenso in den Temperaturerhöhungen wider. Diese sind im Zeitraum 2021-2050 im Gegensatz zur Klimanormalperiode geringer als im Zeitraum 2071-2100. Zunächst steigt das Risiko der Malariaübertragungen von Szenario zu Szenario und von 2021-2050 zu 2071-2100. Im B1-Szenario von 2021-2050 liegen die höchsten Risiken autochthoner Inzidenzfälle am Oberrhein, da dort theoretisch die Gegebenheiten für Malaria tertiana, quartana und auch für Malaria tropica zeitweise günstig sind. Das höchste Risiko in diesem Szenario ist aber auf *Plasmodium vivax* und Malaria tertiana zu gründen, da diese auch im Rheinland günstige Bedingungen vorfindet. Das Risiko von Malariaübertragungen steigt im Szenario A1B. Am Oberrhein und im Rheinland weiten sich die Gebiete aus, in denen potentiell alle Malariaarten auftreten können. Die Malaria tertiana findet vereinzelt weitere Gunstgebiete in Niedersachsen, Schleswig-Holstein, Bayern und Baden-Württemberg. Gleiches gilt für das A2-Szenario, nur dass sich hierbei die Risikogebiete ausweiten. Der Oberrhein und das Rheinland sind weiterhin am gefährdetsten. Bayern und der Norden Nordrhein-Westfalens verfügen dagegen nur über ein erhöhtes Risiko bezüglich Infektionen durch *Plasmodium vivax*.

Die Temperaturen im Zeitraum 2071-2100 steigen und die Sporogonie der Plasmodien sowie die Entwicklung der Anophelen vollziehen sich schneller. Das B1-Szenario weist bekannte Risikogebiete aus, in denen keine Einschränkungen durch Bevölkerungsdichte, Gewässer oder Niederschlag greifen. Diese liegen im Rheinland und am Oberrhein. Dort können die Erreger *Plasmodium falciparum*, *Plasmodium malariae* und *Plasmodium vivax* die Infektion der Vektoren abschließen. In Schleswig-Holstein und gebietsweise in Bayern erhöht sich die Wahrscheinlichkeit der Malaria tertiana-Übertragungen. Die Szenarien A1B und A2 weisen die längst möglichen Übertragungsperioden auf, da die Anzahl der warmen Monate zunimmt. Dadurch entstehen Gebiete mit hohem Risiko von Malariaübertragungen aller Arten am Oberrhein und im Rheinland. An den Küstengebieten Norddeutschlands ist die Wahrscheinlichkeit bezüglich Infektionen durch *Plasmodium vivax* relativ hoch.

Zukünftig muss demnach mit autochthonen Malariafällen gerechnet werden. Obwohl die dazugehörigen Faktoren teilweise in ihrem Ausmaß nicht vorhersagbar sind, lassen die klimatischen Bedingungen gebietsweise keine andere Schlussfolgerung zu.

13 Zusammenfassung

Deutschland zählt zu den ehemaligen endemischen Gebieten für eine Malariaübertragung. In den 1950er Jahren führten verschiedene Maßnahmen wie die Trockenlegung von Gewässern, der Einsatz von Insektiziden, ein verbessertes Hygienebewusstsein des Menschen, eine bessere medizinische Versorgung sowie ein allgemein besserer Lebensstandard zur Eindämmung dieser heute vorrangig in den Tropen vorkommenden Krankheit. Die Forschung auf diesem Gebiet ging in den gemäßigten Breiten daraufhin zurück, obwohl die Vektoren weiterhin heimisch waren und es noch sind, was als „Anophelismus ohne Malaria" bezeichnet wird. Das Ziel dieser Studie ist zu zeigen, ob eine autochthone Übertragung der Malaria unter dem Einfluss eines sich wandelnden Klimas möglich sein wird. Die mittleren monatlichen Temperatur- und Niederschlagswerte für den Zeitraum 1961-1990 wurden vom Deutschen Wetterdienst (DWD) bereitgestellt. Diese Daten wurden mit Hilfe von ArcView 9.2 interpoliert und in Zusammenhang mit den berechneten Temperatur- und Niederschlagsänderungen des Umweltbundesamtes (UBA) gebracht, so dass Klimakarten für Deutschland entstanden sind. Das UBA hat für die drei IPCC-Szenarien B1, A1B und A2 die klimatischen Änderungen für Deutschland modelliert. Für diese möglichen zukünftigen Entwicklungsstränge wurden für die Zeiträume 2021-2050 und 2071-2100 pro Szenario jeweils zwei Karten erstellt, die zum einen die minimalen und zum anderen die maximalen Änderungen darstellen. Die Beschaffung der Daten zu Anophelesfunden war weitaus schwieriger, denn es gibt keine Datenbank zu aktuellen Anophelesfunden. Diese konnten nur anhand historischer Überlieferungen erfasst werden, denn die betroffenen Regionen sind auch heute noch potentielle Brutplätze, v.a. im Hinblick auf Renaturierungsmaßnahmen, z.B. Wiedervernässung.

Im Untersuchungsgebiet hat sich bestätigt, dass zukünftig autochthone Malariaübertragungen möglich sein werden. Die Übertragungsdauer liegt dabei größtenteils bei 2 oder 3 Monaten. Das höchste Risiko liegt zwischen 2071-2100 am Oberrhein und im Rheinland, wo die mögliche Übertragungszeit dann 4 Monate erreicht. Dieses Risiko basiert hauptsächlich auf Malariaübertragungen durch *Plasmodium vivax*, d.h. der Malaria tertiana. Aber prinzipiell sind auch Übertragungen der Malaria tropica sowie quartana möglich. Dies soll keine Vorhersage sein, sondern eine Risikobetrachtung, die aufgrund der prognostizierten Werte durchaus möglich erscheint. Da die Umwelt fortlaufenden Änderungen unterliegt, werden sich auch diese Aussagen in Zukunft ändern, wobei nicht gesagt werden kann, ob dies zum Positiven oder Negativen geschieht. Momentan sind zumindest die Erreger der Malaria in Deutschland nicht endemisch, aber wenn dies einmal der gegensätzliche Fall sein sollte, muss man auf diese Situation vorbereitet sein.

14 Literaturverzeichnis

BAER, H.-W. (1960): Anopheles und Malaria in Thüringen. Parasitologische Schriftenreihe 12. Jena. 154 S.

BATES, M. (1949): The natural history of mosquitoes. New York. 379 S.

BECKER, N. (2009): Die Rolle der Globalisierung und Klimaveränderung auf die Entwicklung von Stechmücken und von ihnen übertragenen Krankheiten in Zentral-Europa. Umweltwissenschaften und Schadstoff-Forschung 21: 212-222.
Online unter: http://www.springerlink.com/content/y1364665v0tu6418/fulltext.pdf (19.10.2009)

BECKER, N. & A. KAISER (1995): Die Culicidenvorkommen in den Rheinauen der Oberrheingebietes mit besonderer Berücksichtigung von Uranotaenia (Culicidae, Diptera) – einer neuen Stechmückengattung für Deutschland. Mitteilungen der Deutschen Gesellschaft für allgemeine und angewandte Entomologie 10: 407-413.

BITTER, L. (1924): Das Vorkommen der Malaria quartana in Norddeutschland. Deutsche Medizinische Wochenschrift 50:1: 880-881.

BRADSHAW, W. E. & C. M. HOLZAPFEL (2001): Genetic shift in photoperiodic response correlated with global warming. Proceedings of the National Academy of Sciences of the United States of America 98: 14509-14511.
Online unter: http://www.pnas.org/content/98/25/14509.full.pdf+html (25.10.2009)

BRUCE-CHWATT, L. J. & J. DE ZULUETA (1980): The Rise and Fall of Malaria in Europe. Oxford. 240 S.

COATNEY, G. R.; COLLINS, W. E.; MCWILSON, W. & P. G. CONTACOS (1971): The primate malarias.
Online unter: http://www.dpd.cdc.gov/DPDX/HTML/PDF_Files/Primate%20 Malarias%20Chapter s/chap_15.pdf (10.02.2010)
Online unter: http://www.dpd.cdc.gov/DPDX/HTML/PDF_Files/Primate%20 Malarias%20Chapter s/chap_18.pdf (10.02.2010)

COX-SINGH, J. & B. SINGH (2008): Knowlesi malaria: newly emergent and of public health importance? Trends in Parasitology 24:9: 406-410.

COX-SINGH, J.; DAVIS, T. M. E.; LEE, K.-S.; SHAMSUL, S. S. G.; MATUSOP, A.; RATNAM, S.; RAHMAN, H. A.; CONWAY, D. J. & B. SINGH (2008): Plasmodium knowlesi Malaria in Humans Is Widely Distributed and Potentially Life Threatening. Clinical Infectious Diseases 46: 165-171.

DIESFELD, H. J. (1993): Tropenkrankheiten. In: SCHETTLER, G. & K. H. USADEL (Hrsg.): Praktische Medizin von A-Z. Stuttgart, New York. 11. Auflage: 1486-1491.

DOOLAN, D. L.; DOBAÑO, C. & J. K. BAIRD (2009): Acquired Immunity to Malaria. Clinical Microbiology Reviews 22: 13-36.
Online unter: http://cmr.highwire.org/cgi/reprint/22/1/13 (16.01.2010).

DWD (2008): Der Klima-Report 2007.
Online unter: http://www.dwd.de/bvbw/generator/Sites/DWDWWW/Content/Oeffentlichkeit/KU/ KU2/KU22/klimastatusbericht/klimareport/klimareport__2007,templateId=raw,property=publicationFile.pdf/klimareport_2007.pdf (30.10.2009).

EBERT, B. & B. FLEISCHER (2005): Globale Erwärmung und Ausbreitung von Infektionskrankheiten. Bundesgesundheitsblatt – Gesundheitsforschung - Gesundheitsschutz 48: 55-52.
Online unter: http://www.springerlink.com/content/p8834450330k2473/fulltext.pdf (19.10.2009)

FOCKE, W. O. (1889): Die frühere und jetzige Verbreitung der Malaria in Niedersachsen. Bericht über eine durch den Niedersächsischen Aerztevereinsbund veranstaltete Umfrage. Hannover. 27 S.

GARNHAM, P. C. C. (1966): Malaria parasites and other haemosporidia. Oxford. 1132 S.

GITHEKO, A. K.; LINDSAY, S. W.; CONFALONIERI, U. E. & J. A. PATZ (2000): Climate change and vector-borne diseases: a regional analysis. Bulletin of the World Health Organization 78: 1136-1147.
Online unter: http://www.scielosp.org/pdf/bwho/v78n9/v78n9a09.pdf (21.06.2009)

GUERNIER, V.; HOCHBERG M. E. & J.-F.GUÉGAN (2004): Ecology drives the worldwide distribution of human diseases. PLoS Biology 2: 740-746.
Online unter: http://www.plosbiology.org/article/fetchObjectAttachment. action?uri=info%3Adoi% 2F10.1371%2Fjournal.pbio.0020141&representation =PDF (25.10.2009)

HAINES, A.; KOVATS, R. S.; CAMPBELL-LENDRUM, D. & C. CORVALAN (2006): Climate change and human health: impacts, vulnerability and mitigation. Lancet 367: 2101-2109.
Online unter: http://www.sciencedirect.com/science?_ob=MImg&_image key=B6T1B-4K7PD7T1 B-1&_cdi=4886&_user=5731894&_orig=search&_ coverDate=06%2F30%2F2006&_sk=9963204 71&view=c&wchp=dGLbVtz-zSkzV&md5=61b031c62e309cc3c5331b066edfe84d&ie=/sdarticle. pdf (19.10.2009)

HAY, S. I.; OMUMBO, J. A.; CRAIG, M.H. & R. W. SNOW (2000): Earth observation, geographic information systems and Plasmodium falciparum malaria in Sub-Saharan Africa. In: HAY, S. I.; RANDOLPH, S. E. & D. F. ROGERS (Hrsg.): Remote sensing and geographical information systems in epidemiology. Amsterdam: 173-215.

HEMMER, C. J.; FRIMMEL, S.; KINZELBACH, R.; GÜRTLER, L. & E. C. REISINGER (2007): Globale Erwärmung: Wegbereiter für tropische Infektionskrankheiten in Deutschland? Deutsche medizinische Wochenschrift 132: 2583-2589.
Online unter: http://esap2009.com/abstract-ecpcppza2.pdf (19.10.2009)

HIRSCH, A. (1883): Handbook of geographical and historical pathology 1: Acute infective diseases. London. 710 S.

HORMANN, H. (1949): Malaria in Deutschland 1945 - 1947. Zeitschrift für Tropenmedizin und Parasitologie 1: 32-91.

HORSFALL, W. R. (1955): Mosquitoes: Their bionomics and relation to disease. New York. 723 S.

HOWARD-JONES, N. (1975): The Scientific Background of the International Sanitary Conferences 1851 - 1938. WHO - History of International Public Health 1. Genf. 110 S.

HULDÉN, LENA; HULDÉN, LARRY & K. HELIÖVAARA (2005): Endemic malaria: an 'indoor' disease in northern Europe. Historical data analysed. Malaria Journal 4:19.
Online unter: http://malariajournal.com/content/pdf/1475-2875-4-19.pdf (29.04.2009)

IPCC (2000): Special Report on Emissions Scenarios. Intergovernmental Panel on Climate Change.
Online unter: http://www.grida.no/publications/other/ipcc_sr/?src=/climate/ipcc/emission/ (06.02.2010)

JACOB, D.; GÖTTEL, H.; KOTLARSKI, S.; LORENZ, P. & K. SIECK (2008): Klimaauswirkungen und Anpassung in Deutschland – Phase 1: Erstellung regionaler Klimaszenarien für Deutschland. Forschungsbericht 204 41 138. Umweltbundesamt. Hamburg. 159 S.
Online unter: http://www.umweltdaten.de/publikationen/fpdf-l/3513.pdf (11.01.2010)

JANCSÓ, N. (1921): Experimentelle Untersuchungen über die die Malariainfektion des Anopheles und des Menschen beeinflussende Umstände. Beihefte zum Archiv für Schiffs- und Tropenhygiene, Pathologie und Therapie exotischer Krankheiten 25:2. Leipzig.

JETTEN, T. H. & W. TAKKEN (1994): Anophelism without Malaria in Europe: A review of the ecology and distribution of the genus Anopheles in Europe. Wageningen Agricultural University Papers 94-5. 96 S.

KISZEWSKI, A.; MELLINGER, A.; SPIELMAN, A.; MALANEY P.; EHRLICH SACHS, S. & J. SACHS (2004): A global index representing the stability of Malaria transmission. The American Journal of Tropical Medicine and Hygiene 70: 486-498.
Online unter: http://www.ajtmh.org/cgi/reprint/70/5/486 (25.10.2009)

KNOBLOCH, J. (2008): Globale Zunahme von Tropenkrankheiten. In: LOZÁN, J. L.; GRAßL, H.; JENDRITZKY, G.; KARBE, L.; REISE, K. & W. A. MAIER (Hrsg.): Warnsignal Klima. Gesundheitsrisiken – Gefahren für Pflanzen, Tiere und Menschen. Hamburg: 159-164.

KNOTTNERUS, O. S (2002) Malaria around the North Sea: A Survey. In: WEFER, G.; BERGER, W. H.; BEHRE, K.-E. & E. JANSEN (Hrsg.): Climate development and history of the North Atlantic realm. Berlin, Heidelberg: 339-353.

KRÜGER, A.; RECH, A.; SU, X. Z. & E. TANNICH (2001): Two cases of autochthonous Plasmodium falciparum malaria in Germany with evidence, for local transmission by indigenous Anopheles plumbeus. Tropical Medicine and International Health 6:12: 983-985.
Online unter: http://www3.interscience.wiley.com/cgi-bin/fulltext/118999358/PDFSTART (26.10.2009)

LAFFERTY, K. D. (2009): The ecology of climate change and infectious diseases. Ecology 90: 888-900.
Online unter: http://www.esajournals.org/doi/pdf/10.1890/08-0079.1?cookieSet=1 (19.10.2009)

LANG, W. (1996): Malaria. In: LANG, W. (Hrsg.): Tropenmedizin in Klinik und Praxis. Stuttgart: 7-33.

MABASO, M. L. H.; CRAIG, M.; ROSS, A. & T. SMITH (2007): Environmental predictors of the seasonality of Malaria transmission in Africa: The challenge. The American Journal of Tropical Medicine and Hygiene 76:1: 33-38.
Online unter: http://www.ajtmh.org/cgi/reprint/76/1/33 (29.01.2010)

MAIER, W. A. (2008): Das Verschwinden der Malaria in Europa. Ursachen und Konsequenzen. In: BEBERMEIER, W.; HENNIG, A.-S. & M. MUTZ (Hrsg.): Vom Wasser. Umweltgeschichtliche Perspektiven auf Konflikte, Risiken und Nutzungsformen. Schriften der Deutschen Wasserhistorischen Gesellschaft (DWhG) e. V. Sonderband 4. Norderstedt: 143-159.

MAIER, W. A. (2002a): Umweltveränderungen und deren Einflüsse auf krankheitsübertragende Arthropoden in Mitteleuropa am Beispiel der Stechmücken.
Online unter: http://www.biologiezentrum.at/pdf_frei_remote/DENISIA_0006_0535-0547.pdf (07.04.2009)

MAIER, W. A. (2002b): Mögliche Auswirkungen von Klimaänderungen auf die Ausbreitung von primär humanmedizinisch relevanten Krankheitserregern über tierische Vektoren sowie auf die wichtigsten Humanparasiten in

Deutschland. Forschungsbericht 200 61 218/11. Umweltbundesamt. Berlin. 386 S.
Online unter: http://www.umweltdaten.de/publikationen/fpdf-l/2291.pdf (04.04.2009)

MARTENS, P. (1998): Health and climate change – modelling the impacts of global warming and ozone depletion. London. 173 S.

MARTENS, W. J. M.; JETTEN, T. H.; ROTMANS, J. & L. W. NIESSEN (1995): Climate change and vector-borne diseases. A global modeling perspective. Global Environmental Change 5: 195-209.
Online unter: http://www.sciencedirect.com/science?_ob=MImg&_imagekey=B6VFV3YVCYRG-4-1&_cdi=6020&_user=10&_orig=search&_coverDate=06%2F30%2F1995&_sk=999949996&view=c&wchp=dGLzVzz-zSkWz&md5=8bb129b983039f259e2edad3b531df66&ie=/sdarticle.pdf (29.10.2009)

MARTINI, E. (1952): Lehrbuch der medizinischen Entomologie. Jena. 4. Auflage. 694 S.

MARTINI, E. (1920): Über Stechmücken besonders deren europäische Arten und ihre Bekämpfung. In: MENSE, C.; NOCHT, B.; PLEHN, A.; STEUDEL, E. & W. UTHEMANN (Hrsg.): Beihefte zum Archiv für Schiffs- und Tropenhygiene – Pathologie und Therapie exotischer Krankheiten 42. Beiheft 1. Leipzig. 294 S.
Online unter: http://ia311229.us.archive.org/1/items/berstechmcke00mart/berstechmcke00mart.pdf (25.05.2009)

MARTINI, E. & E. TEUBNER (1933): Über das Verhalten von Stechmücken besonders von Anopheles maculipennis bei verschiedenen Temperaturen und Luftfeuchtigkeiten. Beihefte zum Archiv für Schiffs- und Tropenhygiene, Pathologie und Therapie exotischer Krankheiten 37:1. Leipzig.

MILLET, J. P.; OLALLA, P. G. DE; CARILLO-SANTISTEVE, P.; GASCÓN, J.; TREVIÑO, B.; MUÑOZ, J.; GÓMEZ I PRAT, J.; CABEZOS, J.; GONZÁLES CORDÓN, A. & J. A CAYLÀ (2008): Imported malaria in a cosmopolitan European city: A mirror image of the world epidemiological situation. Malaria Journal 7:56.
Online unter: http://malariajournal.com/content/pdf/1475-2875-7-56.pdf (29.04.2009)

MOHRIG, W. (1969): Die Culiciden Deutschlands: Untersuchungen zur Taxonomie, Biologie und Ökologie der einheimischen Stechmücken. Jena. 260 S

MOLINEAUX, L. (1985): The pros and cons of modeling malaria transmission. Transactions of the Royal Society of Tropical Medicine and Hygiene 79:6. Online unter: http://han.sub.uni-goettingen.de/han/39969/www.sciencedirect.com/science?_ob=MImg&_imagekey=B75GP-4C0DX33-2N3-1&_cdi=13100&_user=5731894&_pii=0035920385901075&_orig=browse&_coverDate=12%2F31%2F1985&_sk=999209993&view=c&wchp=dGLbVtb-zSkWb&md5=a63b32f888e99b238d435be804ebd268&ie=/sdarticle.pdf (01.02.2010)

PANJARATHINAM, R. (1990): Textbook of Medical Parasitology. Madras. 189 S.

PARRY, L. M.; CANZIANI, O. F.; PALUTIKOF, J. P.; VAN DER LINDEN, P. J. & C. E. HANSON (2007): Climate Change 2007: Impacts, adaptation and vulnerability. Contribution of Working Group II to the Fourth Assessment Report of the Intergovernmental Panel on Climate Change (IPCC). Cambridge. 976 S.

RAMSDALE, C. & K. SNOW (2000): The distribution of the genus Anopheles in Europe.
Online unter: http://www.mosquitocatalog.org/pdfs/MQ0161.pdf (19.06.2009)

READER, J. (1998): Africa: Biography of the continent. London. 816 S.

REITER, P. (2008): Global warming and malaria: knowing the horse before hitching the cart. Malaria Journal 7:S3
Online unter: http://www.malariajournal.com/content/pdf/1475-2875-7-S1-S3.pdf (29.04.2009)

REITER, P. (2001): Climate Change and mosquito-borne disease. Environmental Health Perspectives 109.
Online unter: http://ff.org/centers/csspp/pdf/reiter-climate-change-mbd.pdf (14.11.2009)

REITER, P.; THOMAS, C. J.; ATKINSON, P. M.; HAY, S. I.; RANDOLPH, S. E.; ROGERS, D. J.; SHANKS, G. D.; SNOW, R. W. & A. SPIELMAN (2004): Global warming and malaria: A call for accuracy. Lancet infectious diseases 4:6.

Online unter: http://www.marshall.org/pdf/materials/221.pdf (19.09.2009)

ROECKNER E. & D. JACOB (2008): Der Klimawandel ist voll im Gange: Ein Überblick. In: LOZÁN, J. L.; GRAßL, H.; JENDRITZKY, G.; KARBE, L. & K. REISE (2008): Warnsignal Klima: Gesundheitsrisiken. Gefahren für Pflanzen, Tiere und Menschen. Wissenschaftliche Auswertungen. Hamburg: 19-34.

SCHRÖDER, W.; BAST, H.; PESCH, R.; SCHMIDT, G. & E. KIEL (2007a): Klimawandel und Malaria: Flächenhafte Modellierung der potenziellen Reproduktionsrate des Malaria-Erregers *Plasmodium vivax* in *Anopheles atroparvus* auf Grundlage gemessener und prognostizierter Lufttemperaturen in Niedersachsen.
Online unter: http://www.springerlink.com/content/a51572v3877um2j1/full text.pdf (19.10.2009)

SCHRÖDER, W.; BAST, H.; PESCH, R.; SCHMIDT, G. & E. KIEL (2007b): Pilot-study on GIS-based risk modeling of a climate warming induced tertian malaria outbreak in Lower Saxony (Germany). Environmental Monitoring and Assessment 133: 483-493.
Online unter: http://www.springerlink.com/content/f053gp401144q6t8/full text.pdf (02.04.2010)

SERVICE, M. W. & H. TOWNSON (2002): The Anopheles vector. In: WARREL, D. A. & H. M. GILLES (Hrsg): Essential Malariology. London. 4. Auflage: 59-83.

SINDEN, R. E. (1998): Sexual Development. In: SHERMAN, I. W. (Hrsg.): Malaria: parasite biology, pathogenesis and protection. Washington D.C.: 25-48.

SINDEN, R. E. & H. M. GILLES (2002): The malaria parasites. In: WARREL, D. A. & H. M. GILLES (Hrsg.): Essential Malariology. London. 4. Auflage: 8-34.

SINGH, B.; SUNG, L. K.; MATUSOP, A.; RADHAKRISHNAN, A.; SHAMSUL, S. S. G.; COX-SINGH, J.; THOMAS, A. & D. J. CONWAY (2004): A large focus of naturally acquired Plasmodium knowlesi infections in human beings. Lancet 363: 1017-1024.
Online unter: http://www.smittskyddsinstitutet.se/upload/EPI-Aktuellt/2008 /Singh%20 2004.pdf (22.01.2010)

SNOW, K. (1999): Malaria and mosquitoes in Britain: the effect of global climate change.

Online unter: http://www.uel.ac.uk/mosquito/issue4/climatechange.htm (31.01.2010)

SOLOMON, S., QIN, D.; MANNING, M.; CHEN, Z.; MARQUIS, M.; AVERYT, K.B.; TIGNOR, M. & H. L. MILLER (2007): Climate Change 2007: The Physical Science Basis. Contribution of Working Group I to the Fourth Assessment Report of the Intergovernmental Panel on Climate Change (IPCC). Cambridge. 996 S.

STARK, K.; NIEDRIG, M.; BIEDERBICK, W.; MERKERT, H. & J. HACKER (2009): Die Auswirkungen des Klimawandels. Welche neuen Infektionskrankheiten und gesundheitliche Probleme sind zu erwarten? Bundesgesundheitsblatt 52: 699-714.
Online unter: http://www.springerlink.com/content/p6ln8r2823383n21/fulltext.pdf (19.10.2009)

WEYER, F. (1939): Die Malaria-Überträger: Eine Zusammenstellung der wichtigen Anopheles-Arten mit Angaben über Verbreitung, Brutgewohnheiten, Lebensweise und praktische Bedeutung. Leipzig. 141 S.

WHO (2009): Centralized information system for infectious diseases (CISID).
Online unter: http://data.euro.who.int/cisid/?TabID=223217 (25.10.2009)

WHO (2009a): Country Information – The current malaria trends.
Online unter: http://www.euro.who.int/malaria/ctryinfo/ctryinfotop (15.01.2010)

15 Anhang

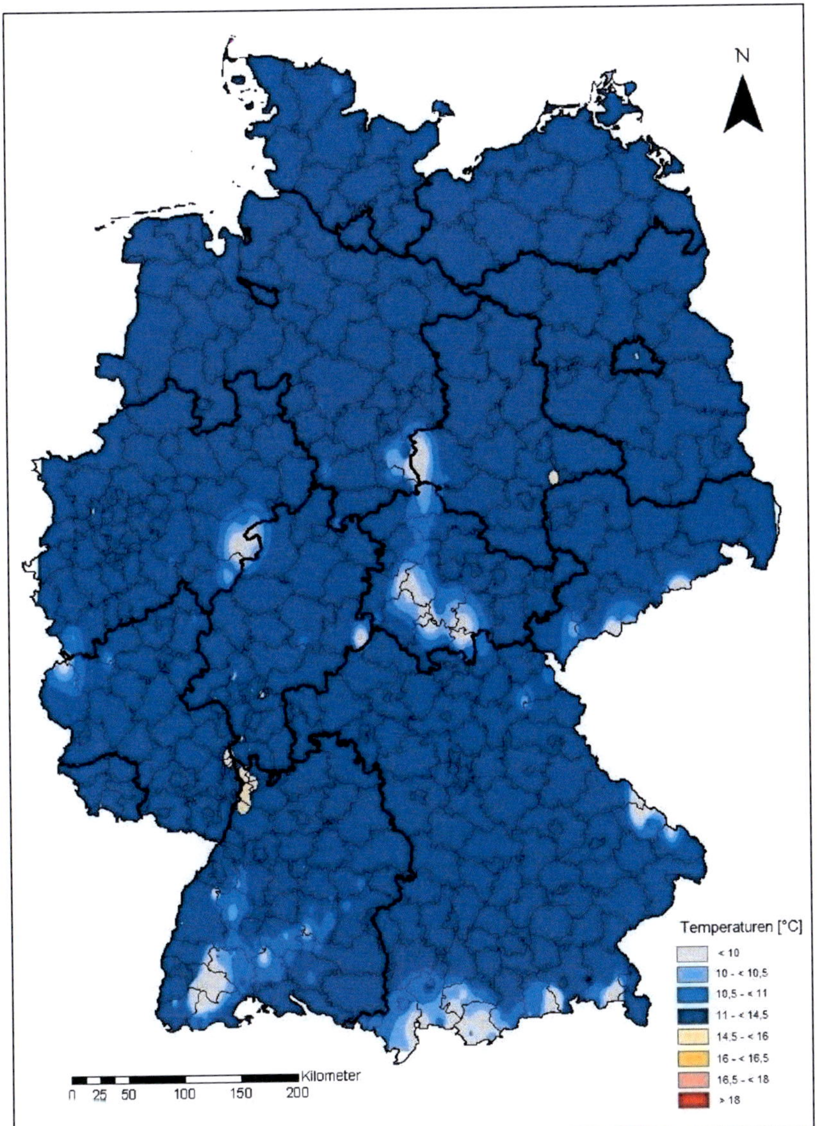

Abbildung 40: Entwicklungsbereiche im Mai bei minimaler Temperaturänderung des B1-Szenarios im Zeitraum 2021-2050

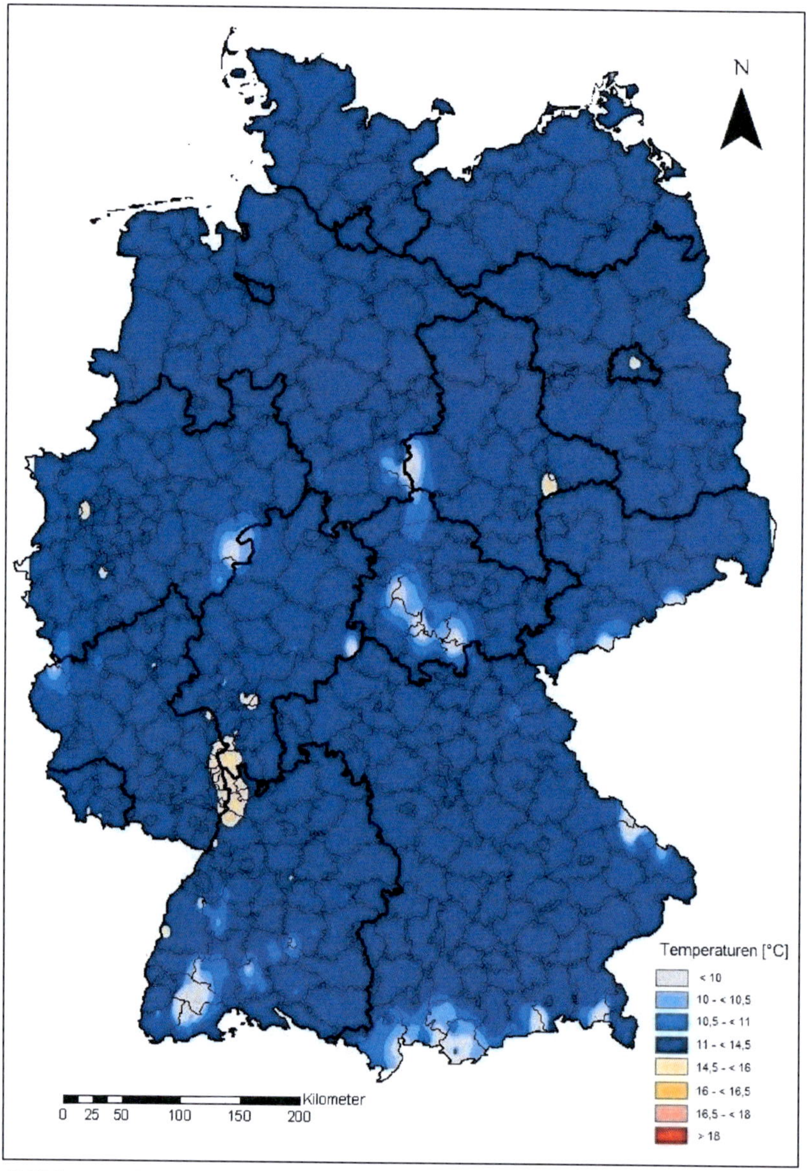

Abbildung 41: Entwicklungsbereiche im Mai bei maximaler Temperaturänderung des B1-Szenarios im Zeitraum 2021-2050

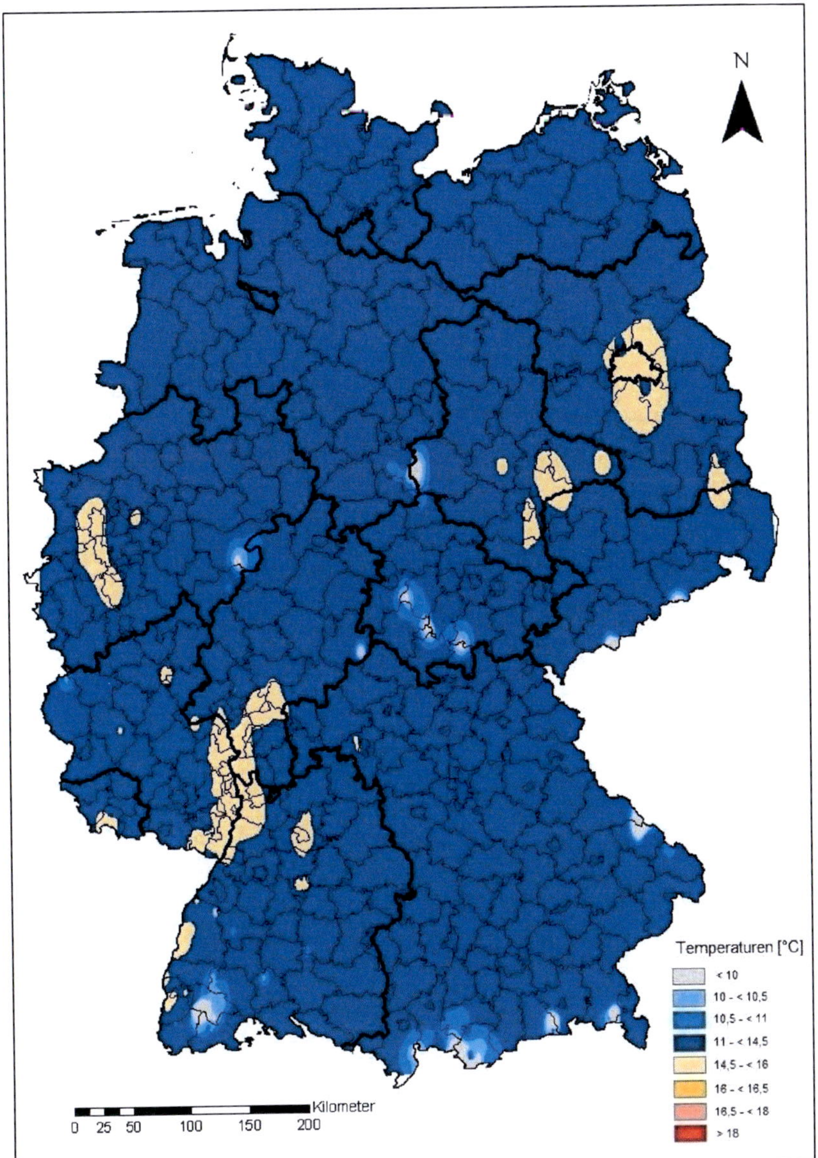

Abbildung 42: Entwicklungsbereiche im Mai bei minimaler Temperaturänderung des B1-Szenarios im Zeitraum 2071-2100

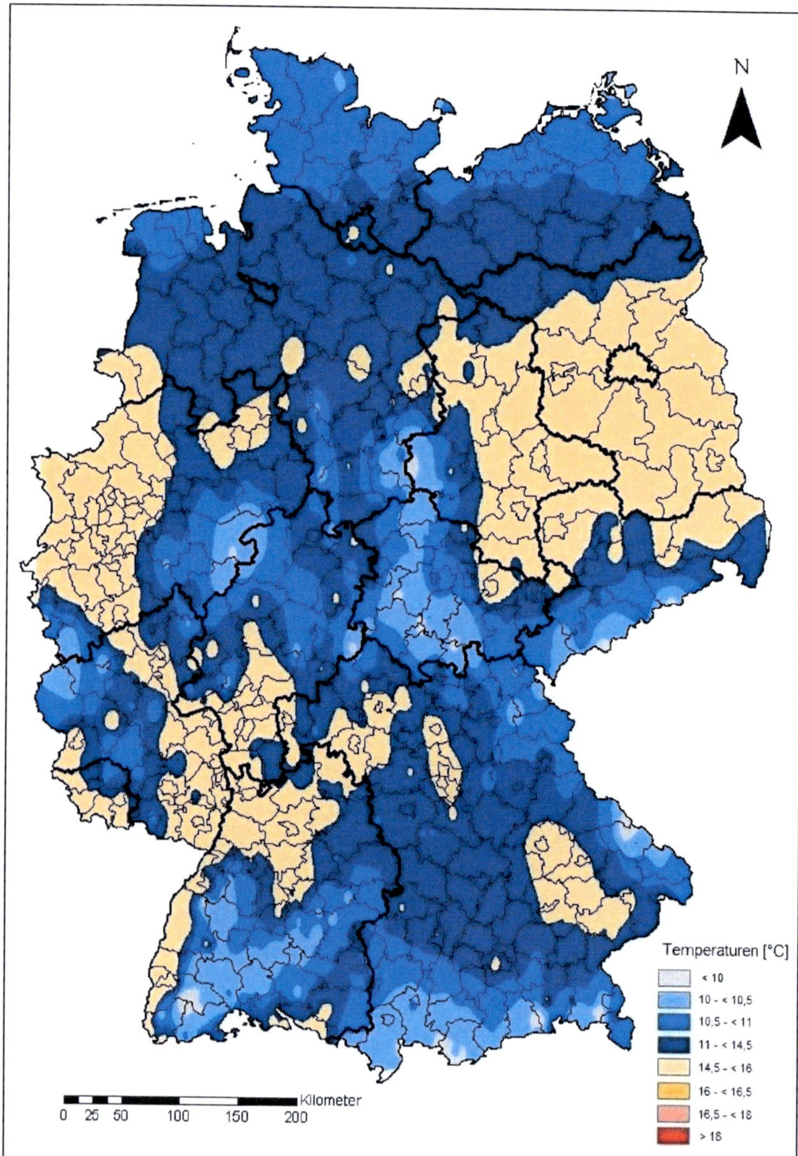

Abbildung 43: Entwicklungsbereiche im Mai bei maximaler Temperaturänderung des B1-Szenarios im Zeitraum 2071-2100

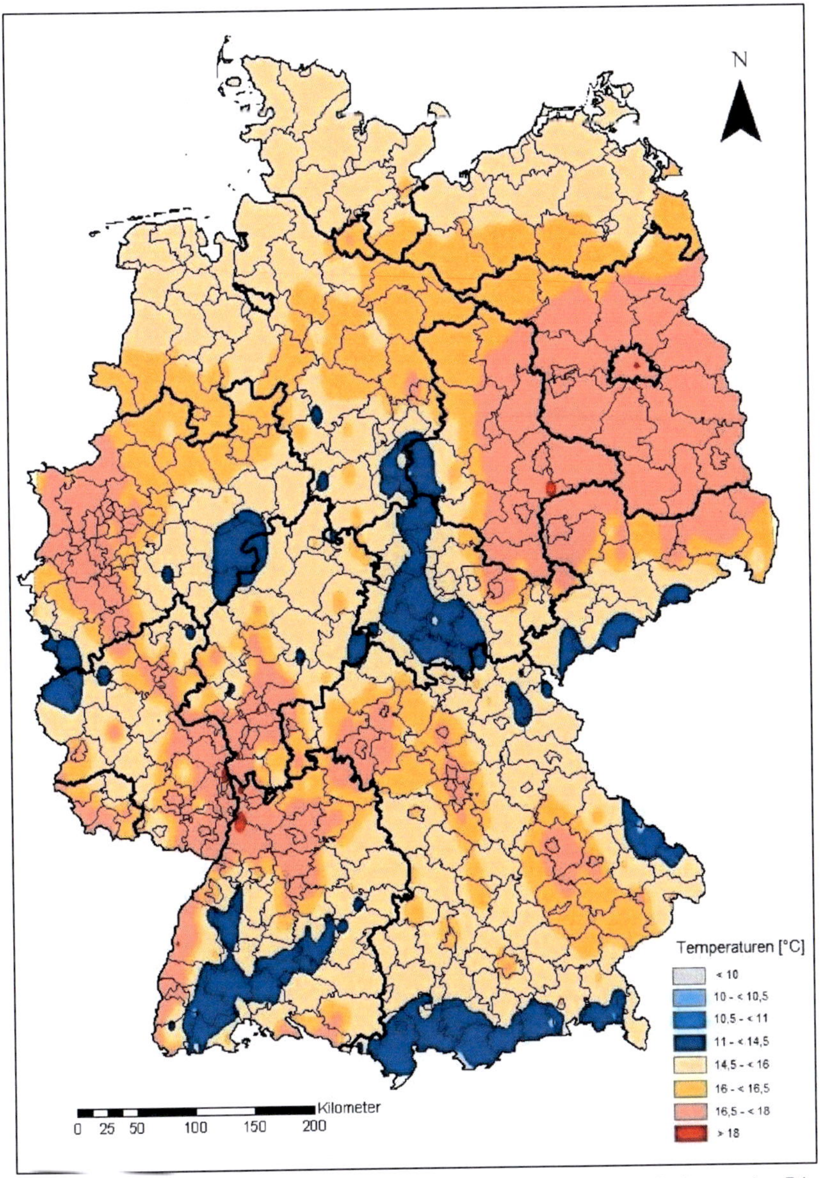

Abbildung 44: Entwicklungsbereiche im Juni bei minimaler Temperaturänderung des B1-Szenarios im Zeitraum 2021-2050

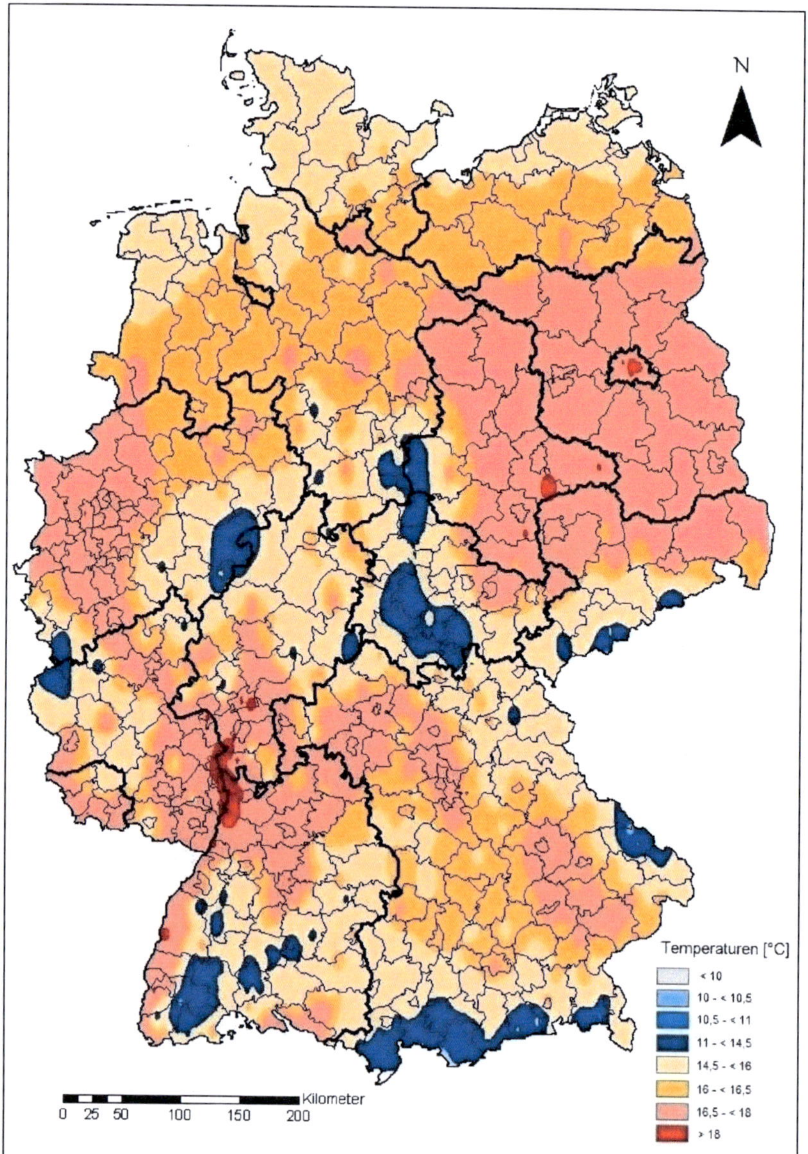

Abbildung 45: Entwicklungsbereiche im Juni bei maximaler Temperaturänderung des B1-Szenarios im Zeitraum 2021-2050

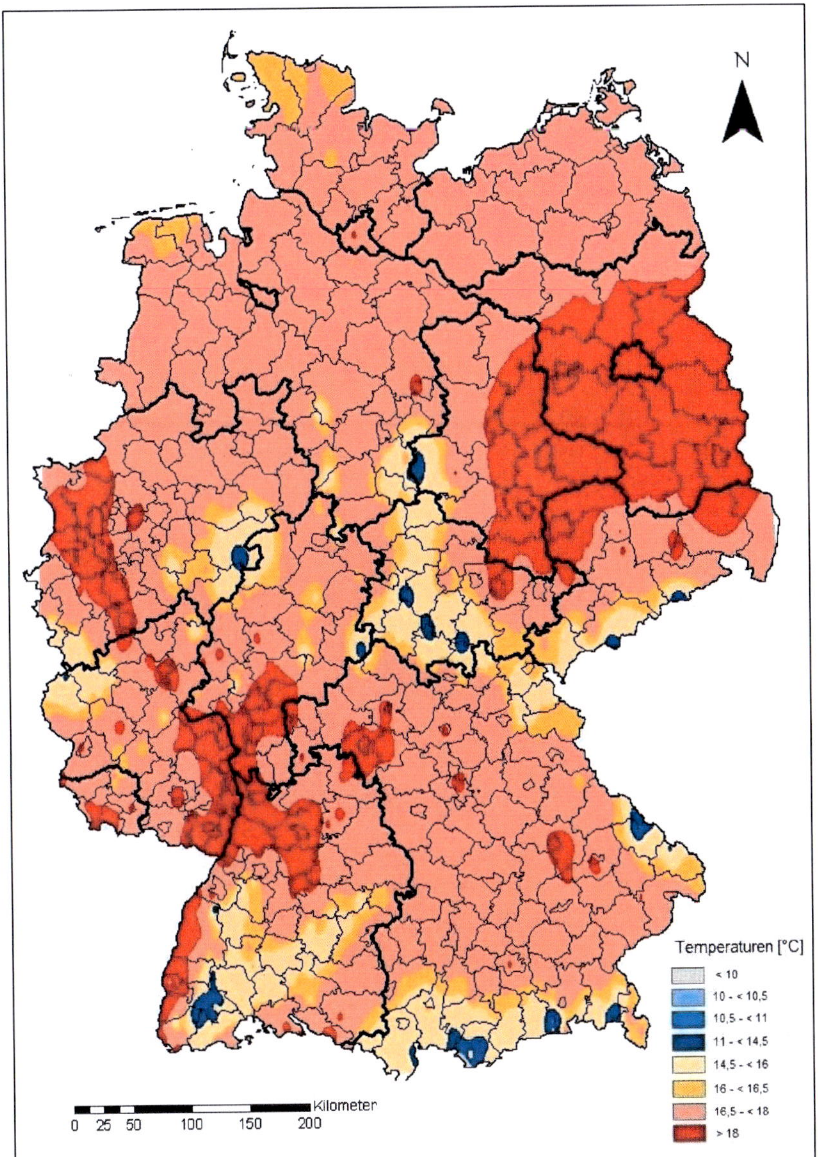

Abbildung 46: Entwicklungsbereiche im Juni bei minimaler Temperaturänderung des B1-Szenarios im Zeitraum 2071-2100

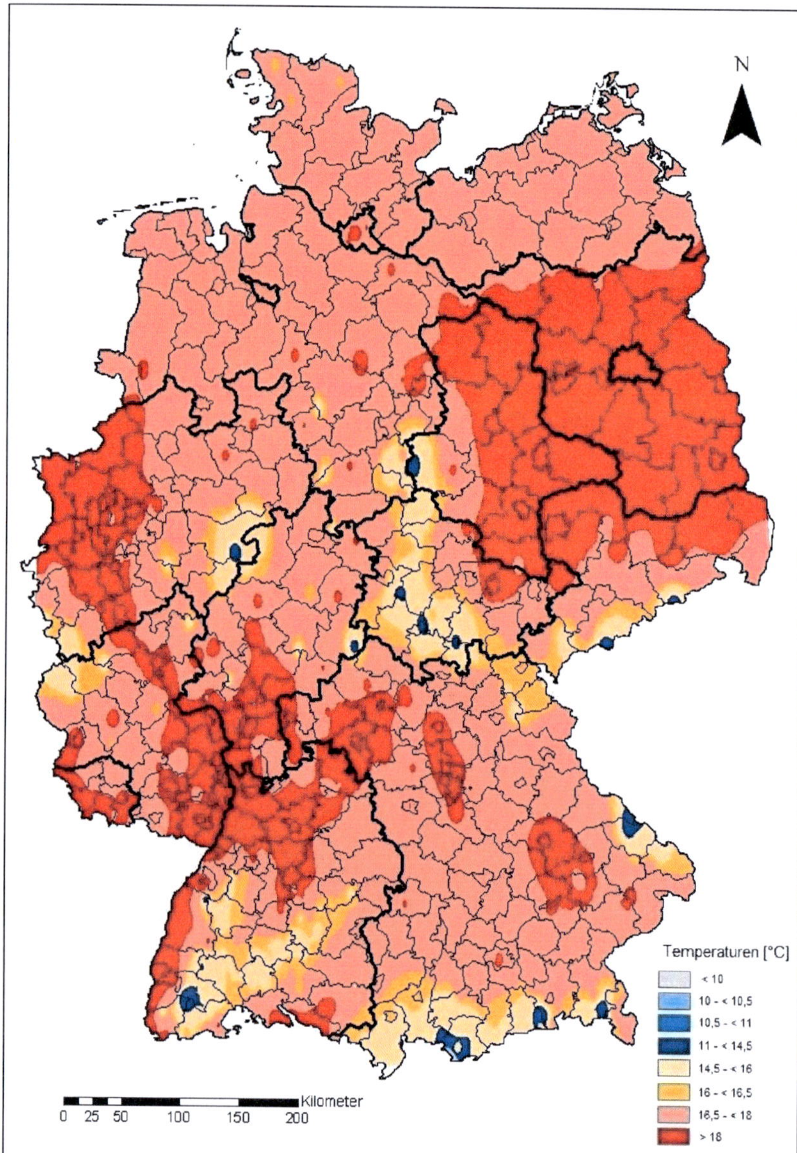

Abbildung 47: Entwicklungsbereiche im Juni bei maximaler Temperaturänderung des B1-Szenarios im Zeitraum 2071-2100

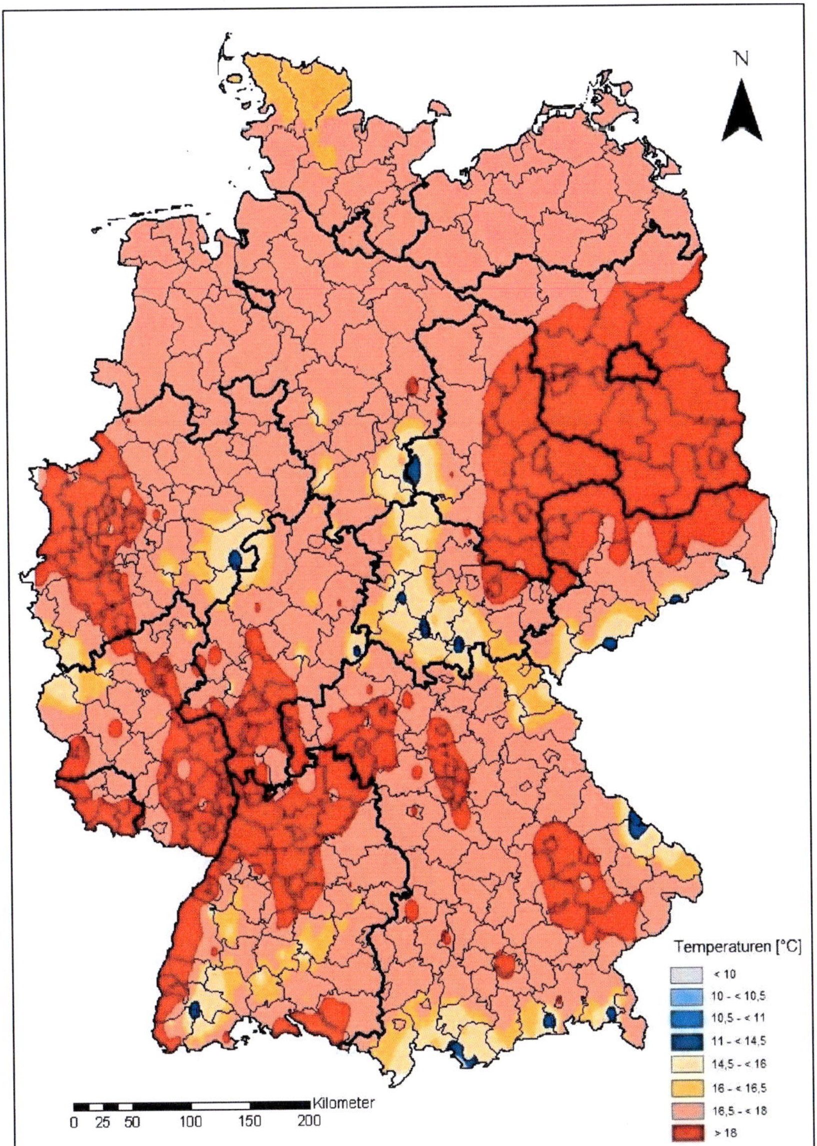

Abbildung 18: Entwicklungsbereiche im Juli bei minimaler Temperaturänderung des B1-Szenarios im Zeitraum 2021-2050

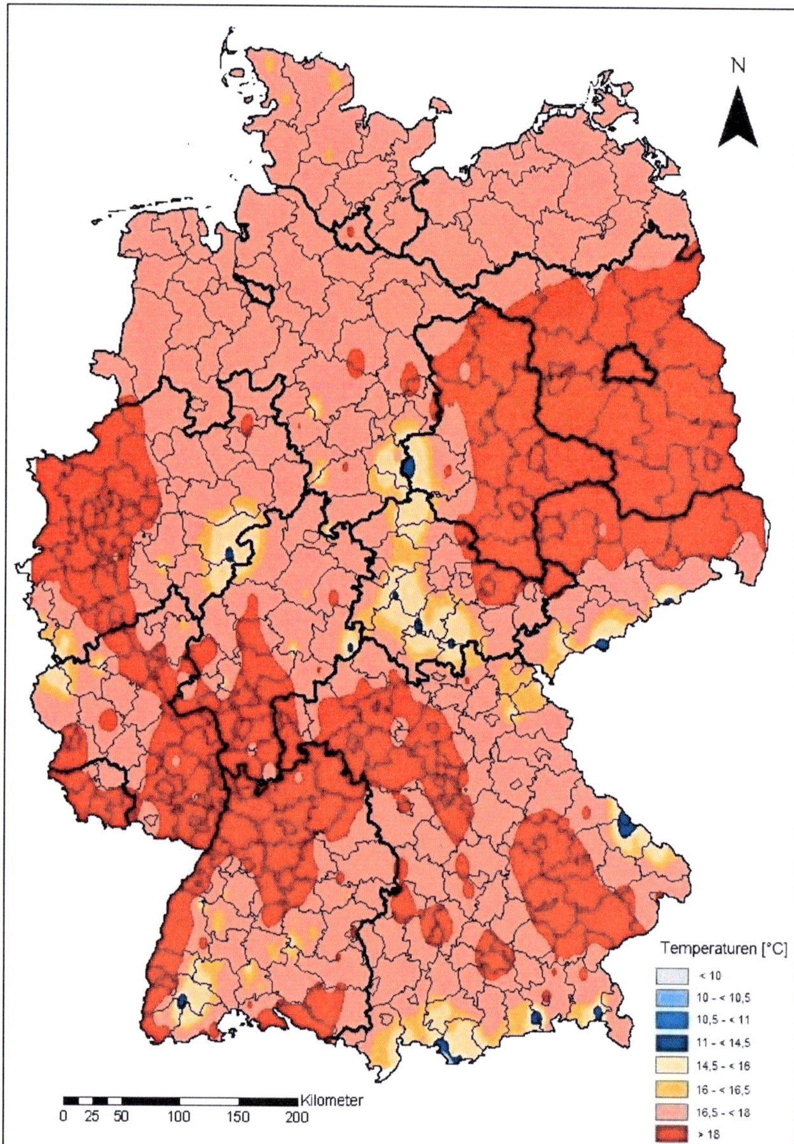

Abbildung 49: Entwicklungsbereiche im Juli bei maximaler Temperaturänderung des B1-Szenarios im Zeitraum 2021-2050

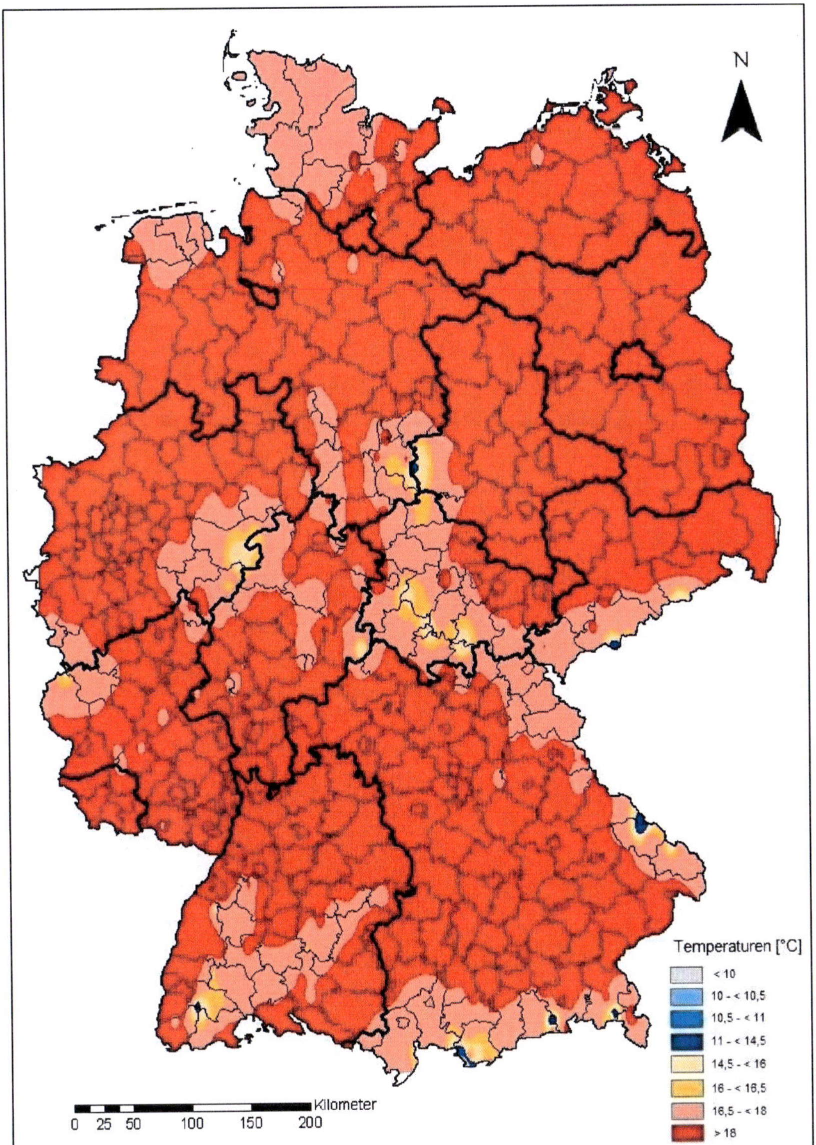

Abbildung 50: Entwicklungsbereiche im Juli bei minimaler Temperaturänderung des B1-Szenarios im Zeitraum 2071-2100

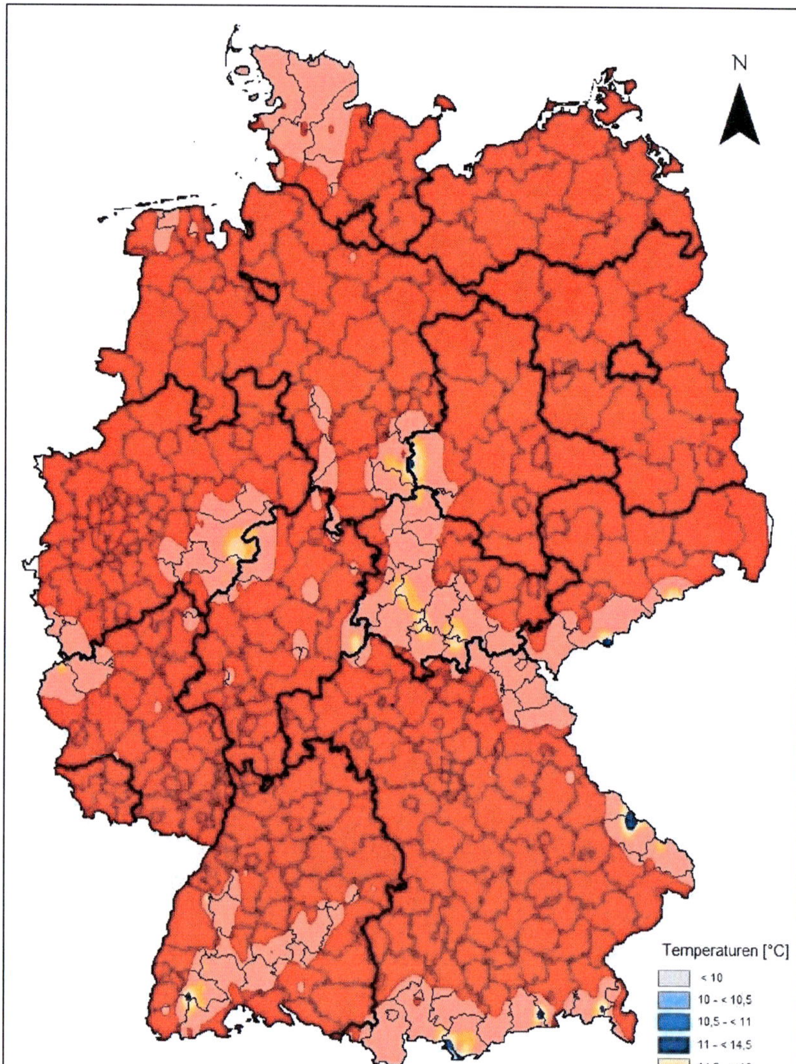

Abbildung 51: Entwicklungsbereiche im Juli bei maximaler Temperaturänderung des B1-Szenarios im Zeitraum 2071-2100

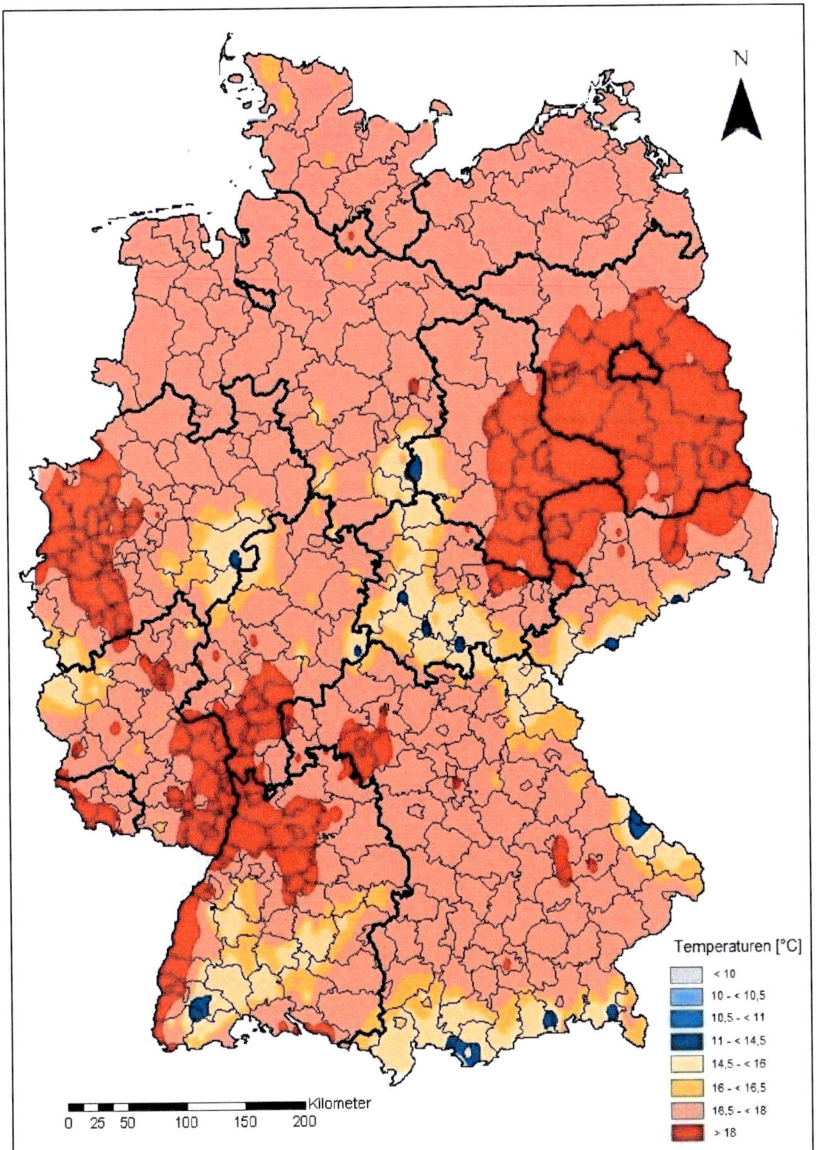

Abbildung 52: Entwicklungsbereiche im August bei minimaler Temperaturänderung des B1-Szenarios im Zeitraum 2021-2050

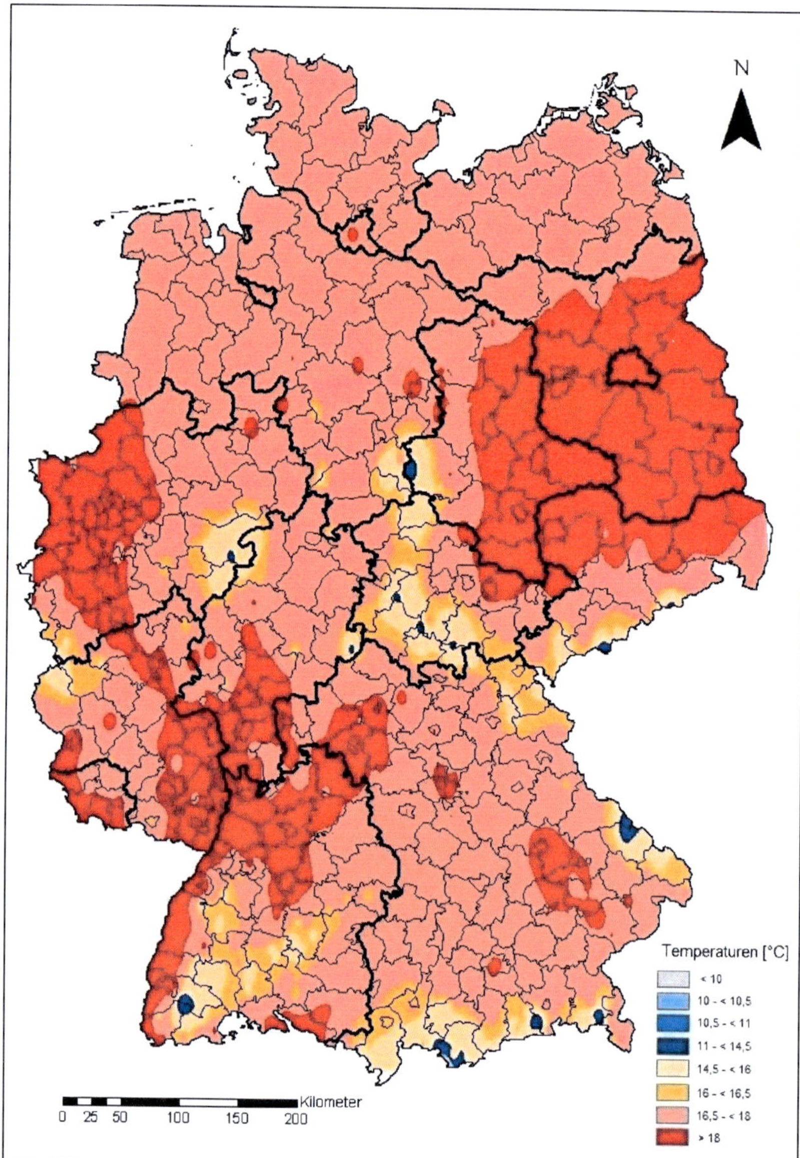

Abbildung 53: Entwicklungsbereiche im August bei maximaler Temperaturänderung des B1-Szenarios im Zeitraum 2021-2050

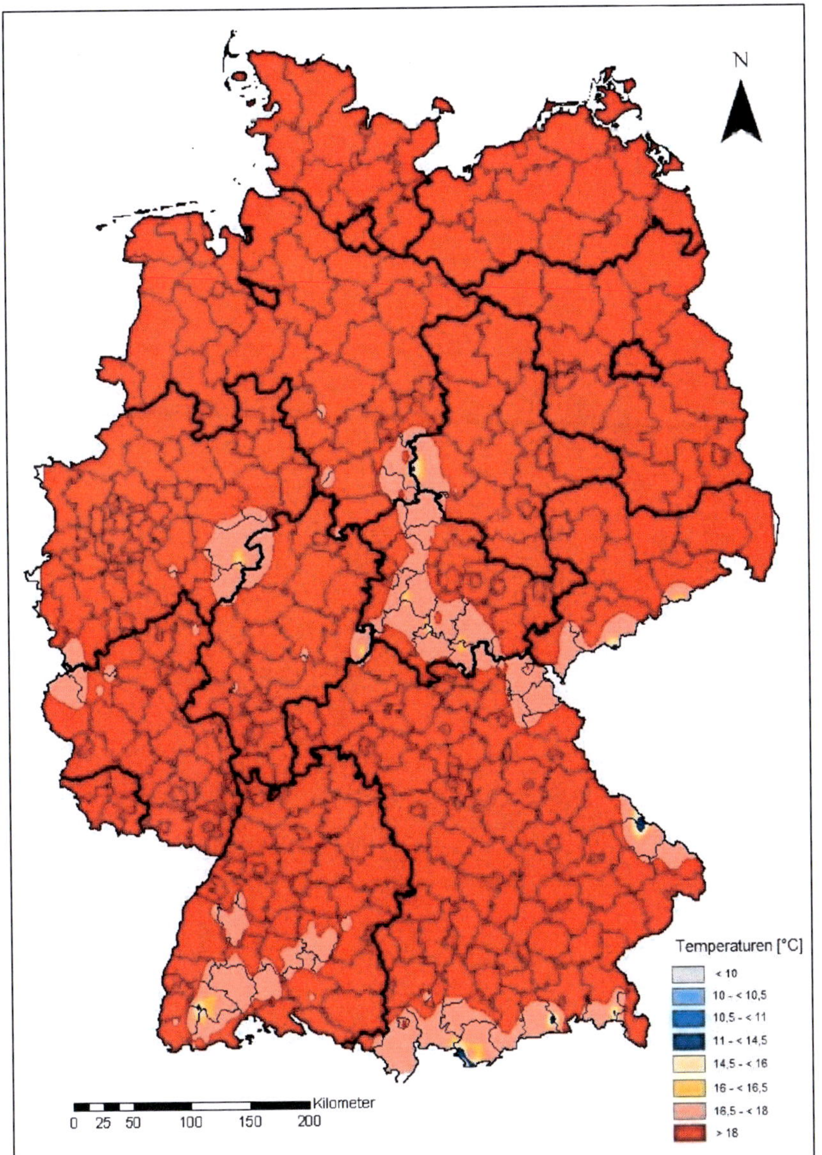

Abbildung 54: Entwicklungsbereiche im August bei minimaler Temperaturänderung des B1-Szenarios im Zeitraum 2071-2100

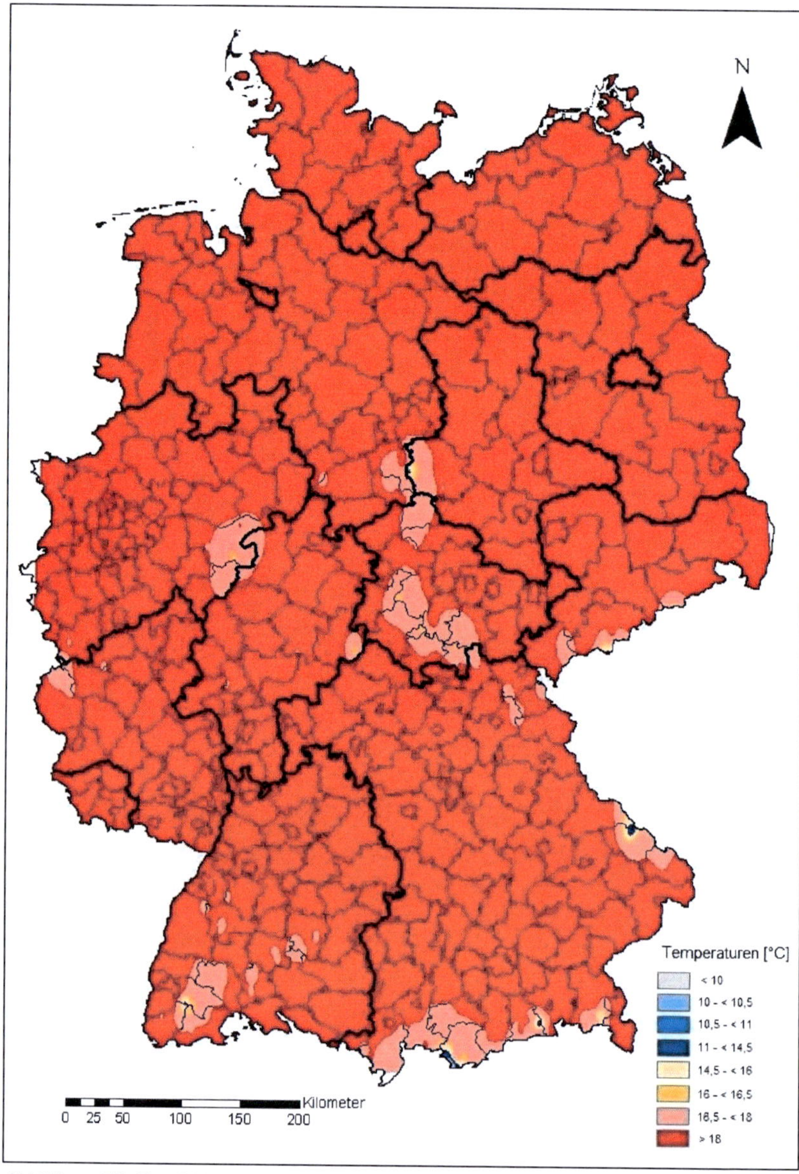

Abbildung 55: Entwicklungsbereiche im August bei maximaler Temperaturänderung des B1-Szenarios im Zeitraum 2071-2100

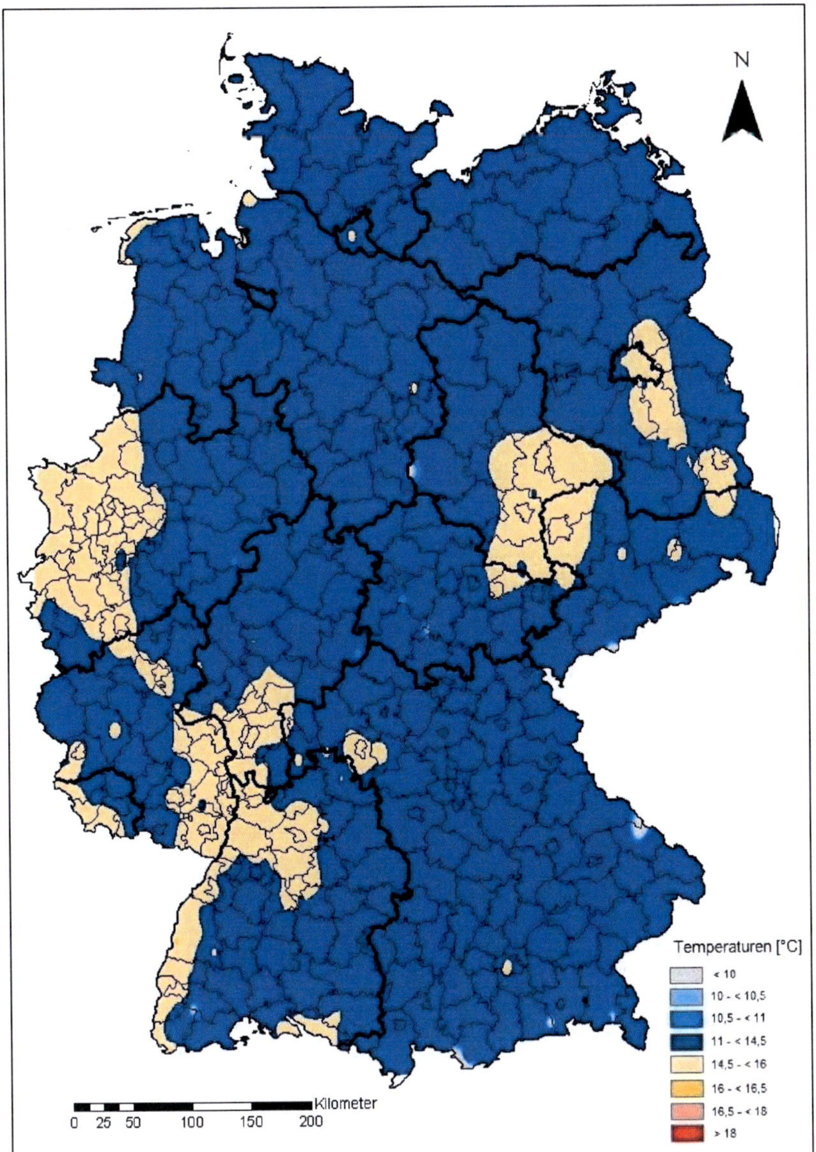

Abbildung 56: Entwicklungsbereiche im September bei minimaler Temperaturänderung des B1-Szenarios im Zeitraum 2021-2050

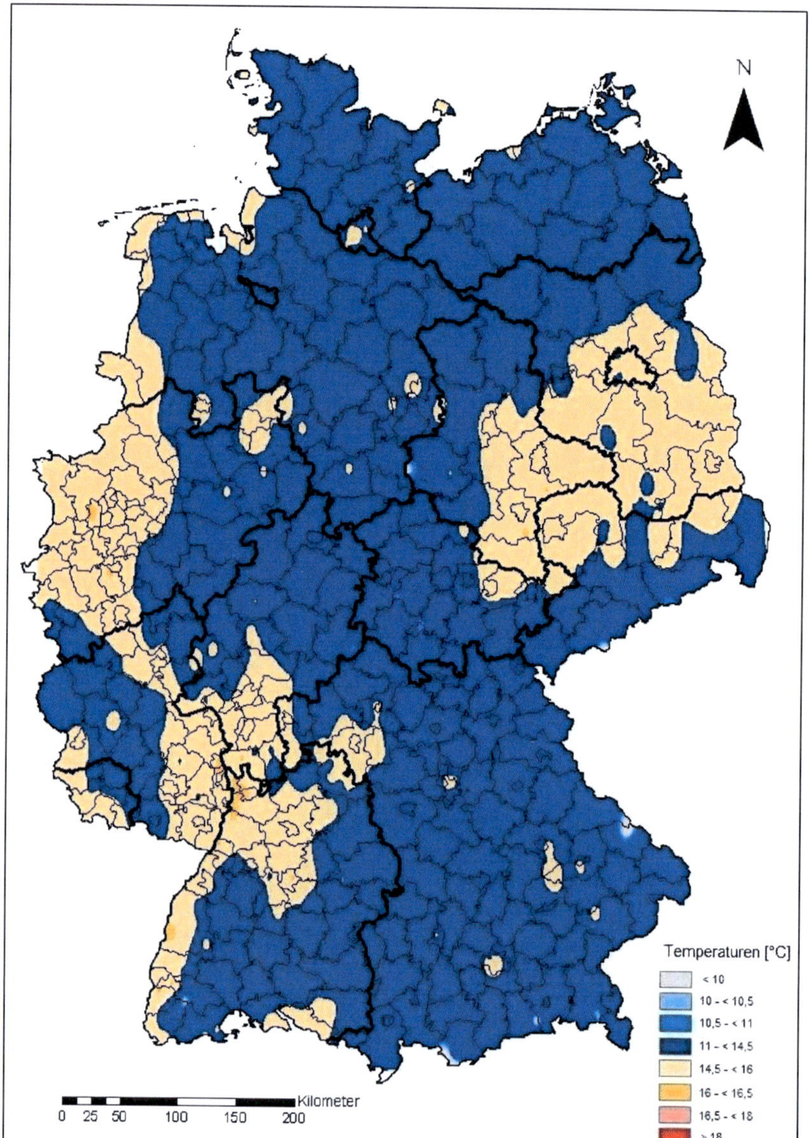

Abbildung 57: Entwicklungsbereiche im September bei maximaler Temperaturänderung des B1-Szenarios im Zeitraum 2021-2050

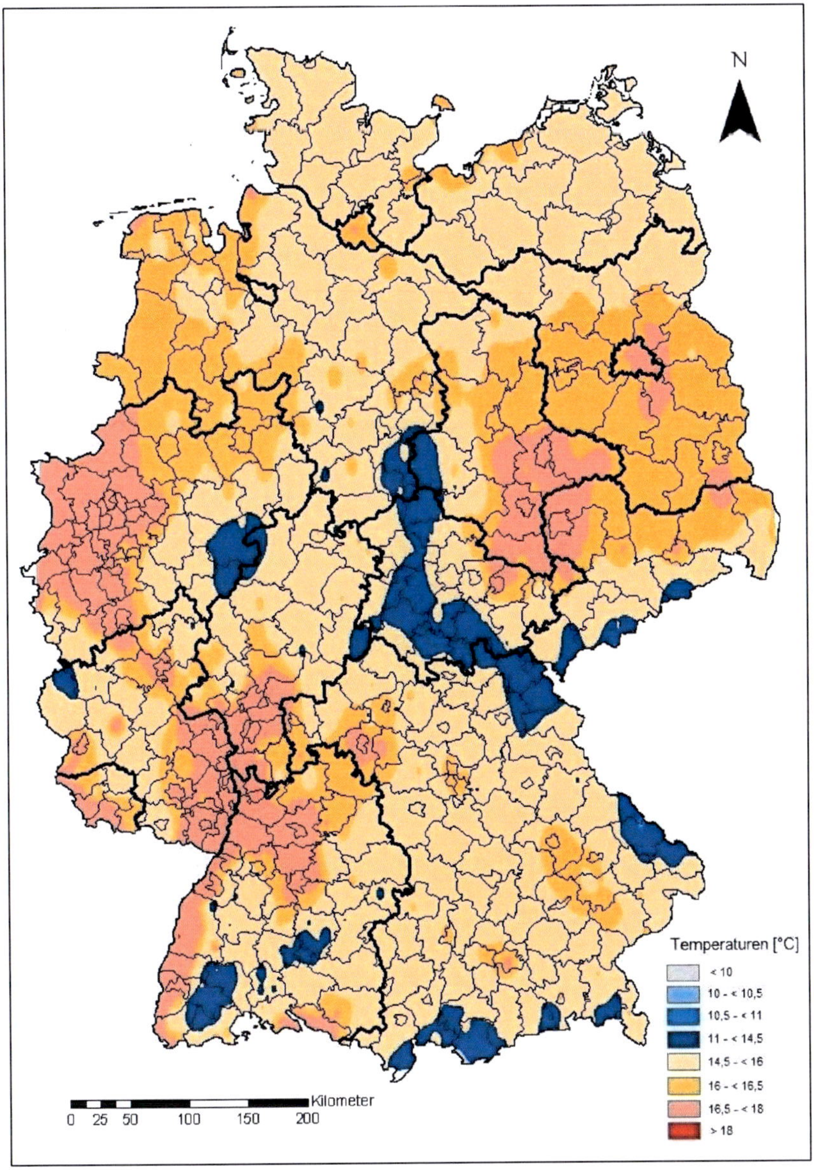

Abbildung 58: Entwicklungsbereiche im September bei minimaler Temperaturänderung des B1-Szenarios im Zeitraum 2071-2100

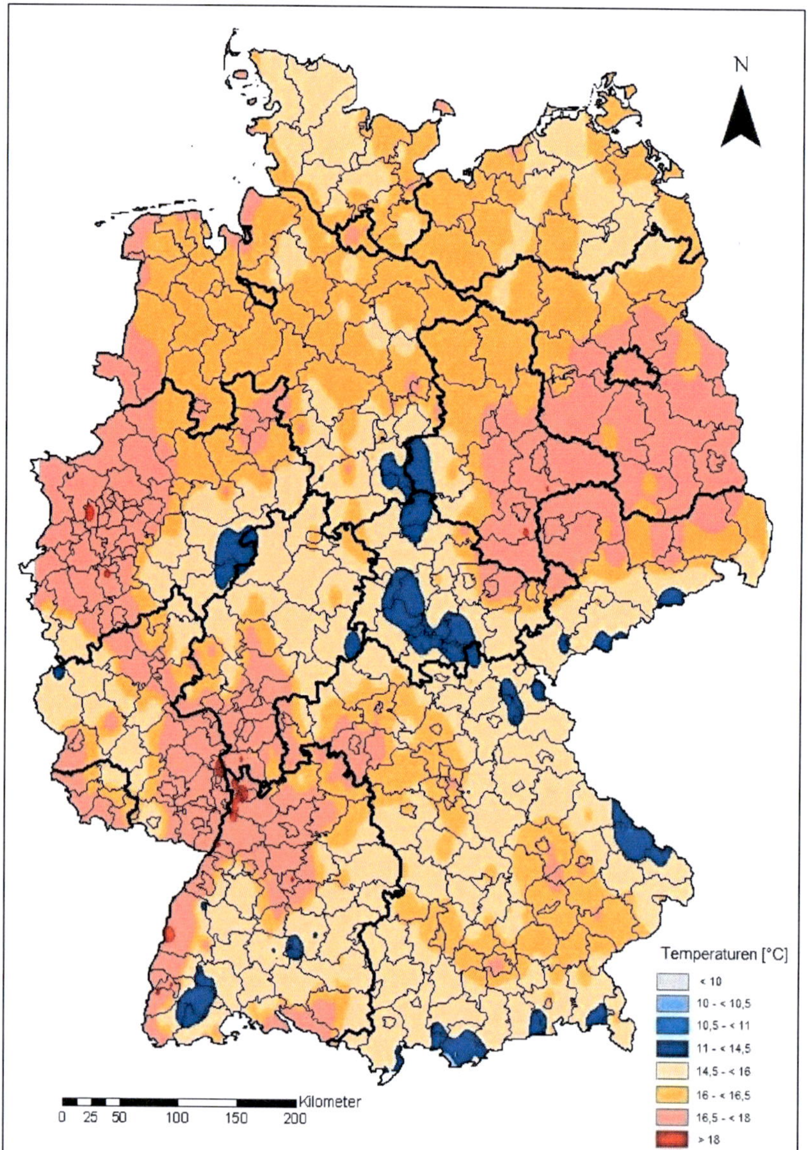

Abbildung 59: Entwicklungsbereiche im September bei maximaler Temperaturänderung des B1-Szenarios im Zeitraum 2071-2100

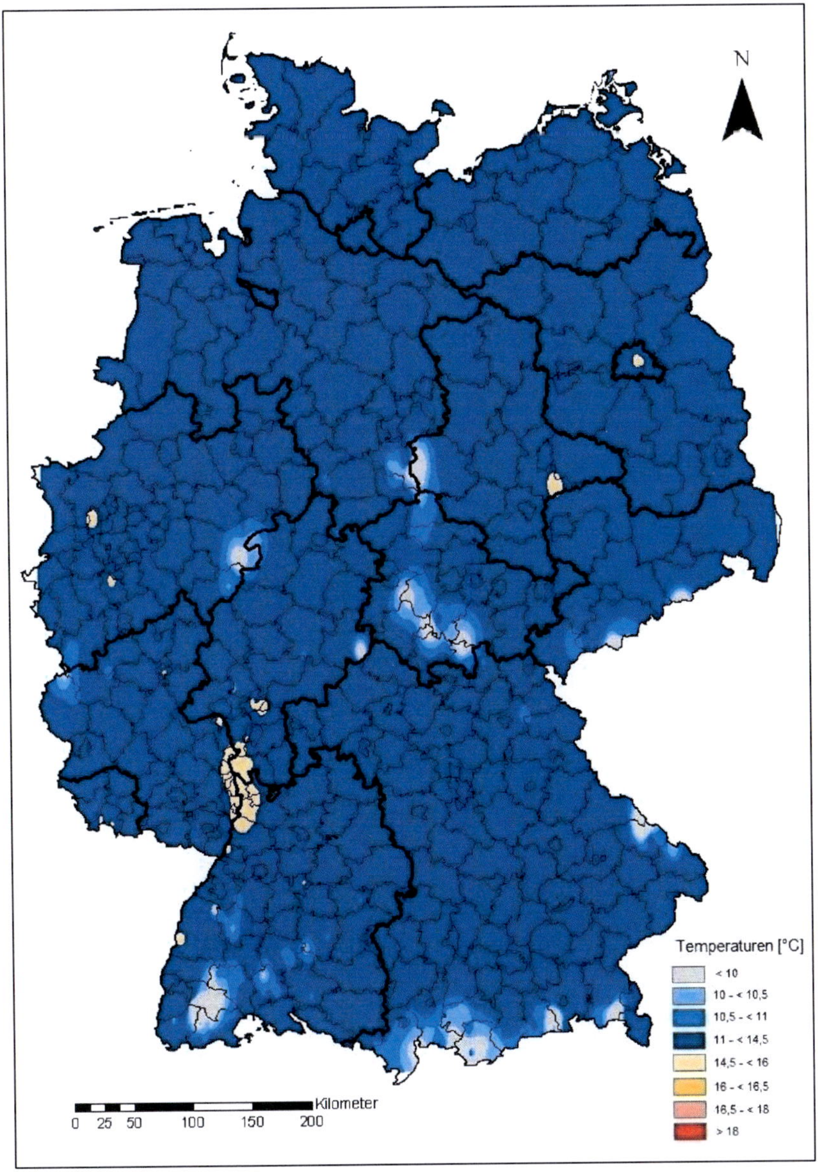

Abbildung 60: Entwicklungsbereiche im Mai bei minimaler Temperaturänderung des A1B-Szenarios im Zeitraum 2021-2050

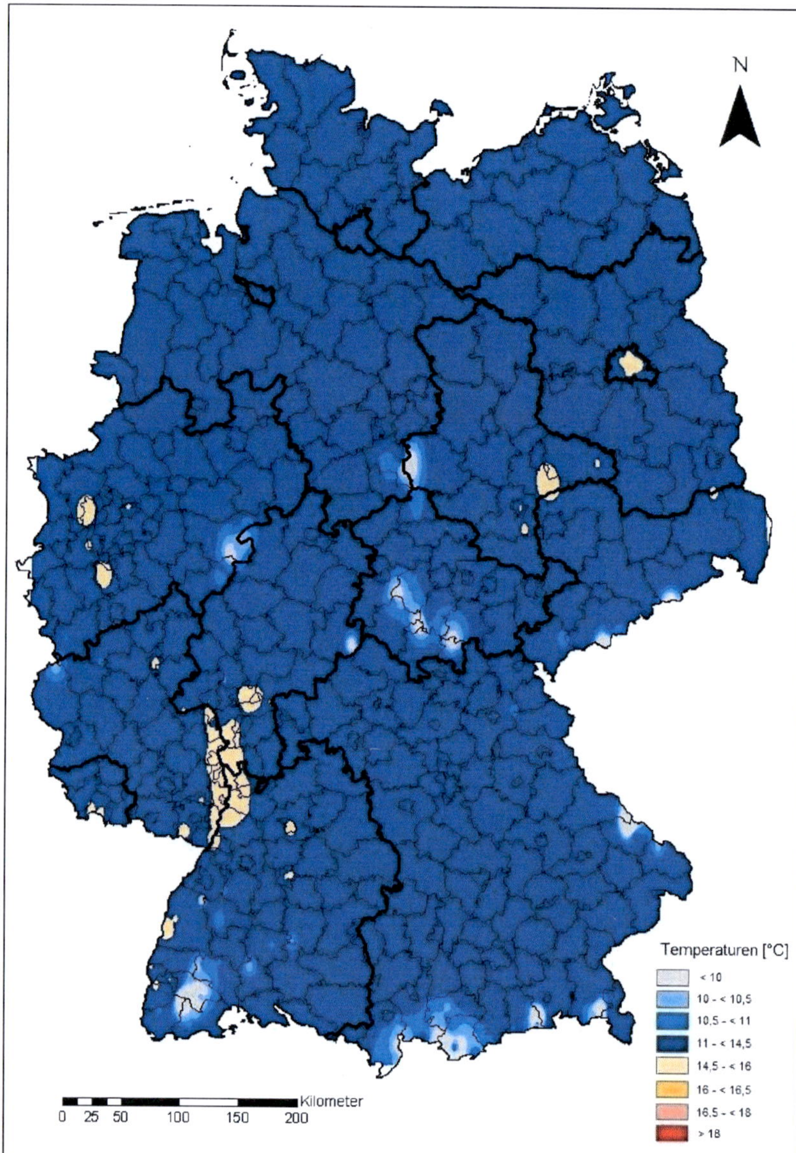

Abbildung 61: Entwicklungsbereiche im Mai bei maximaler Temperaturänderung des A1B-Szenarios im Zeitraum 2021-2050

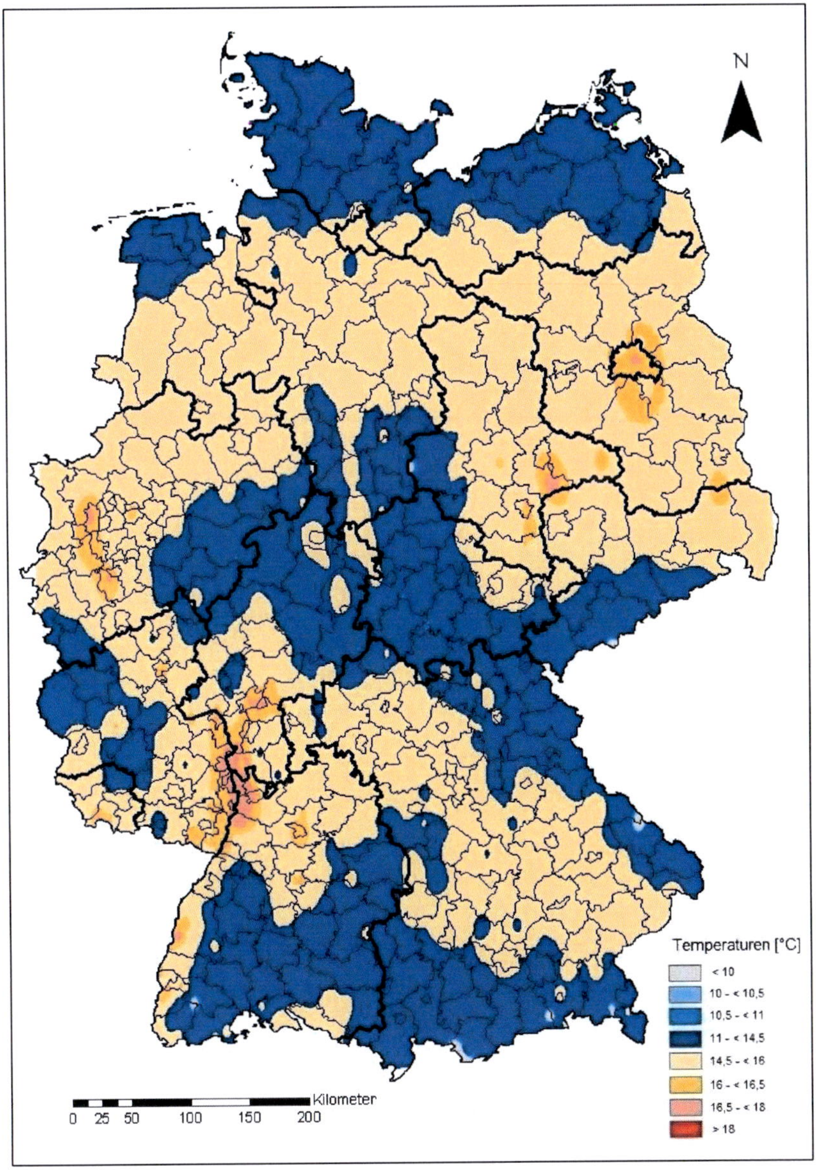

Abbildung 62: Entwicklungsbereiche im Mai bei minimaler Temperaturänderung des A1B-Szenarios im Zeitraum 2071-2100

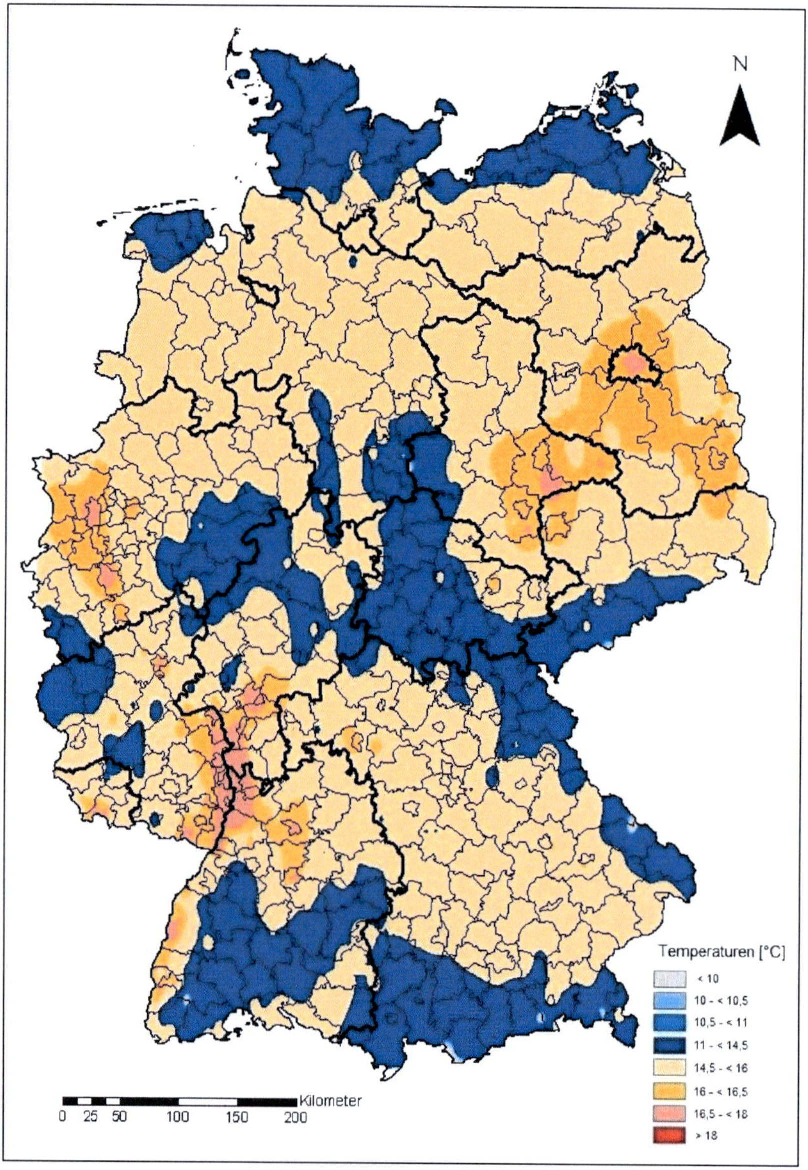

Abbildung 63: Entwicklungsbereiche im Mai bei maximaler Temperaturänderung des A1B-Szenarios im Zeitraum 2071-2100

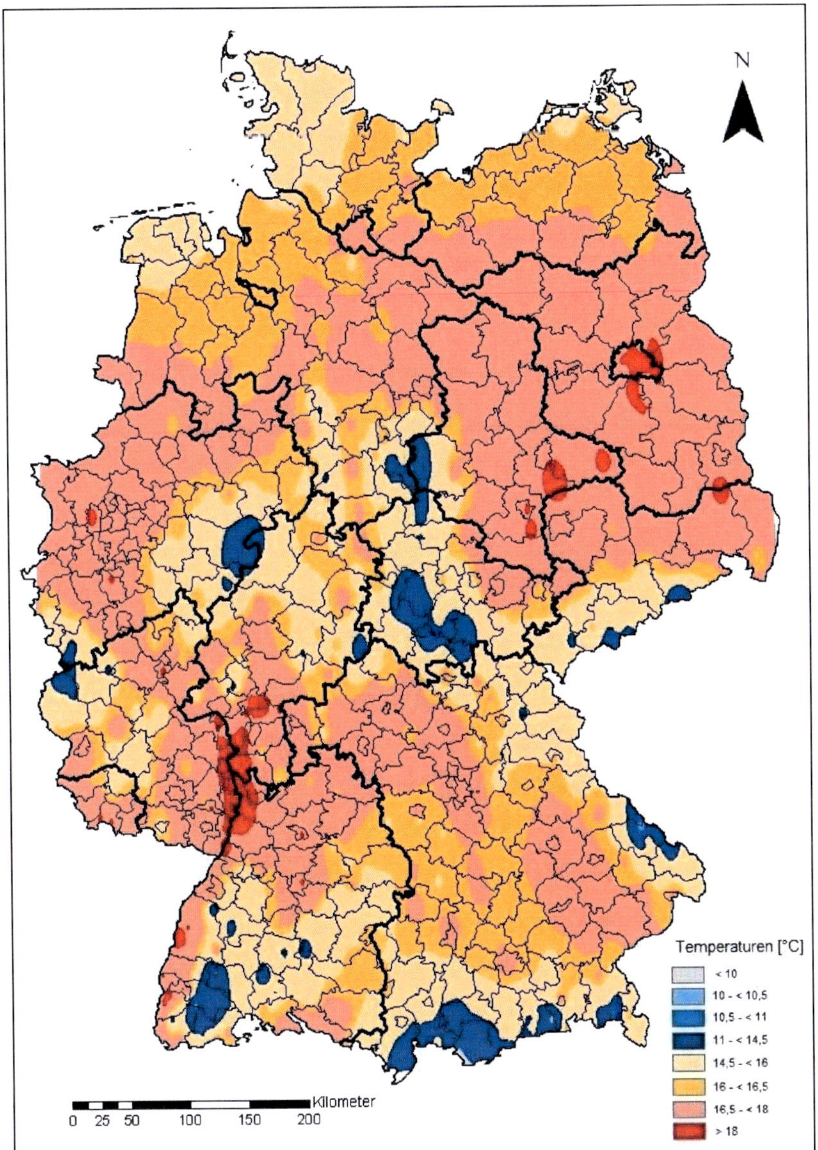

Abbildung 64: Entwicklungsbereiche im Juni bei minimaler Temperaturänderung des A1B-Szenarios im Zeitraum 2021-2050

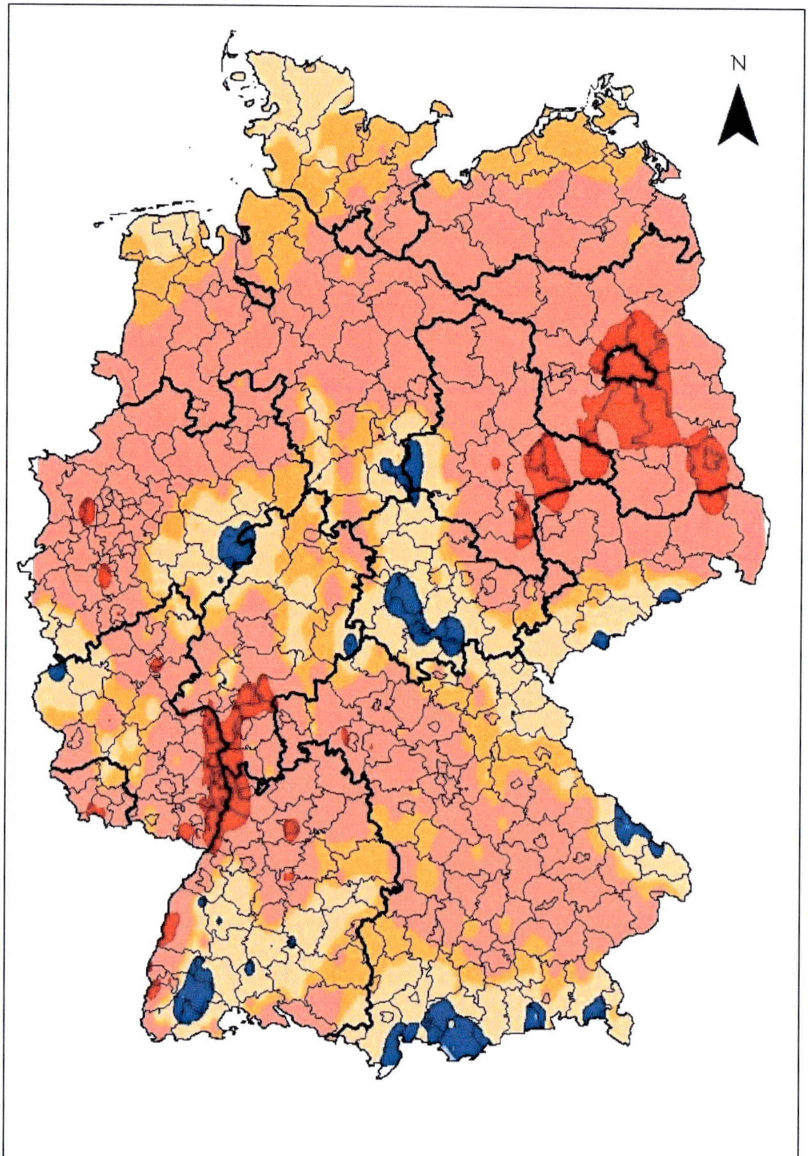

Abbildung 65: Entwicklungsbereiche im Juni bei maximaler Temperaturänderung des A1B-Szenarios im Zeitraum 2021-2050

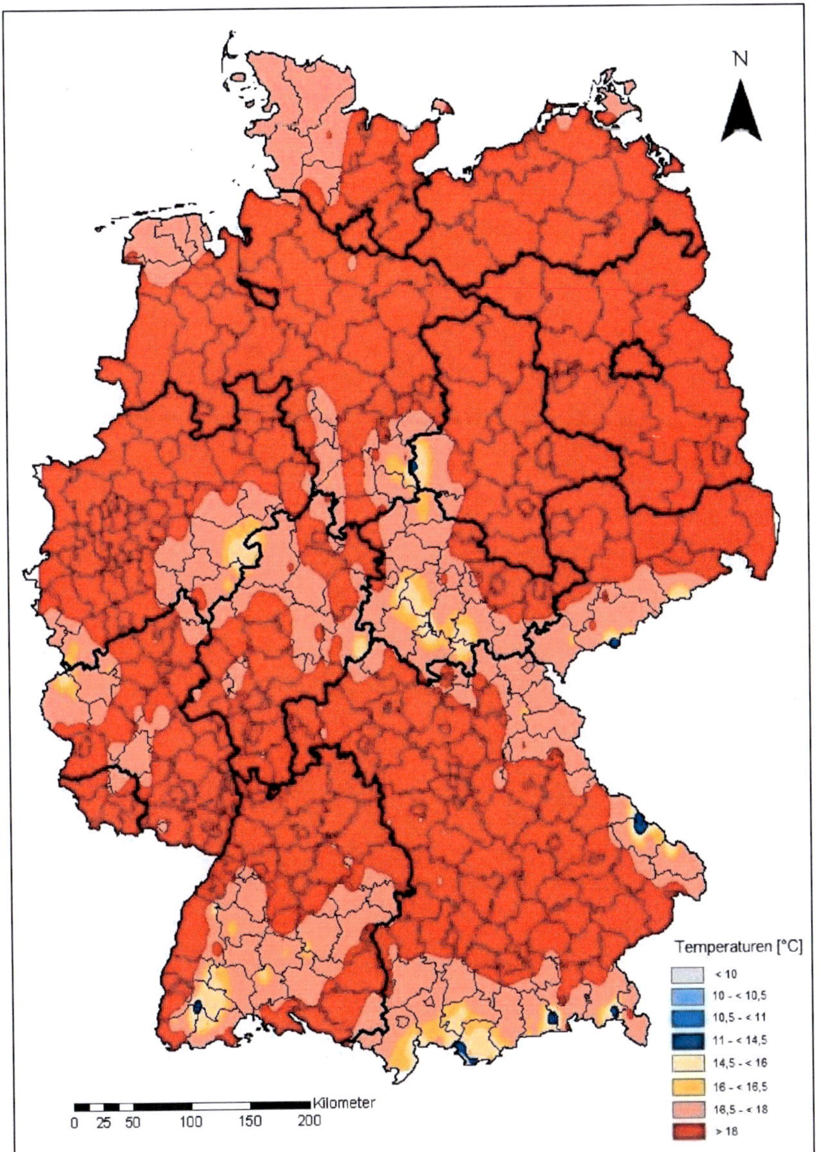

Abbildung 66: Entwicklungsbereiche im Juni bei minimaler Temperaturänderung des A1B-Szenarios im Zeitraum 2071-2100

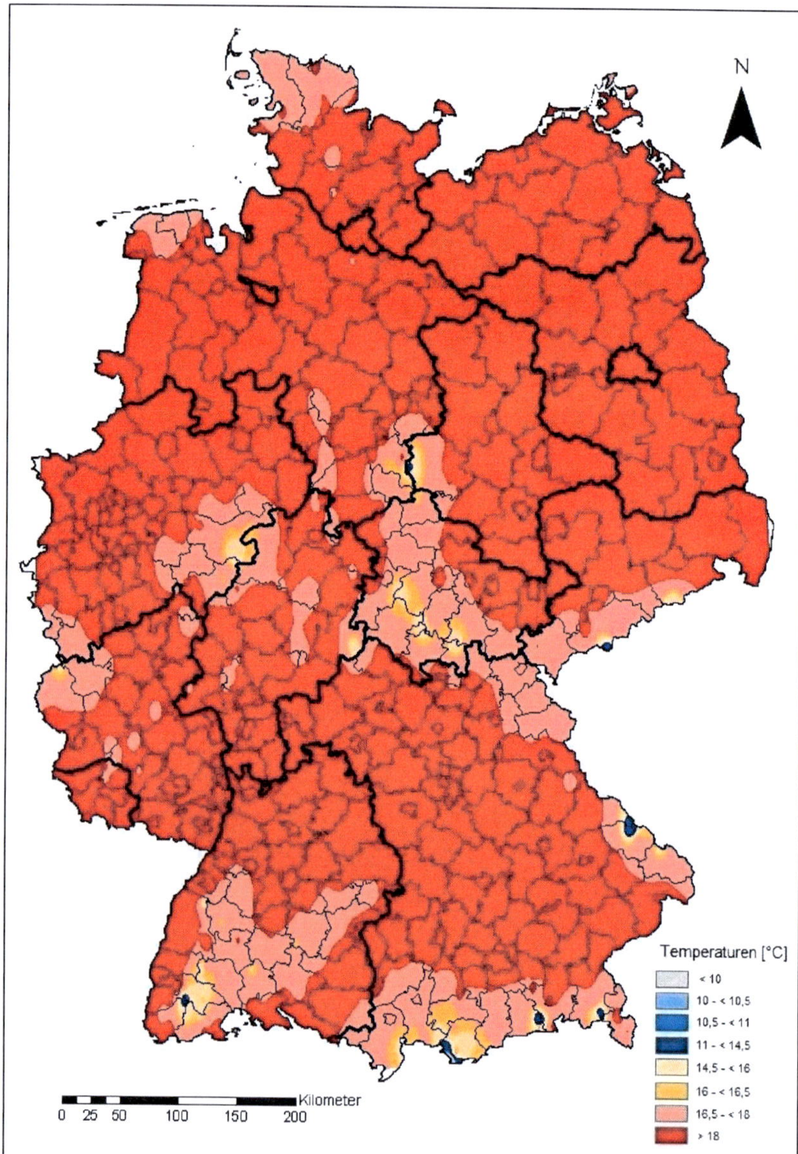

Abbildung 67: Entwicklungsbereiche im Juni bei maximaler Temperaturänderung des A1B-Szenarios im Zeitraum 2071-2100

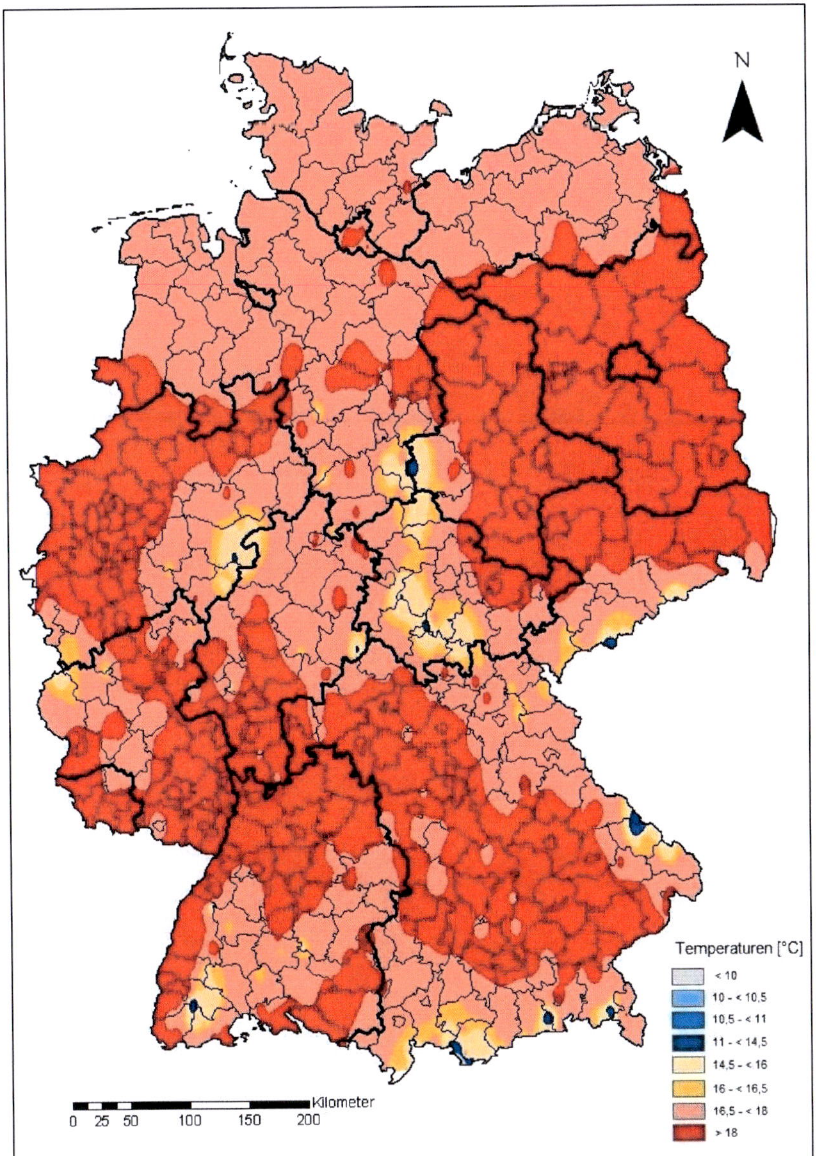

Abbildung 68: Entwicklungsbereiche im Juli bei minimaler Temperaturänderung des A1B-Szenarios im Zeitraum 2021-2050

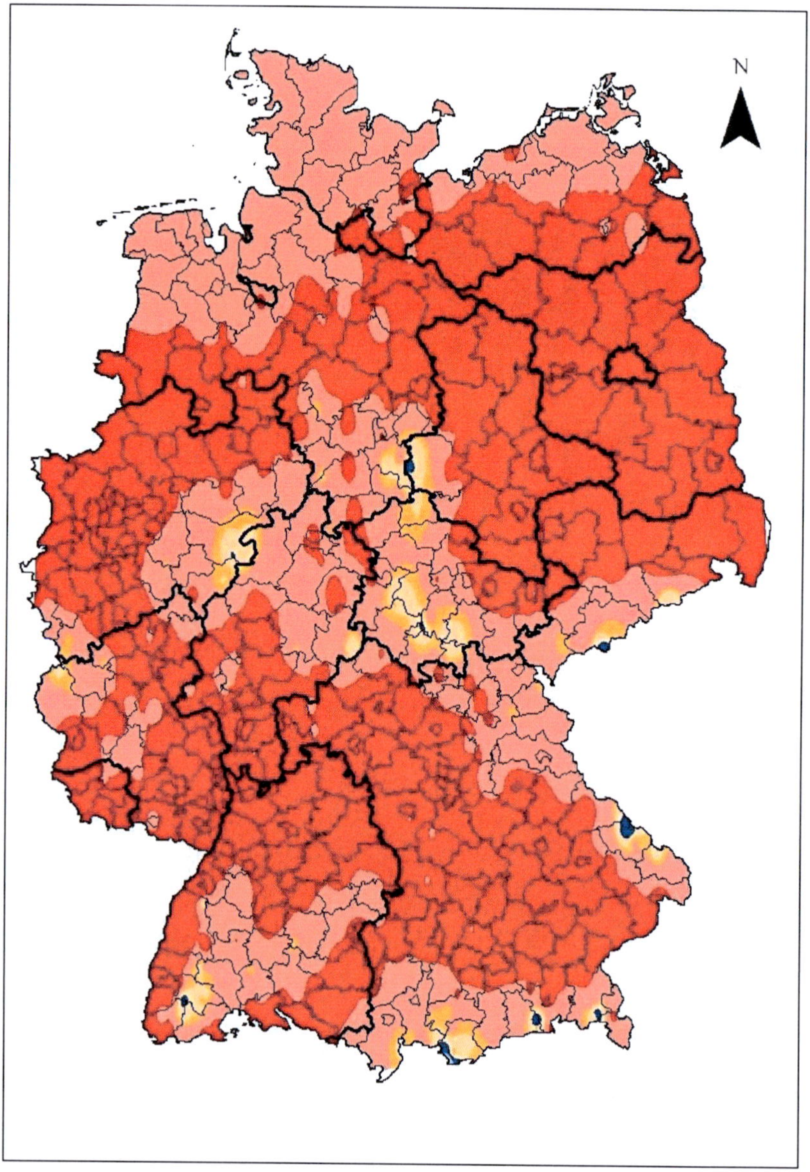

Abbildung 69: Entwicklungsbereiche im Juli bei maximaler Temperaturänderung des A1B-Szenarios im Zeitraum 2021-2050

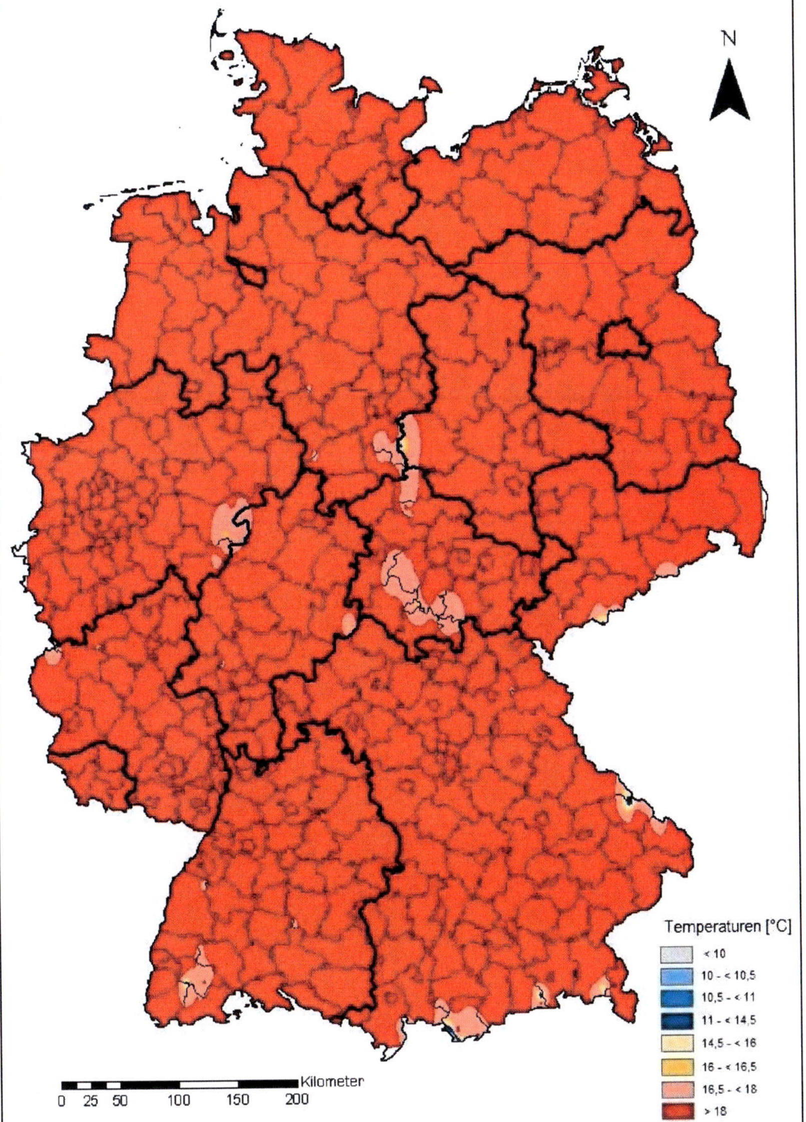

Abbildung 70: Entwicklungsbereiche im Juli bei minimaler Temperaturänderung des A1B-Szenarios im Zeitraum 2071-2100

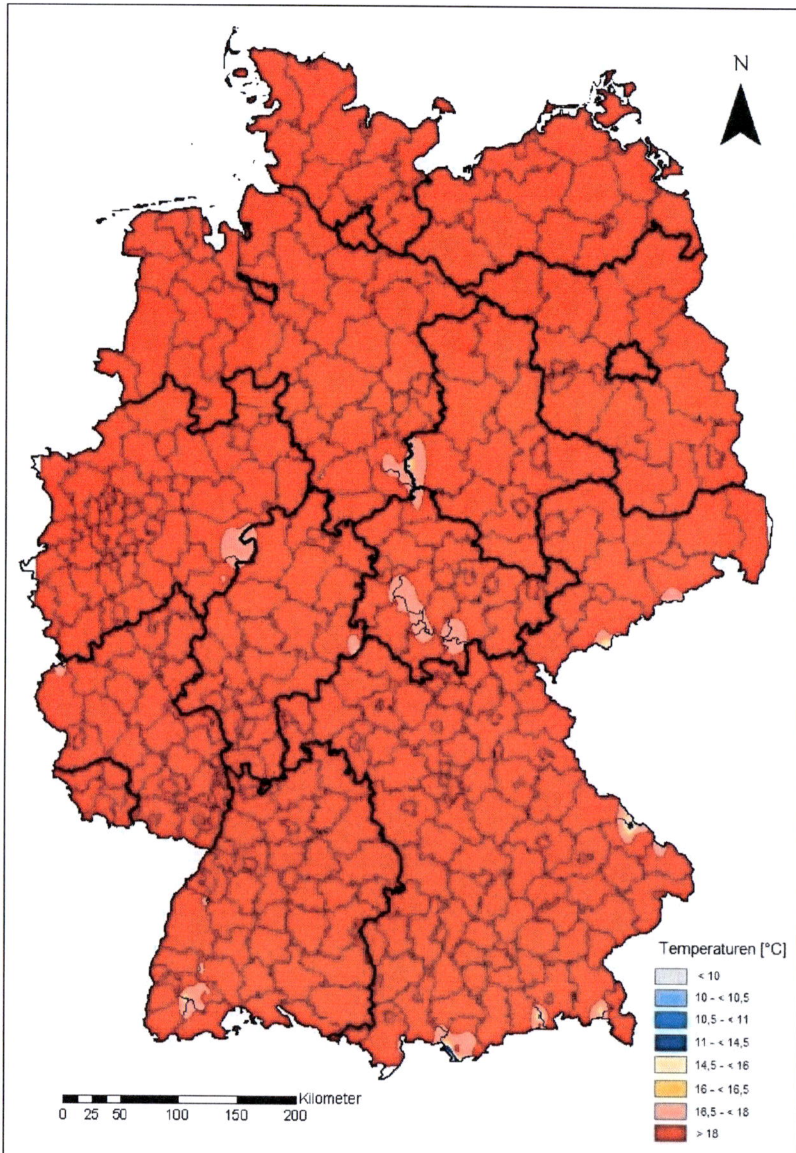

Abbildung 71: Entwicklungsbereiche im Juli bei maximaler Temperaturänderung des A1B-Szenarios im Zeitraum 2071-2100

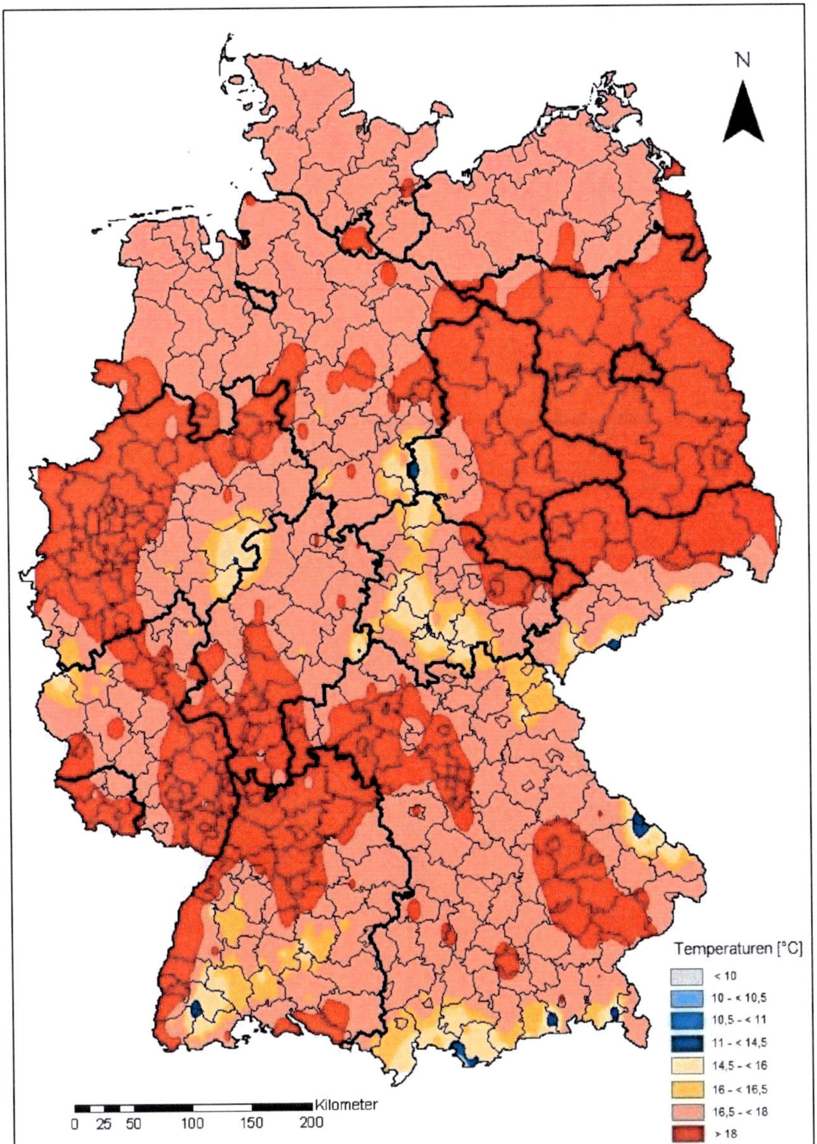

Abbildung 72: Entwicklungsbereiche im August bei minimaler Temperaturänderung des A1B-Szenarios im Zeitraum 2021-2050

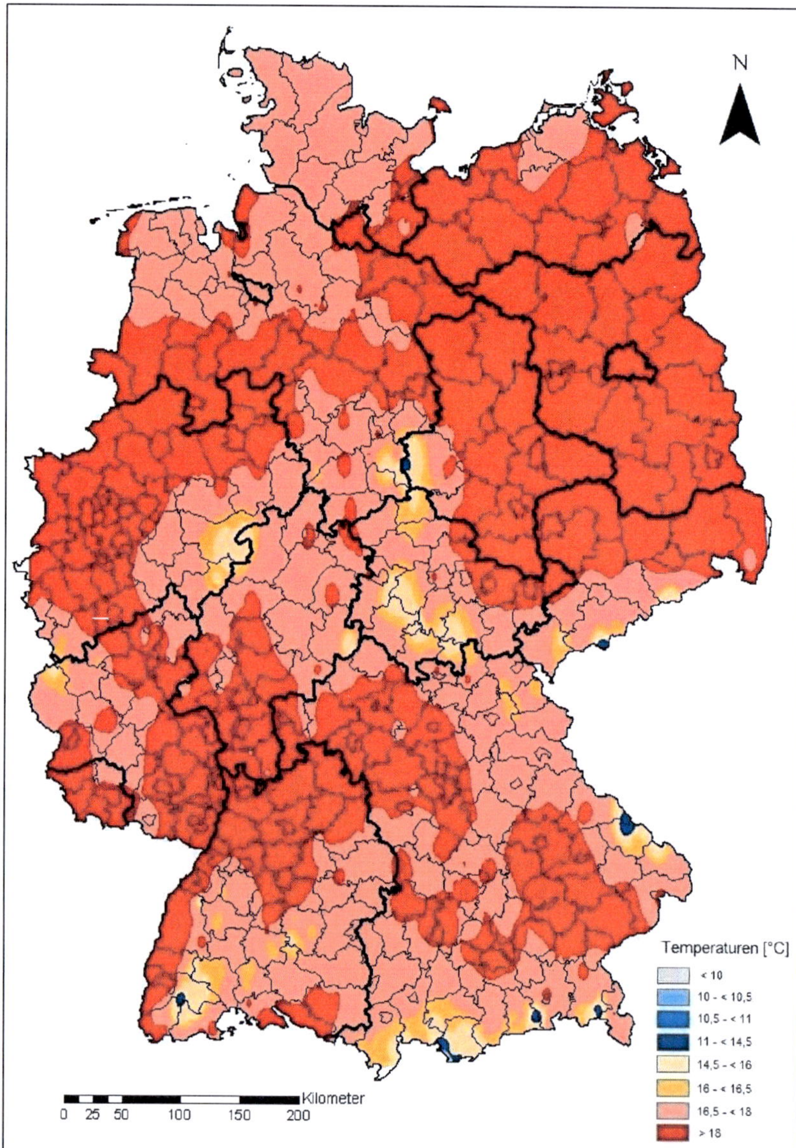

Abbildung 73: Entwicklungsbereiche im August bei maximaler Temperaturänderung des A1B-Szenarios im Zeitraum 2021-2050

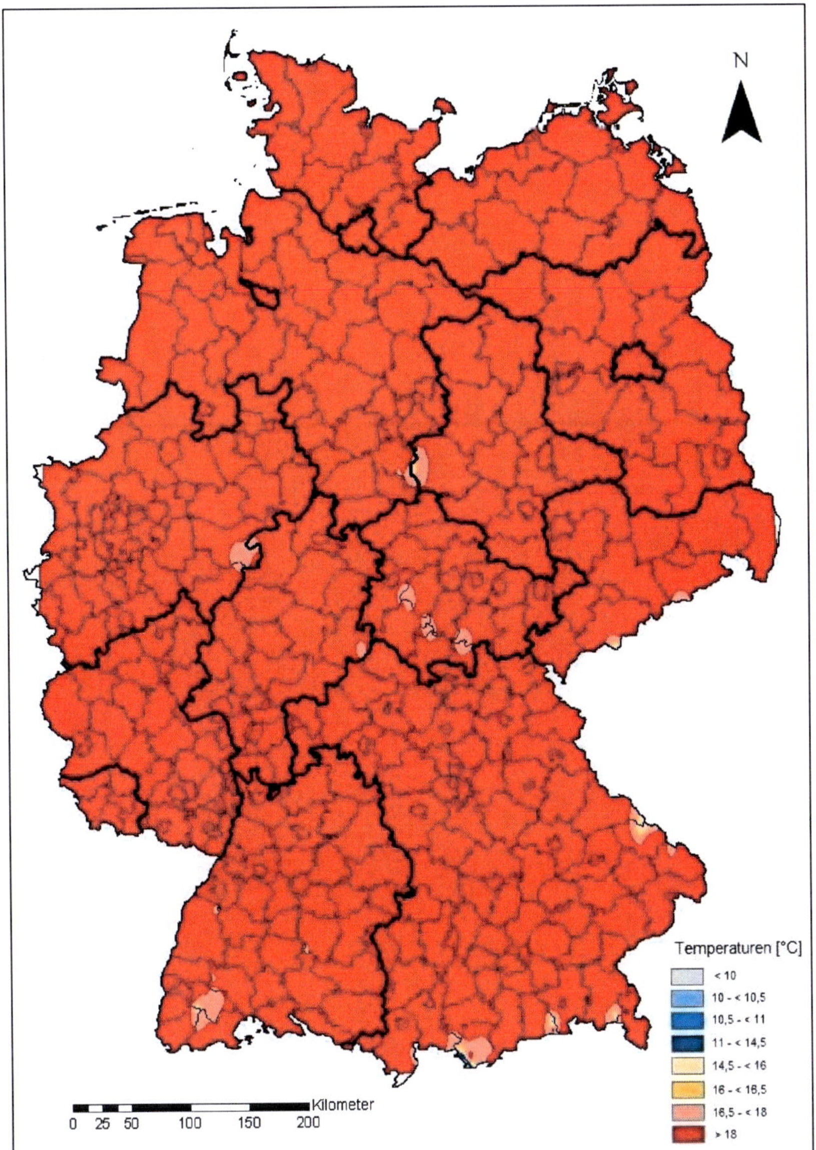

Abbildung 74: Entwicklungsbereiche im August bei minimaler Temperaturänderung des A1B-Szenarios im Zeitraum 2071-2100

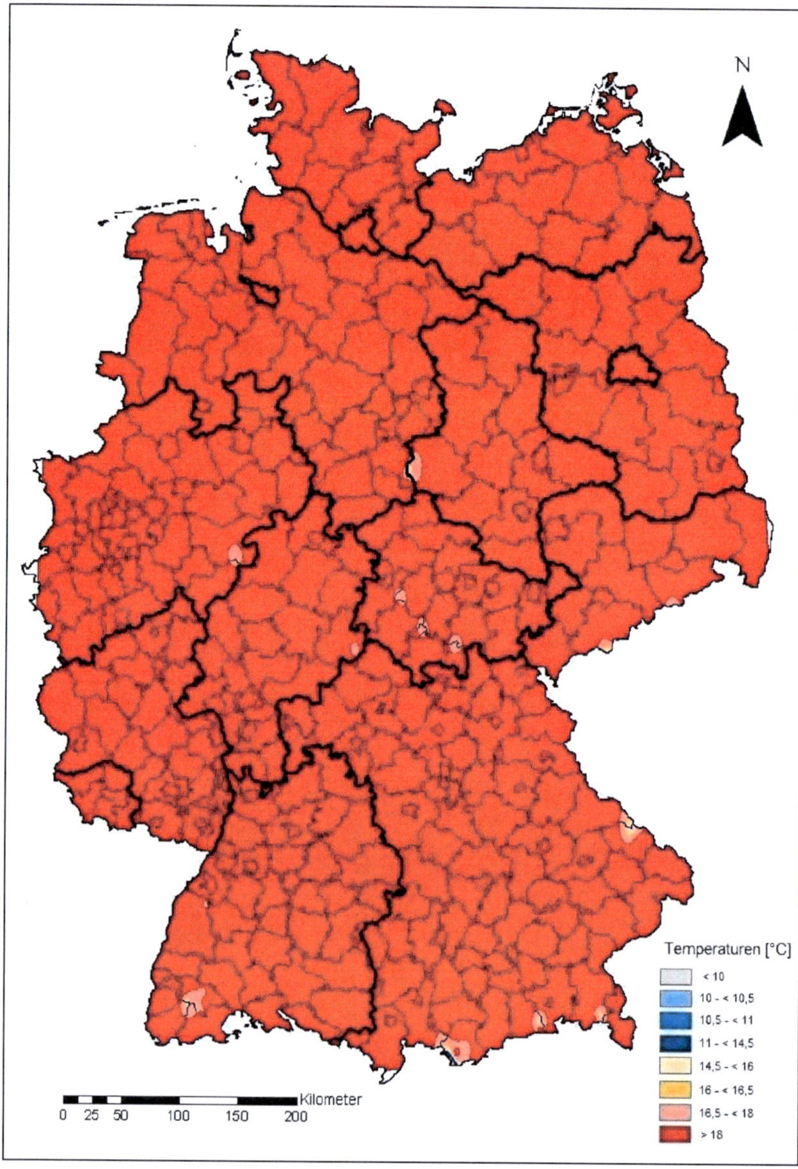

Abbildung 75: Entwicklungsbereiche im August bei maximaler Temperaturänderung des A1B-Szenarios im Zeitraum 2071-2100

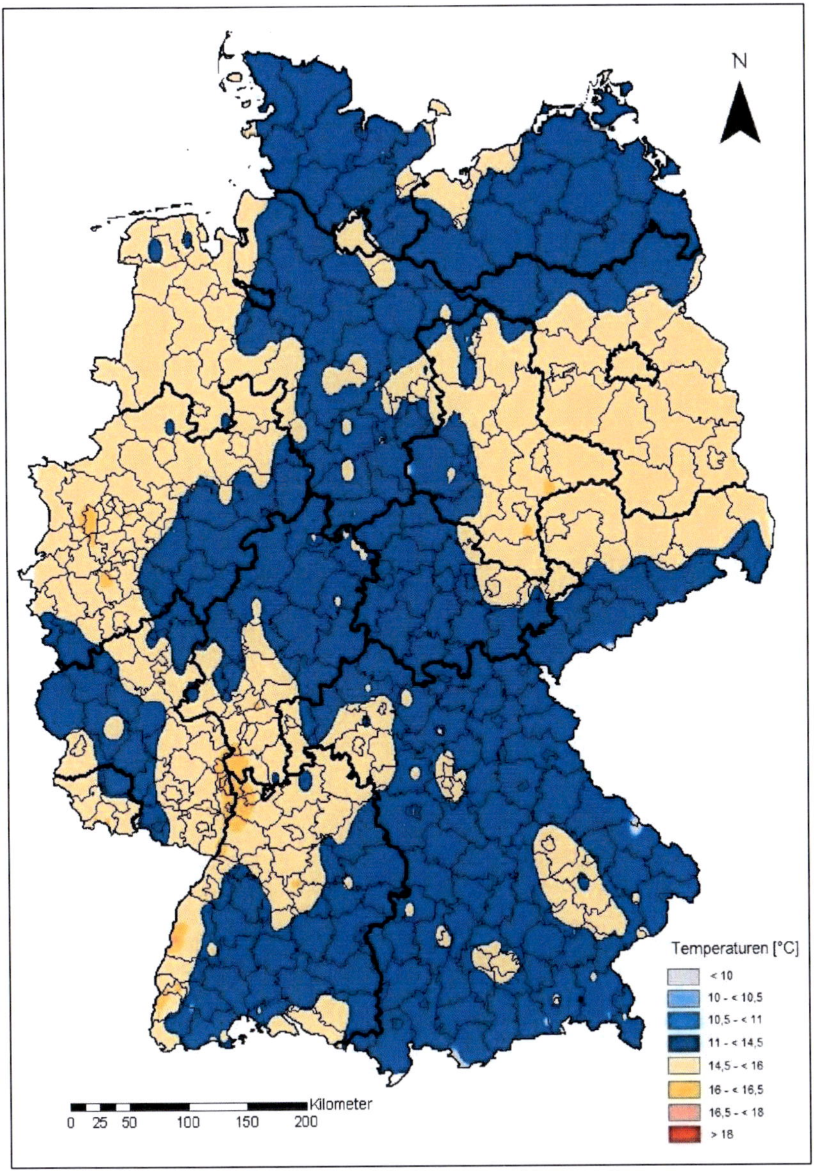

Abbildung 76: Entwicklungsbereiche im September bei minimaler Temperaturänderung des A1B-Szenarios im Zeitraum 2021-2050

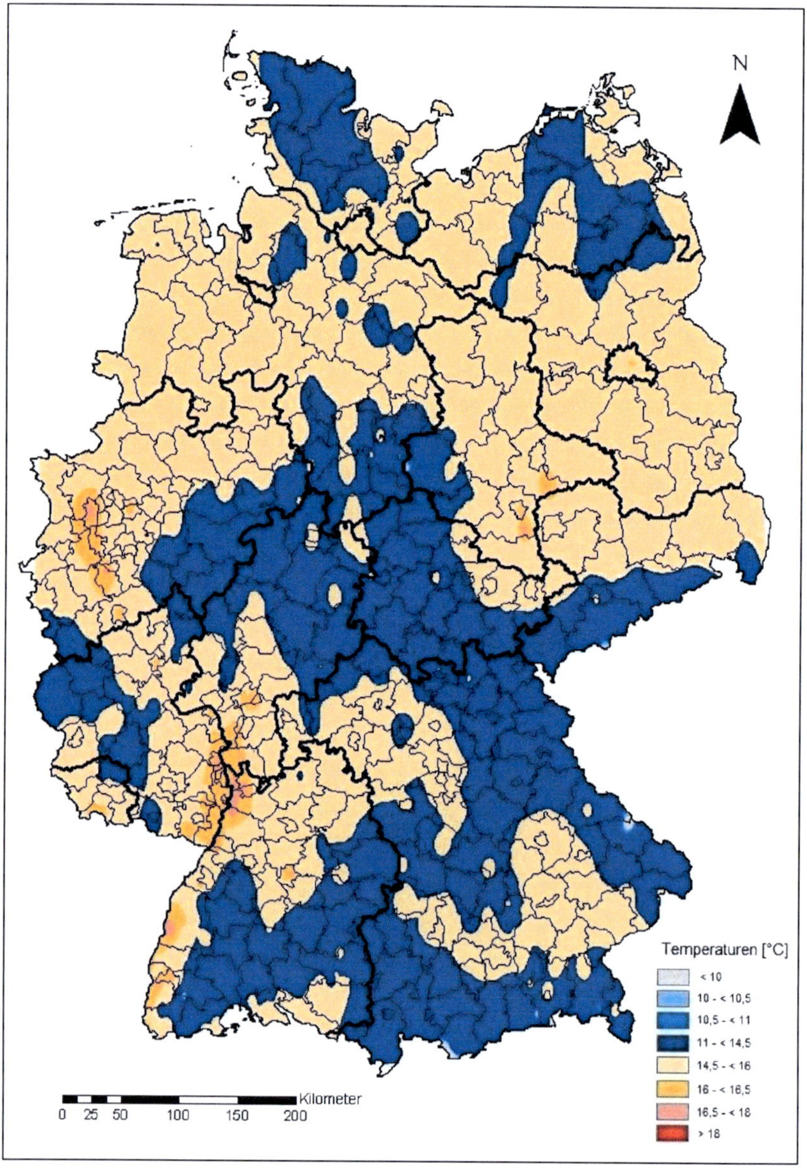

Abbildung 77: Entwicklungsbereiche im September bei maximaler Temperaturänderung des A1B-Szenarios im Zeitraum 2021-2050

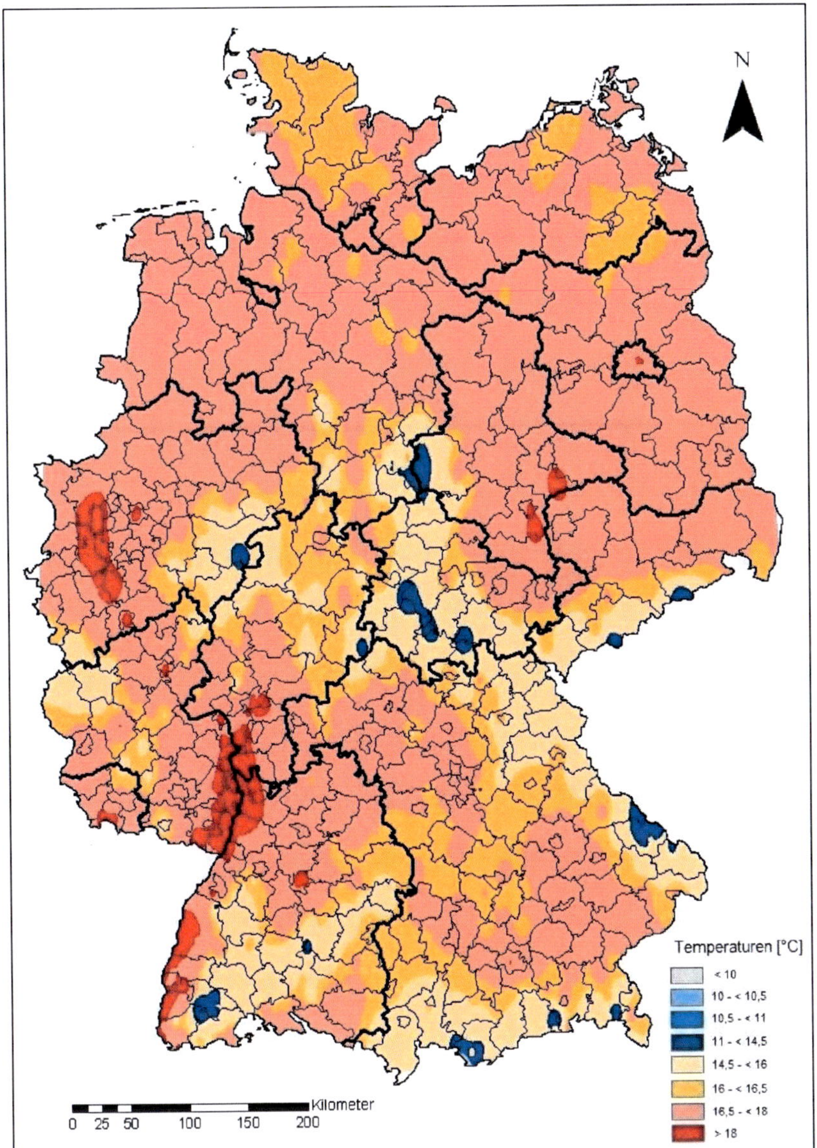

Abbildung 78: Entwicklungsbereiche im September bei minimaler Temperaturänderung des A1B-Szenarios im Zeitraum 2071-2100

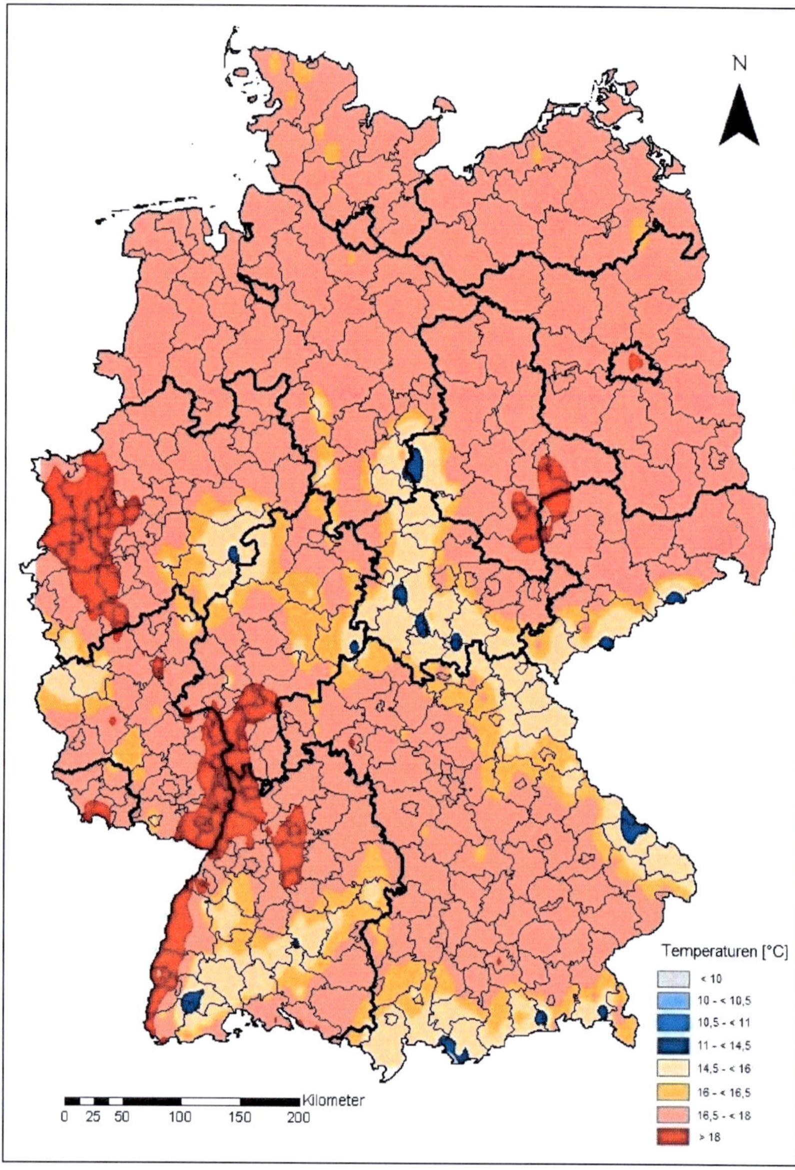

Abbildung 79: Entwicklungsbereiche im September bei maximaler Temperaturänderung des A1B-Szenarios im Zeitraum 2071-2100

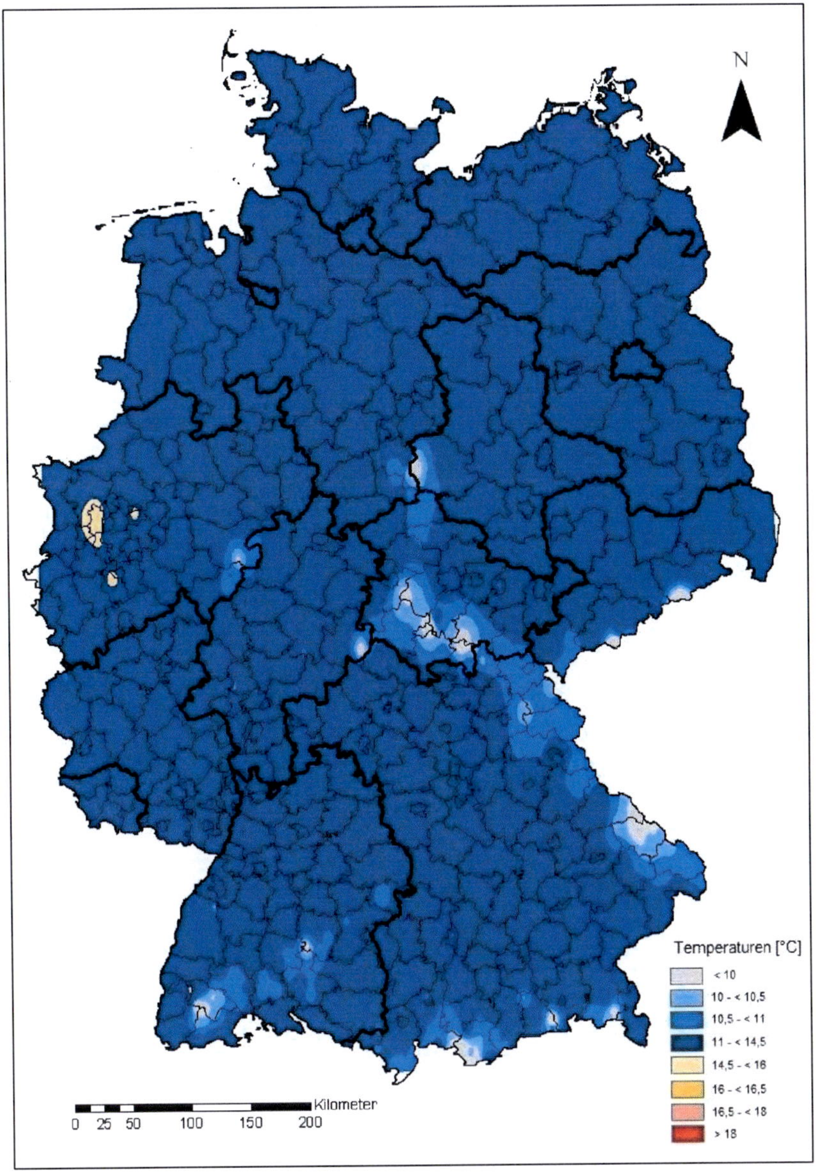

Abbildung 80: Entwicklungsbereiche im Oktober bei minimaler Temperaturänderung des A1B-Szenarios im Zeitraum 2071-2100

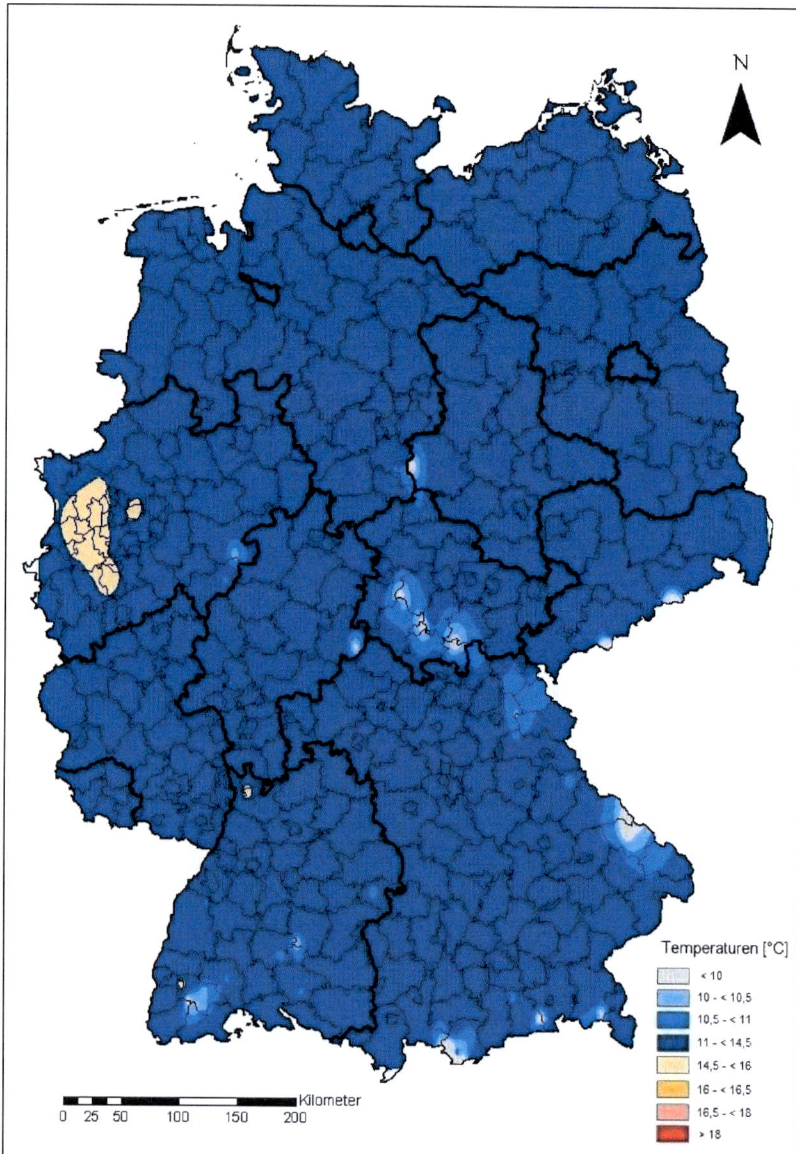

Abbildung 81: Entwicklungsbereiche im Oktober bei maximaler Temperaturänderung des A1B-Szenarios im Zeitraum 2071-2100

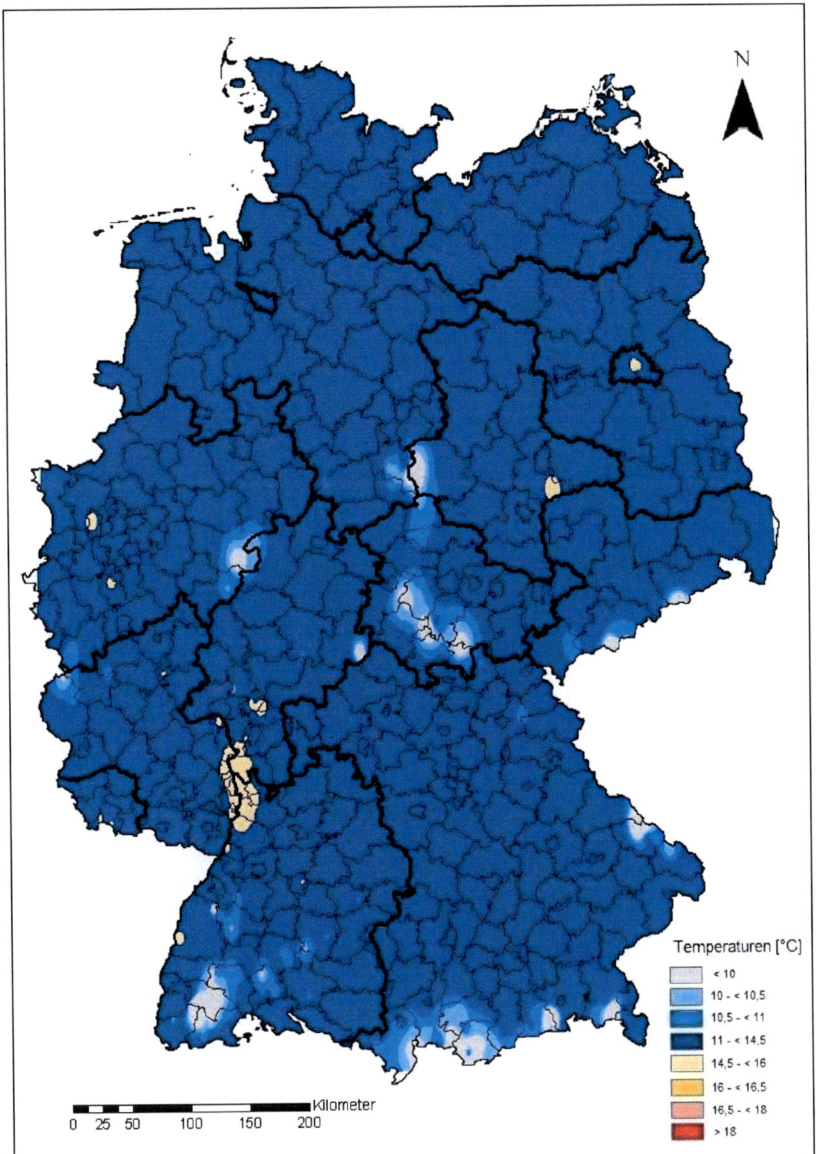

Abbildung 82: Entwicklungsbereiche im Mai bei minimaler Temperaturänderung des A2-Szenarios im Zeitraum 2021-2050

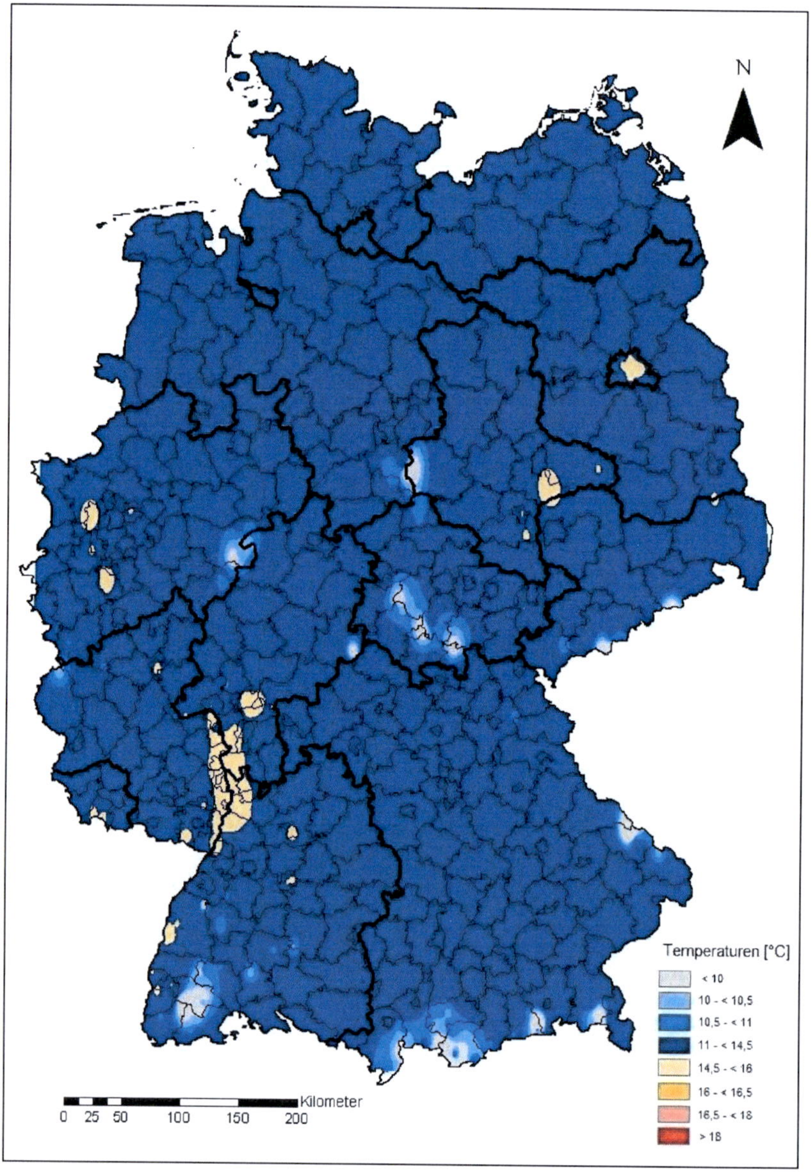

Abbildung 83: Entwicklungsbereiche im Mai bei maximaler Temperaturänderung des A2-Szenarios im Zeitraum 2021-2050

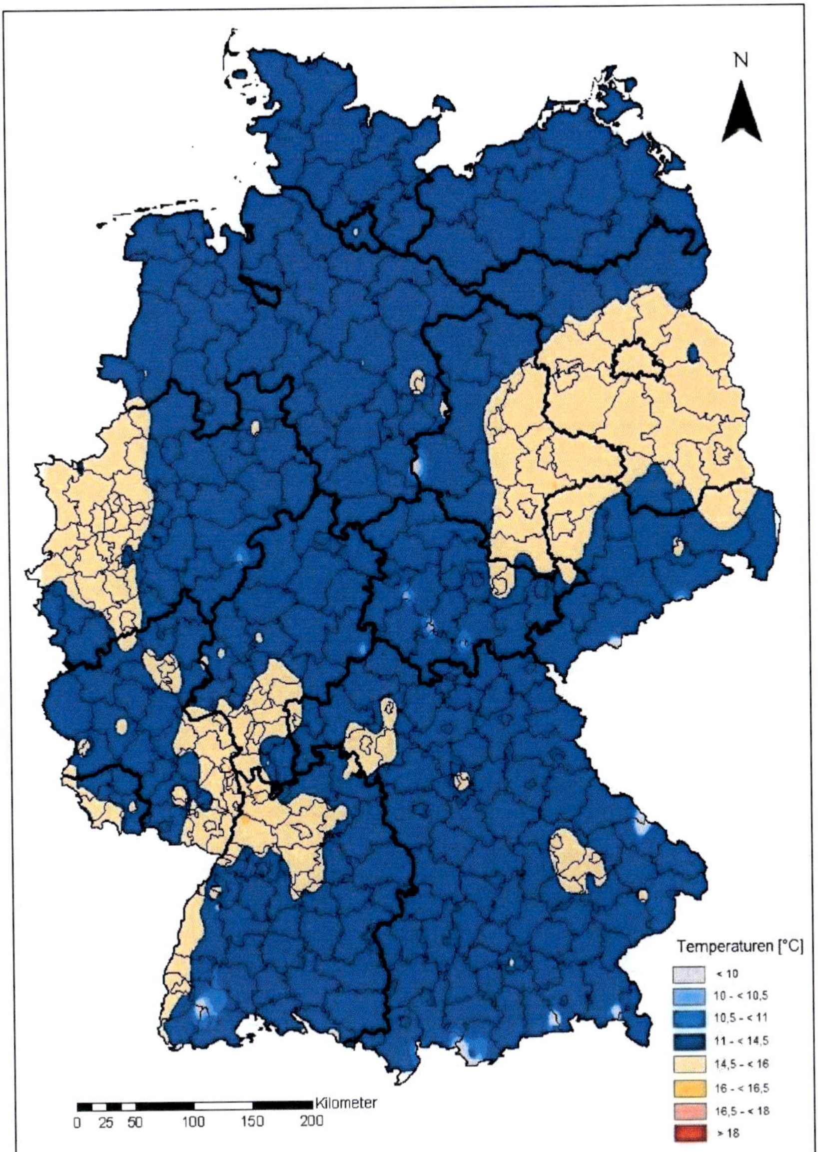

Abbildung 84: Entwicklungsbereiche im Mai bei minimaler Temperaturänderung des A2-Szenarios im Zeitraum 2071-2100

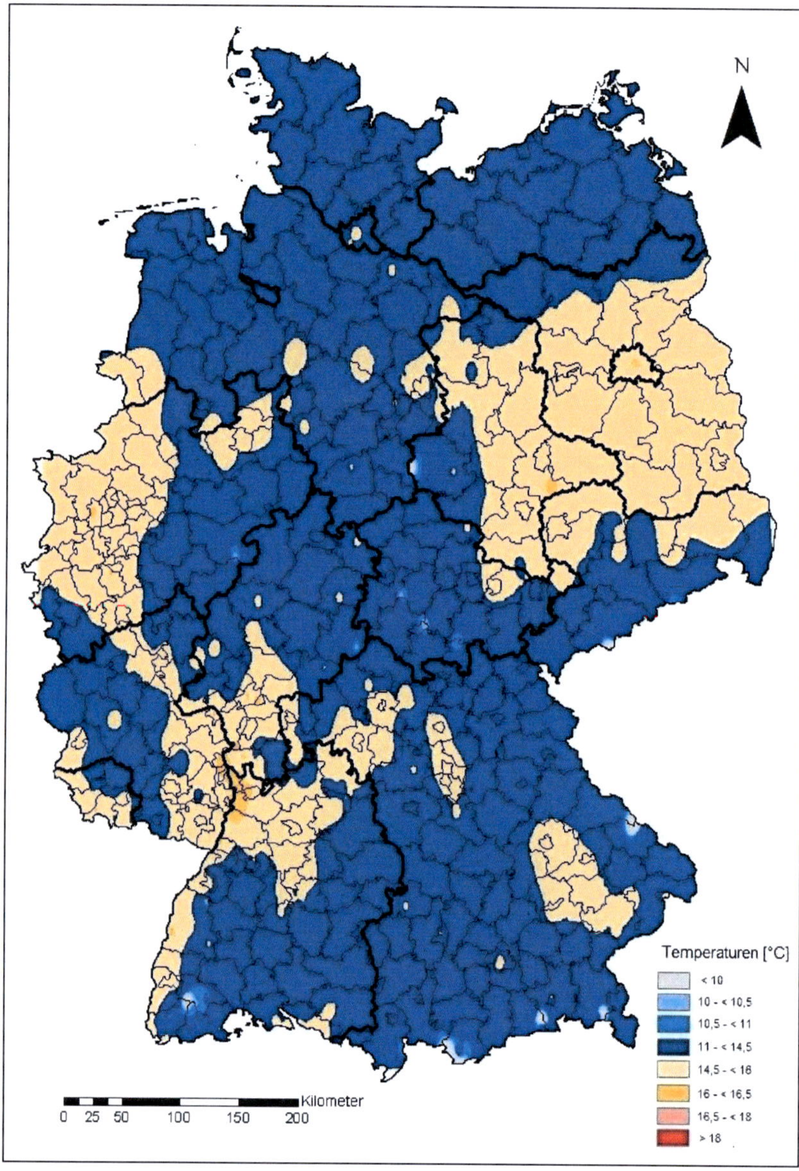

Abbildung 85: Entwicklungsbereiche im Mai bei maximaler Temperaturänderung des A2-Szenarios im Zeitraum 2071-2100

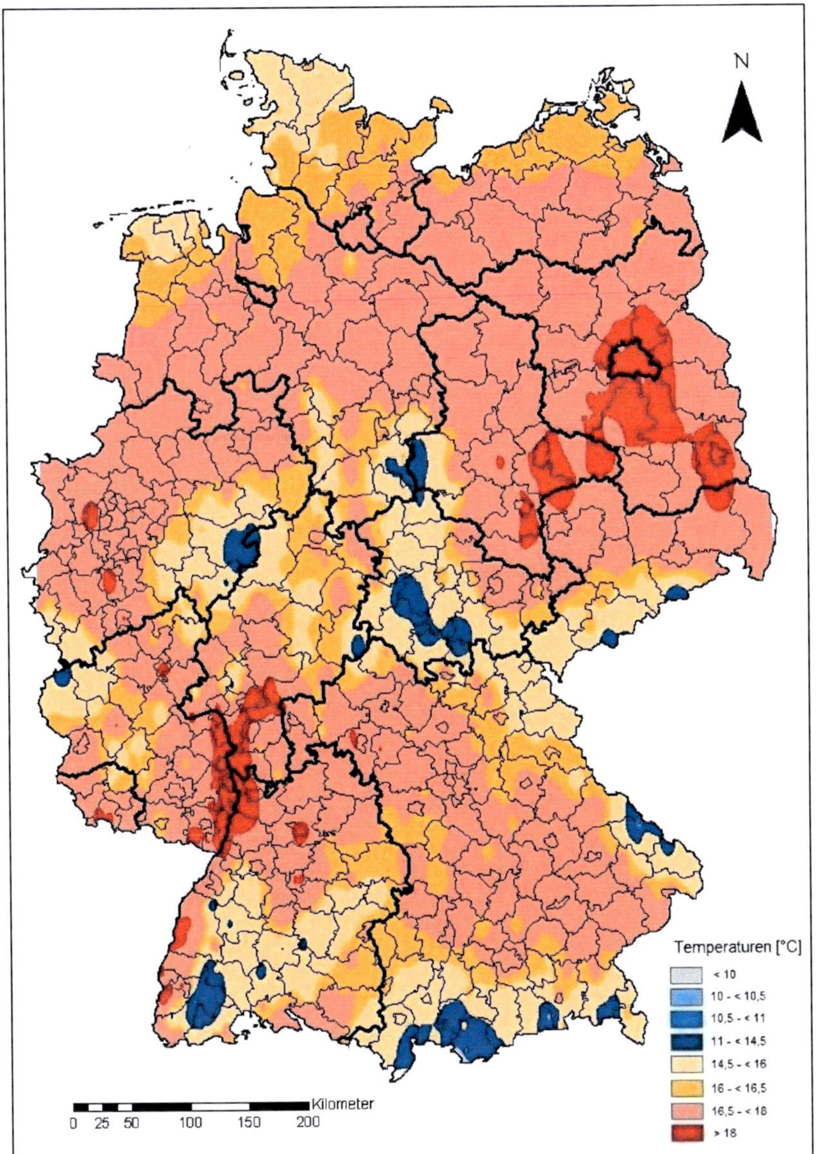

Abbildung 86: Entwicklungsbereiche im Juni bei minimaler Temperaturänderung des A2-Szenarios im Zeitraum 2021-2050

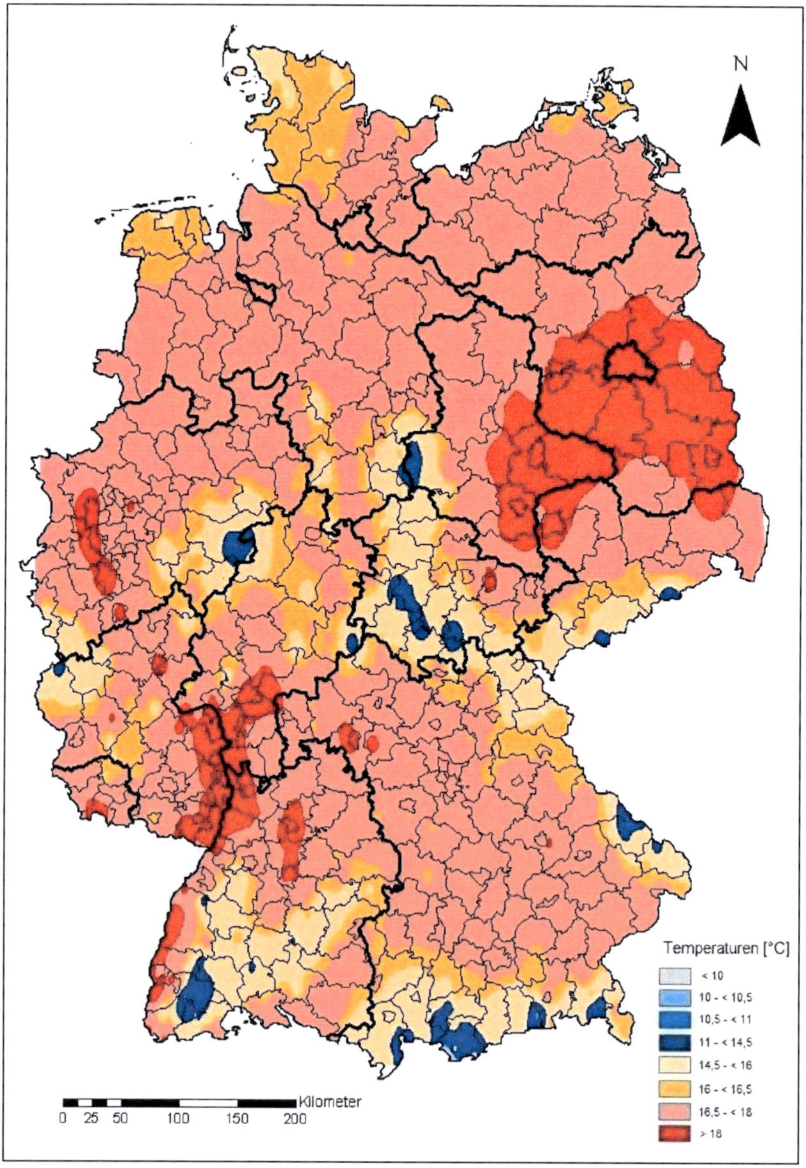

Abbildung 87: Entwicklungsbereiche im Juni bei maximaler Temperaturänderung des A2-Szenarios im Zeitraum 2021-2050

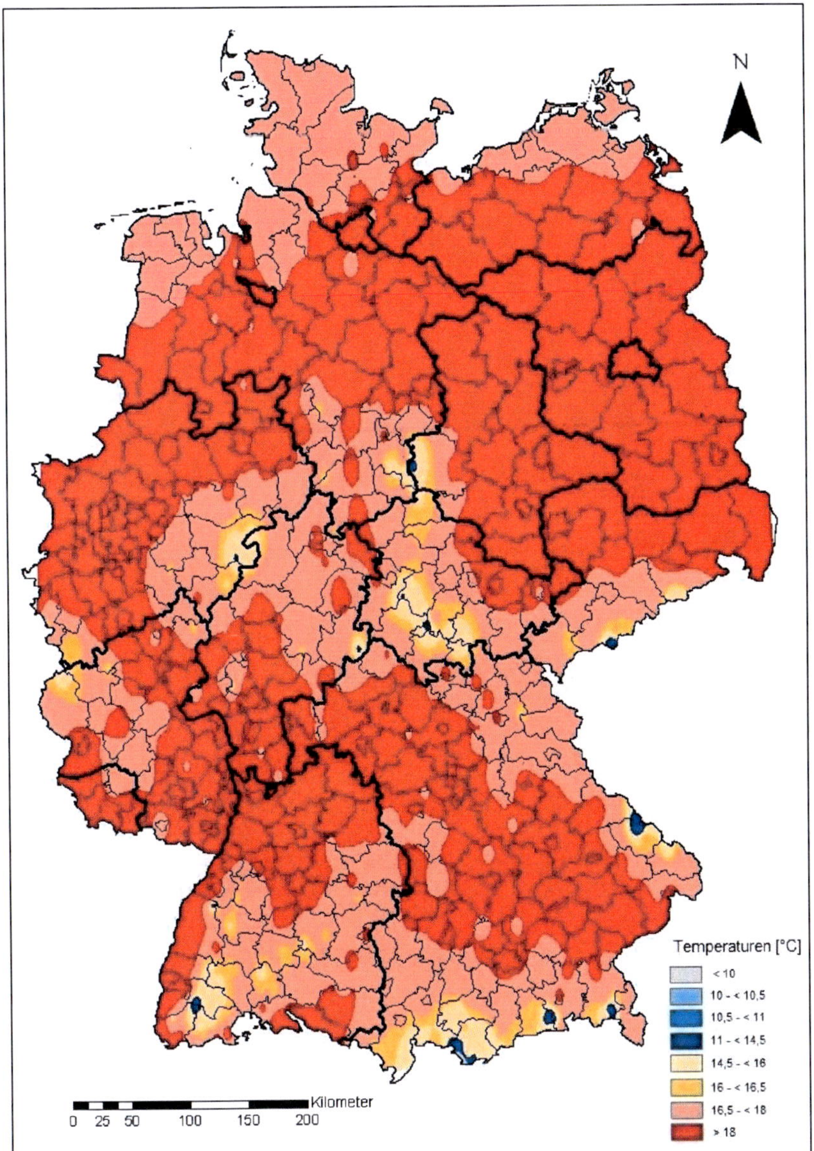

Abbildung 88: Entwicklungsbereiche im Juni bei minimaler Temperaturänderung des A2-Szenarios im Zeitraum 2071-2100

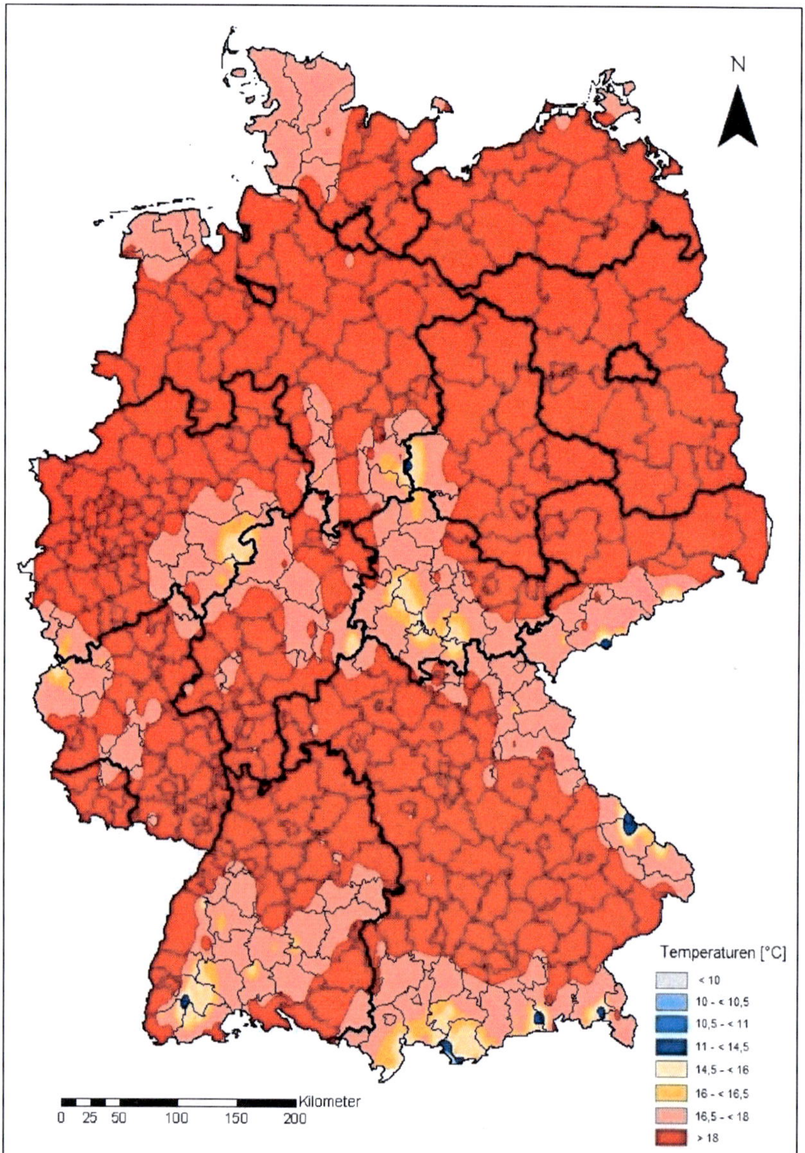

Abbildung 89: Entwicklungsbereiche im Juni bei maximaler Temperaturänderung des A2-Szenarios im Zeitraum 2071-2100

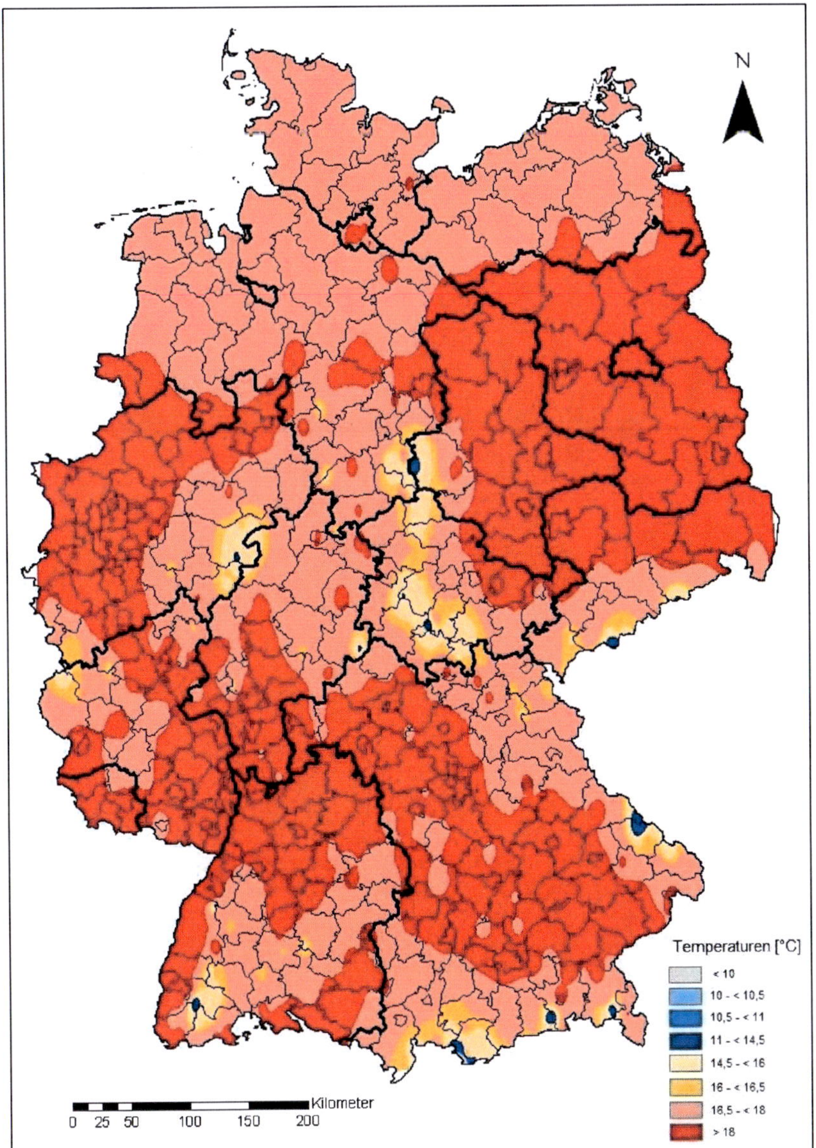

Abbildung 90: Entwicklungsbereiche im Juli bei minimaler Temperaturänderung des A2-Szenarios im Zeitraum 2021-2050

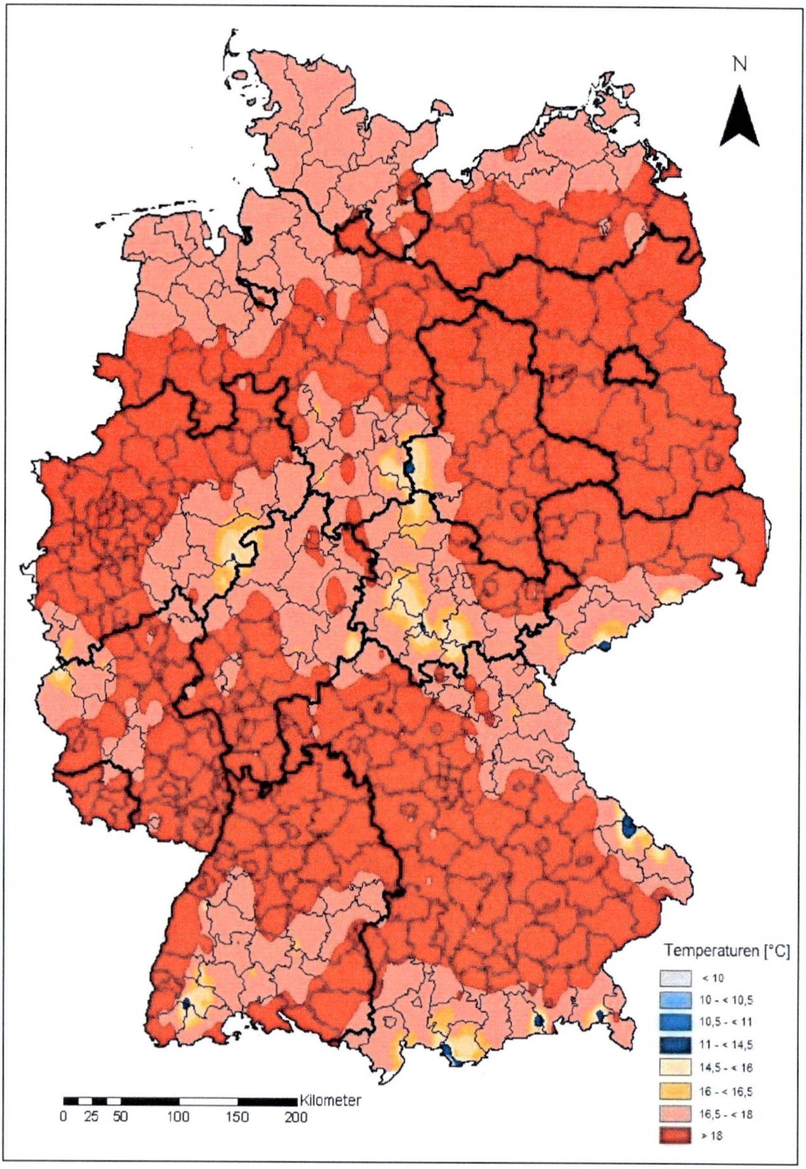

Abbildung 91: Entwicklungsbereiche im Juli bei maximaler Temperaturänderung des A2-Szenarios im Zeitraum 2021-2050

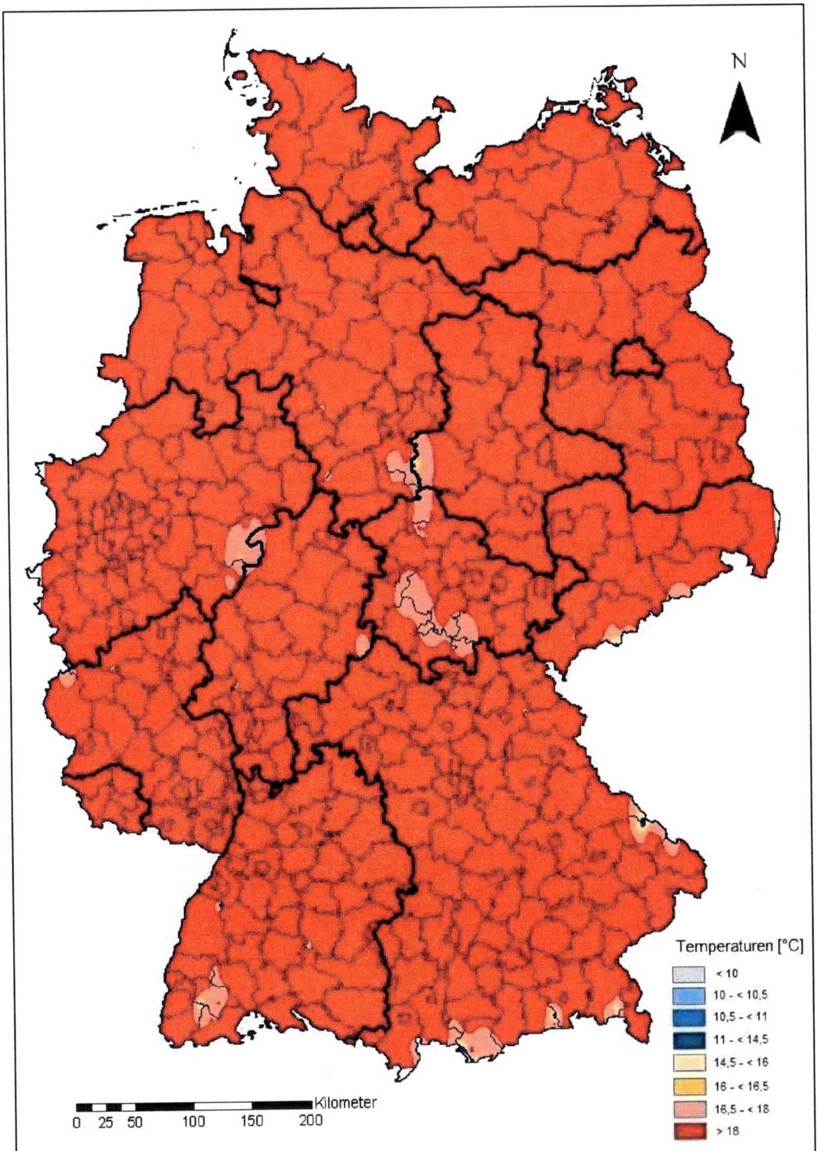

Abbildung 92: Entwicklungsbereiche im Juli bei minimaler Temperaturänderung des A2-Szenarios im Zeitraum 2071-2100

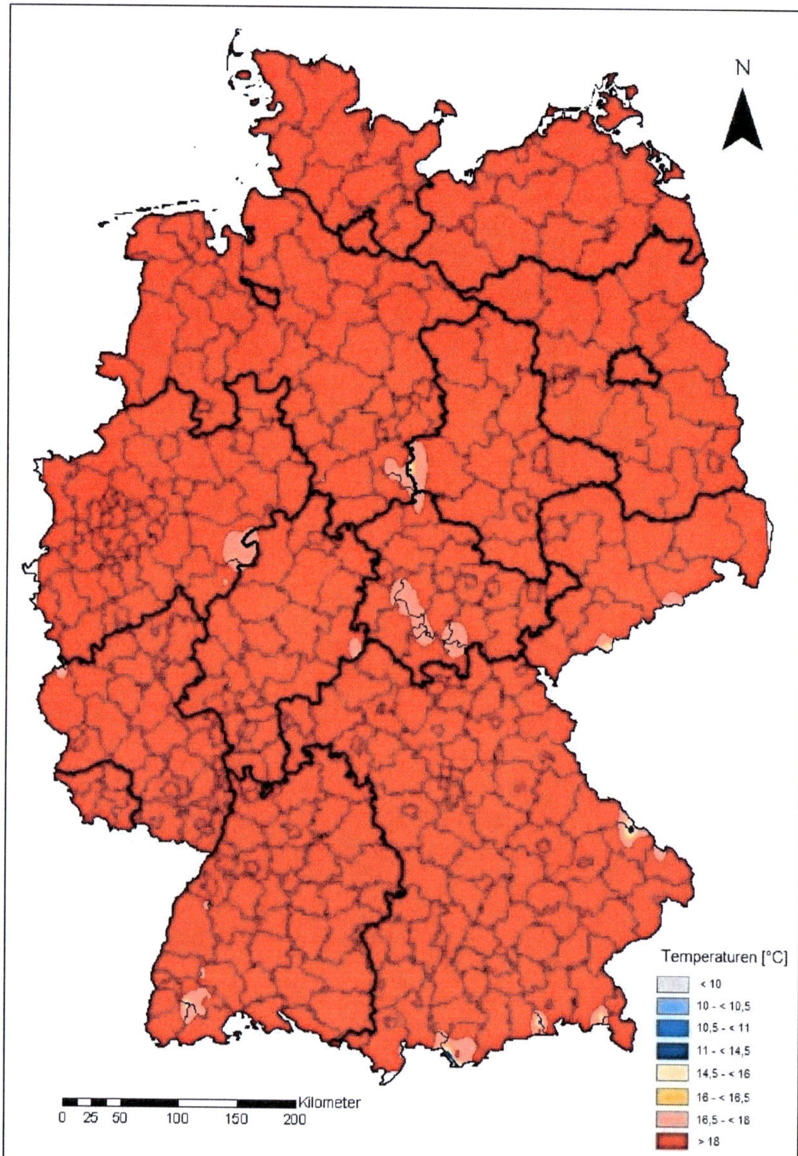

Abbildung 93: Entwicklungsbereiche im Juli bei maximaler Temperaturänderung des A2-Szenarios im Zeitraum 2071-2100

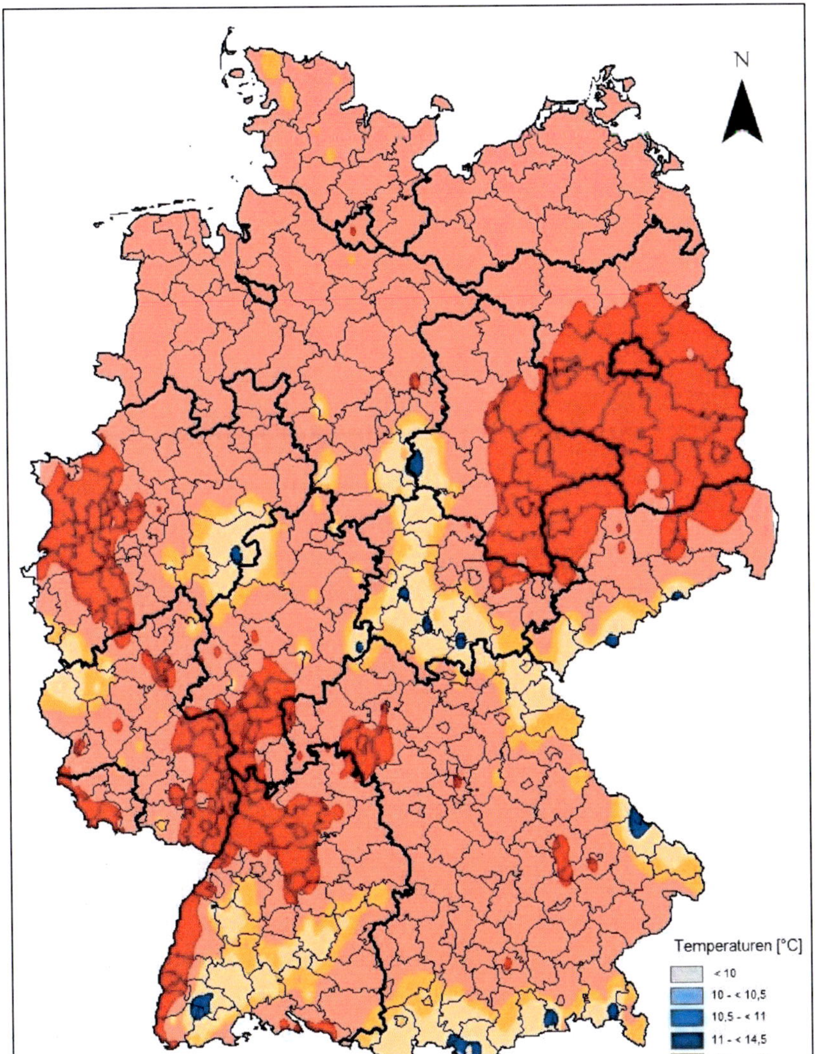

Abbildung 94: Entwicklungsbereiche im August bei minimaler Temperaturänderung des A2-Szenarios im Zeitraum 2021-2050

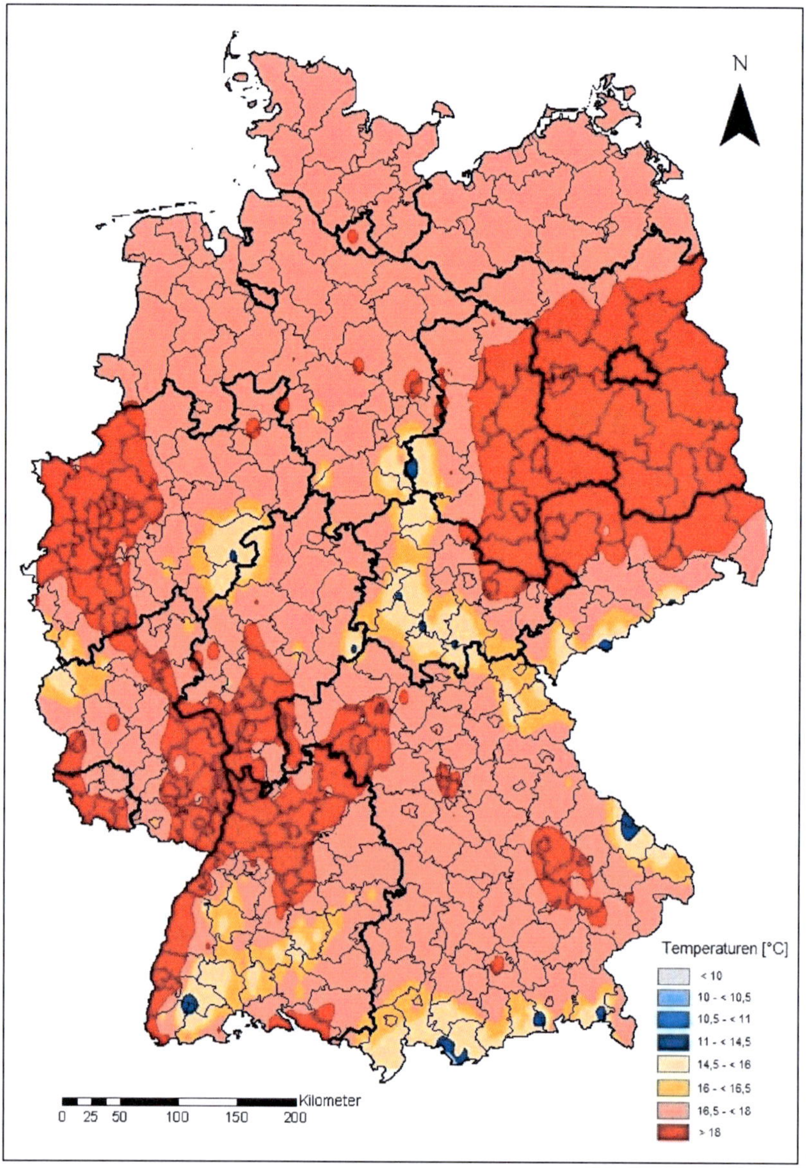

Abbildung 95: Entwicklungsbereiche im August bei maximaler Temperaturänderung des A2-Szenarios im Zeitraum 2021-2050

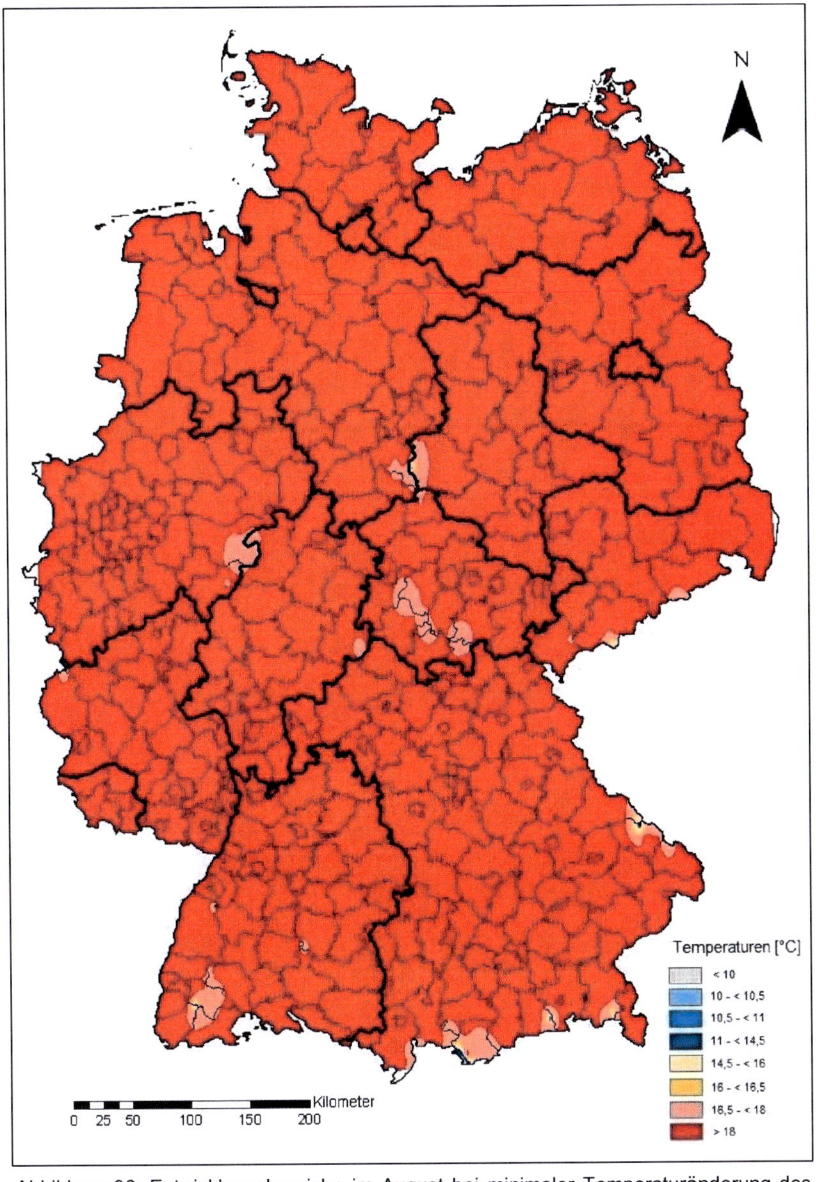

Abbildung 96: Entwicklungsbereiche im August bei minimaler Temperaturänderung des A2-Szenarios im Zeitraum 2071-2100

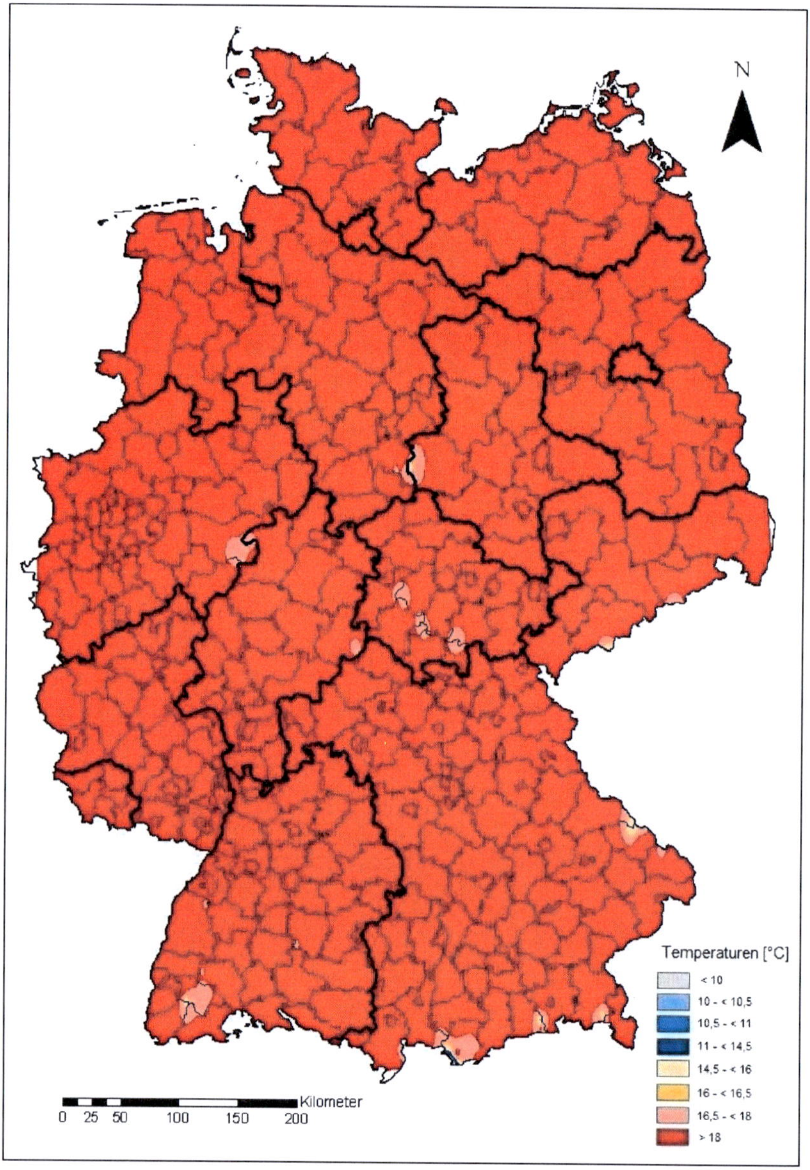

Abbildung 97: Entwicklungsbereiche im August bei maximaler Temperaturänderung des A2-Szenarios im Zeitraum 2071-2100

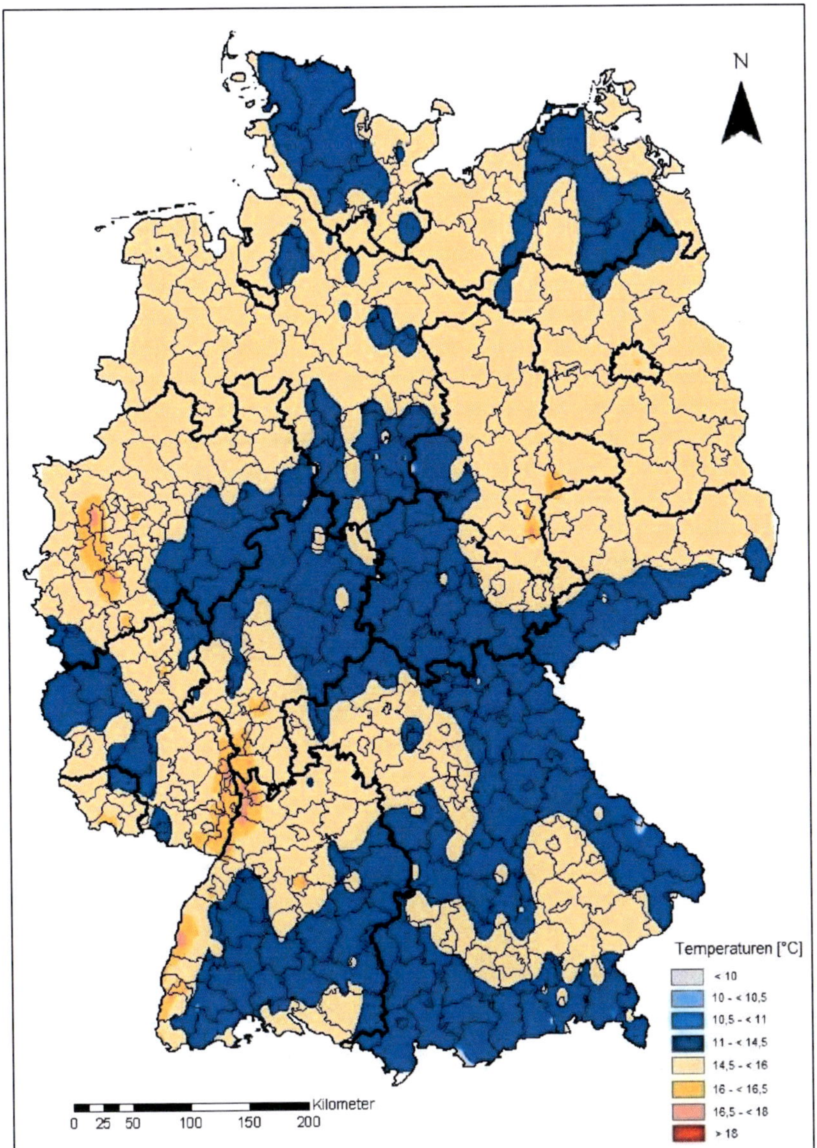

Abbildung 98: Entwicklungsbereiche im September bei minimaler Temperaturänderung des A2-Szenarios im Zeitraum 2021-2050

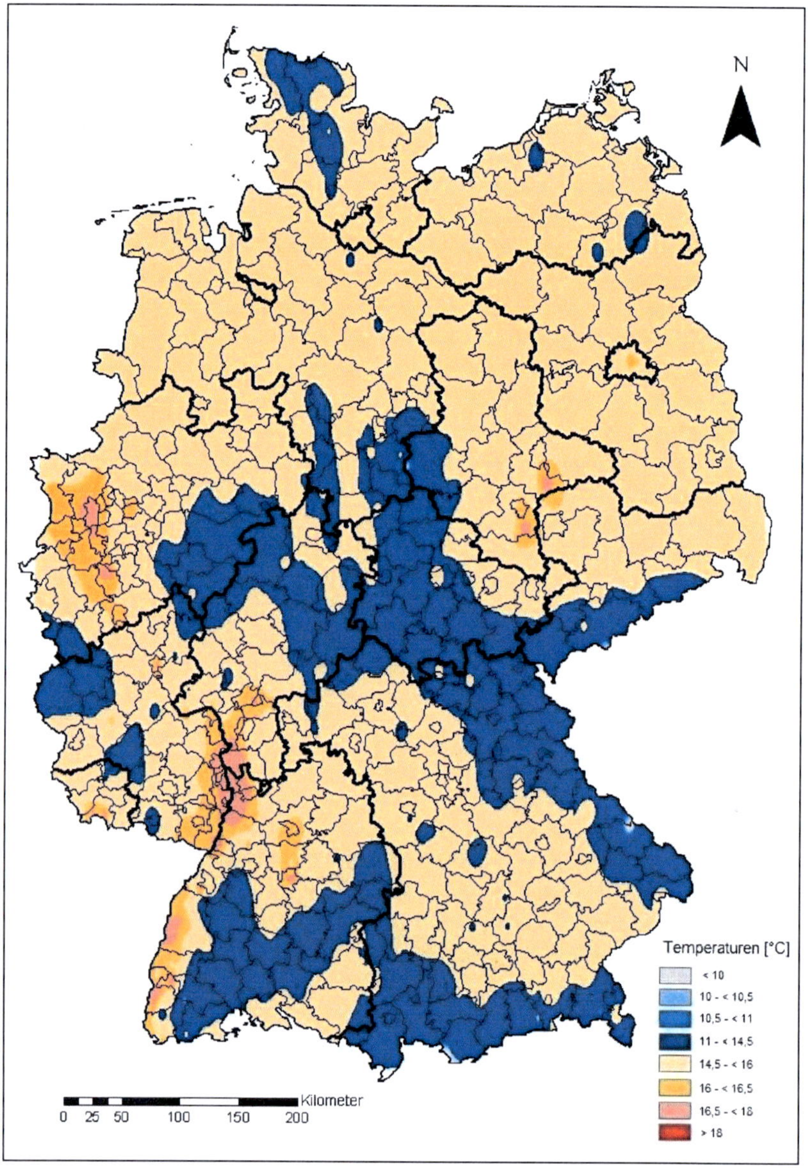

Abbildung 99: Entwicklungsbereiche im September bei maximaler Temperaturänderung des A2-Szenarios im Zeitraum 2021-2050

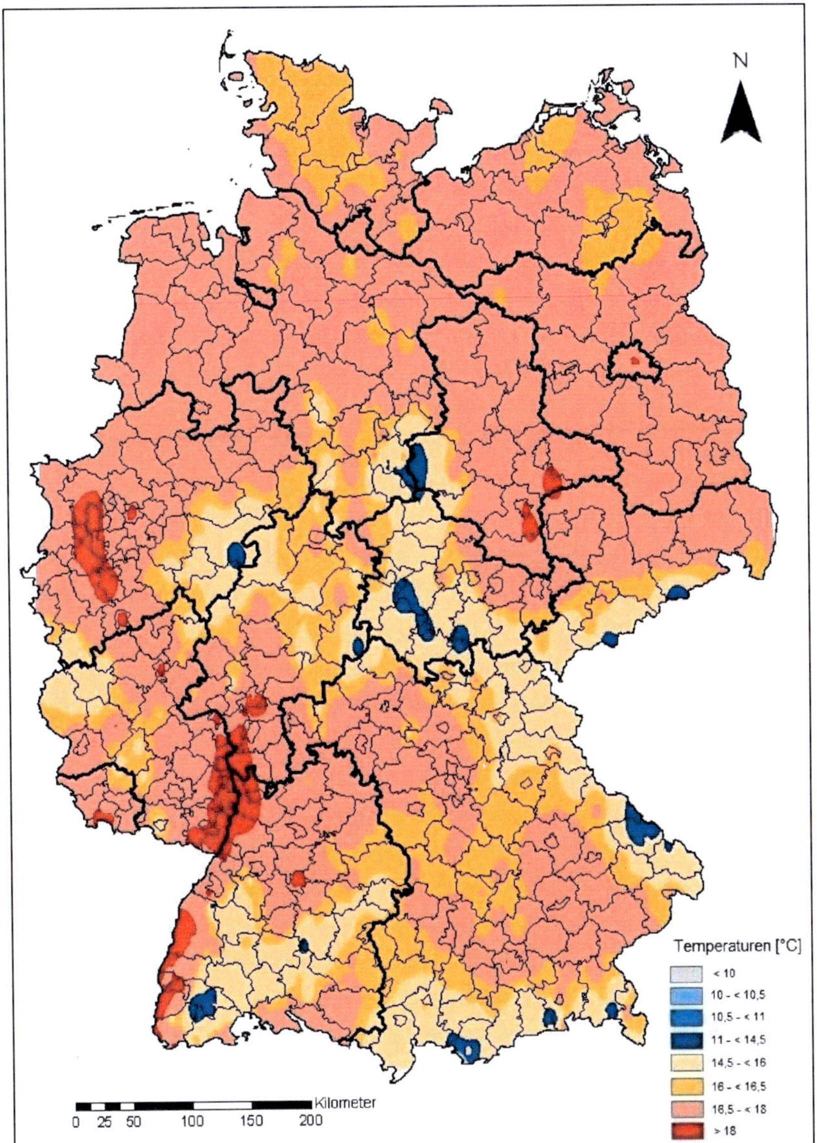

Abbildung 100: Entwicklungsbereiche im September bei minimaler Temperaturänderung des A2-Szenarios im Zeitraum 2071-2100

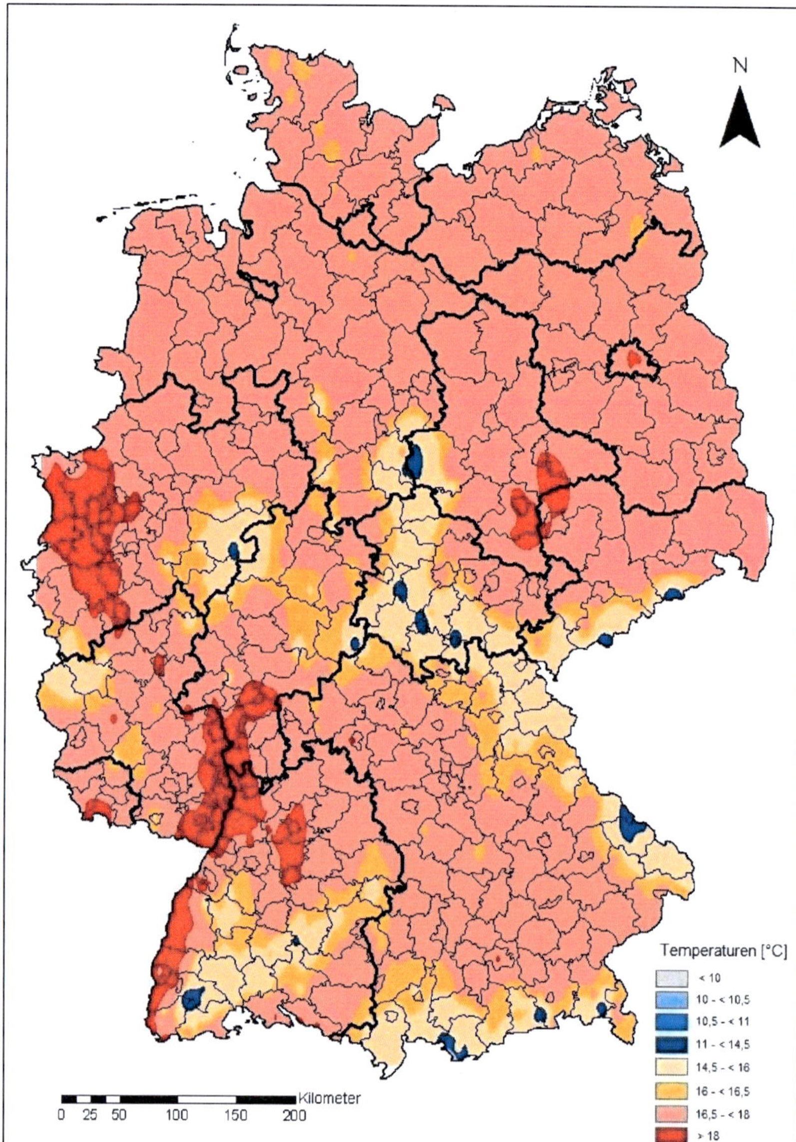

Abbildung 101: Entwicklungsbereiche im September bei maximaler Temperaturänderung des A2-Szenarios im Zeitraum 2071-2100

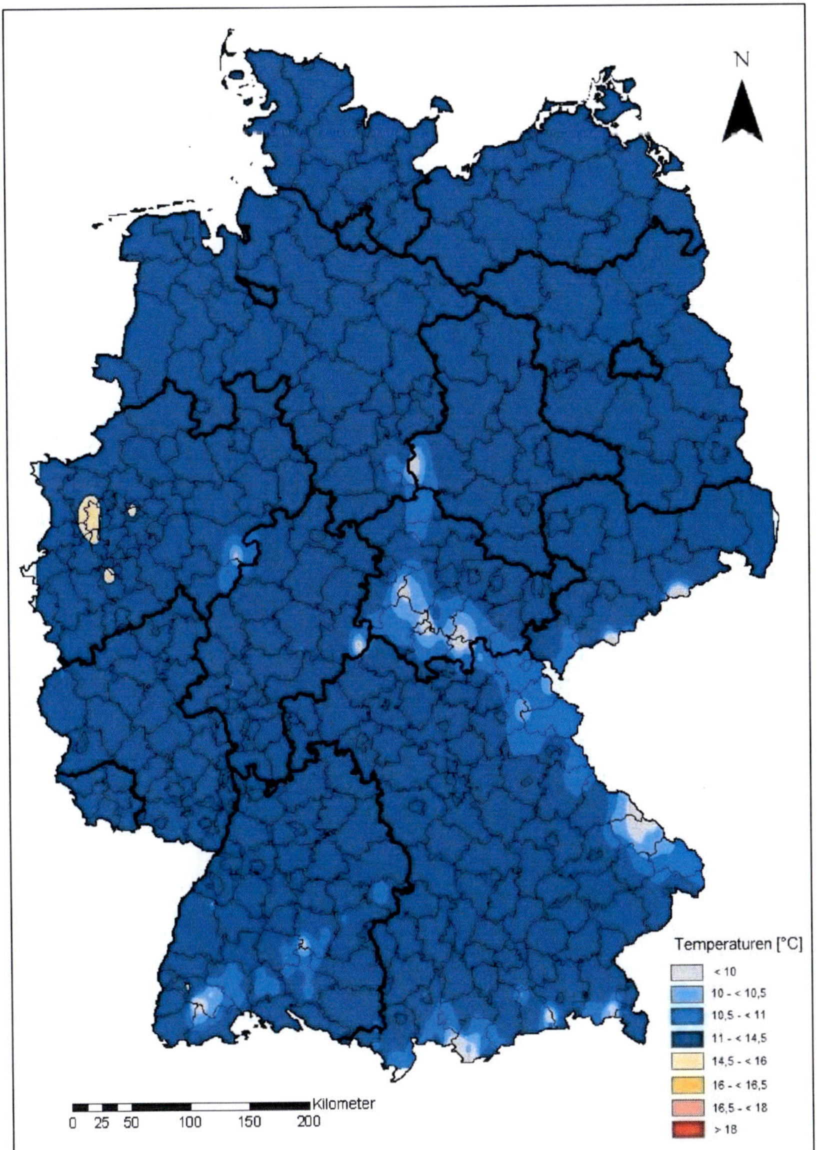

Abbildung 102: Entwicklungsbereiche im Oktober bei minimaler Temperaturänderung des A2-Szenarios im Zeitraum 2071-2100

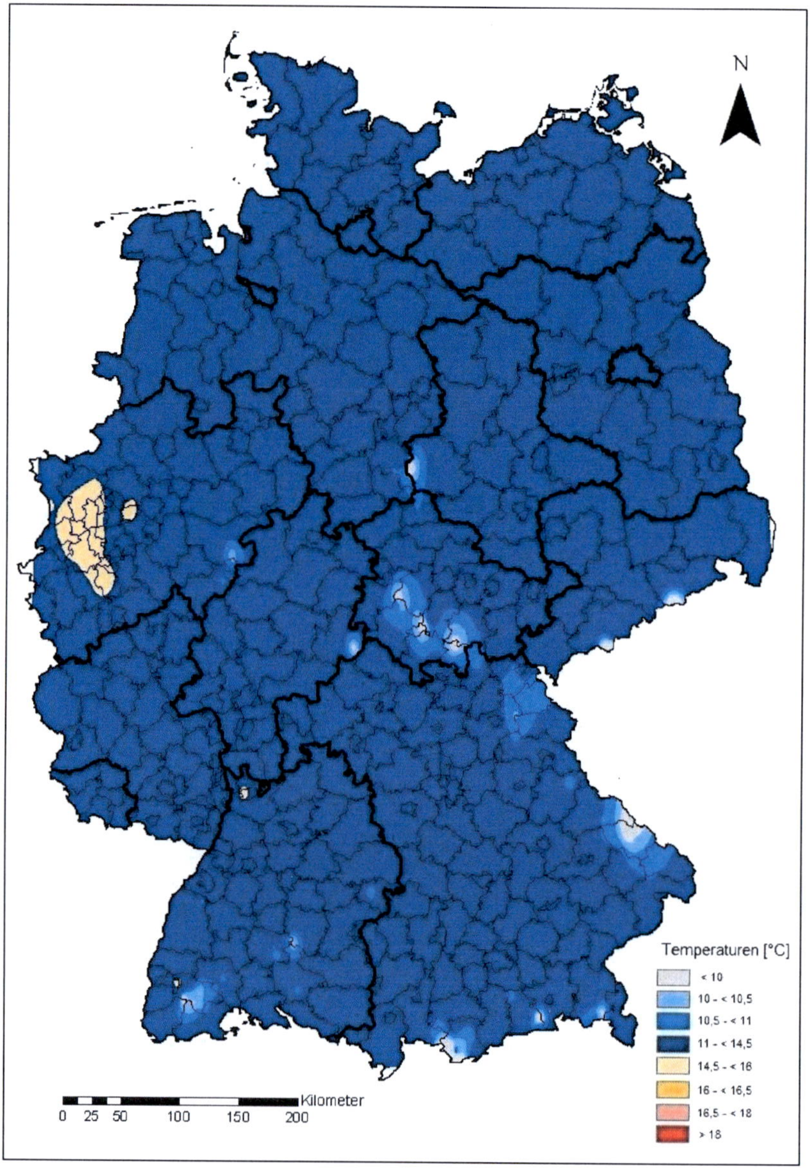

Abbildung 103: Entwicklungsbereiche im Oktober bei maximaler Temperaturänderung des A2-Szenarios im Zeitraum 2071-2100

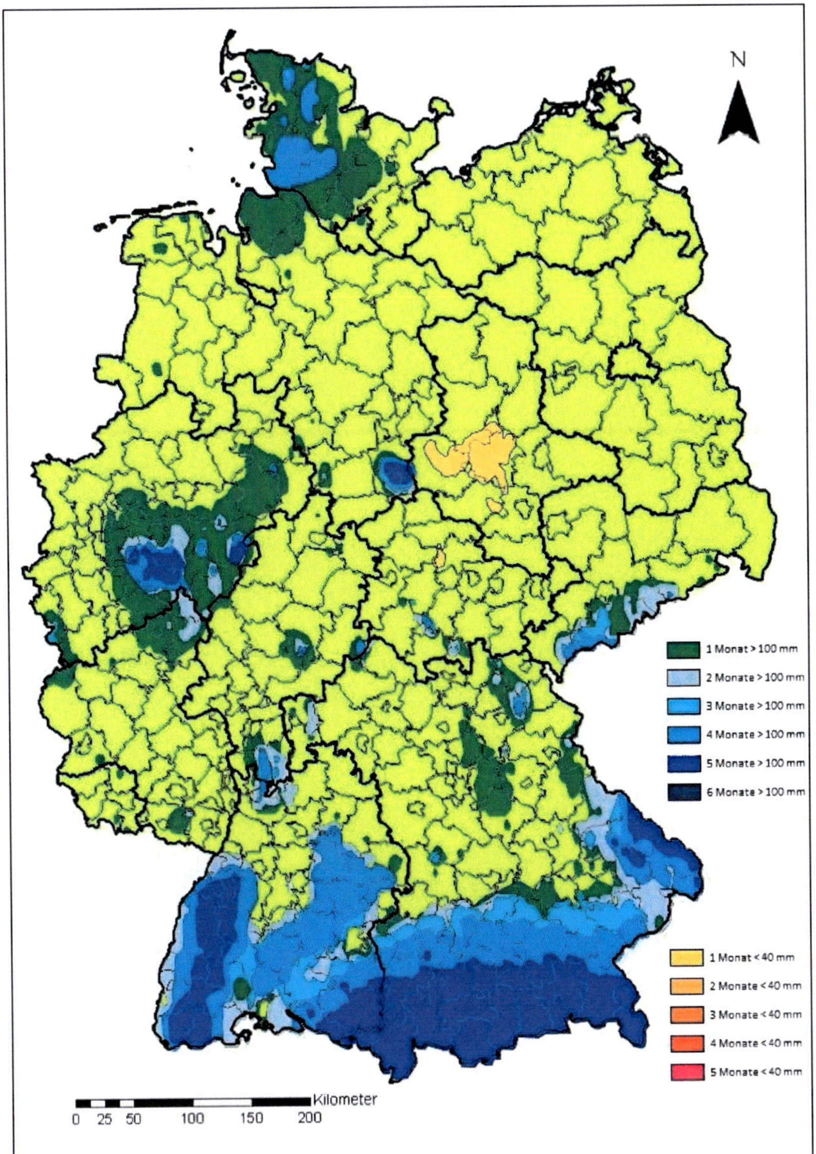

Abbildung 104: Niederschlagskarte des B1-Szenarios im Zeitraum 2021-2050 bei minimaler Niederschlagsänderung

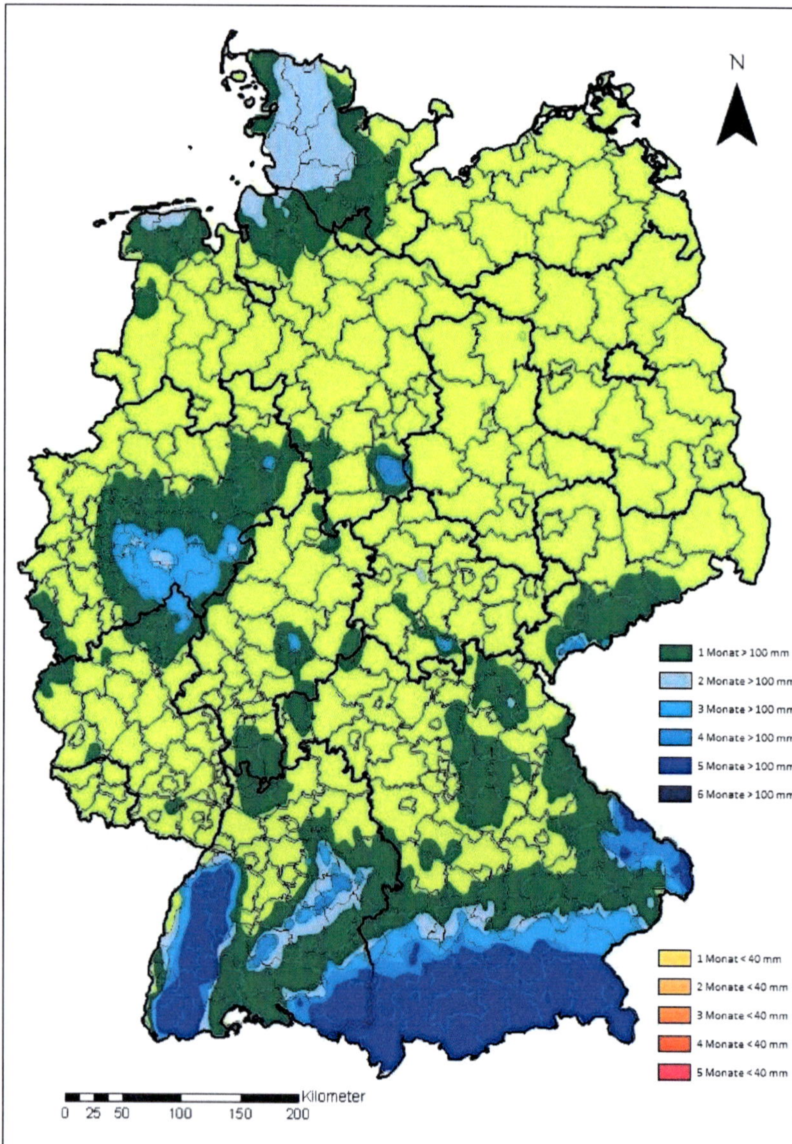

Abbildung 105: Niederschlagskarte des B1-Szenarios im Zeitraum 2021-2050 bei maximaler Niederschlagsänderung

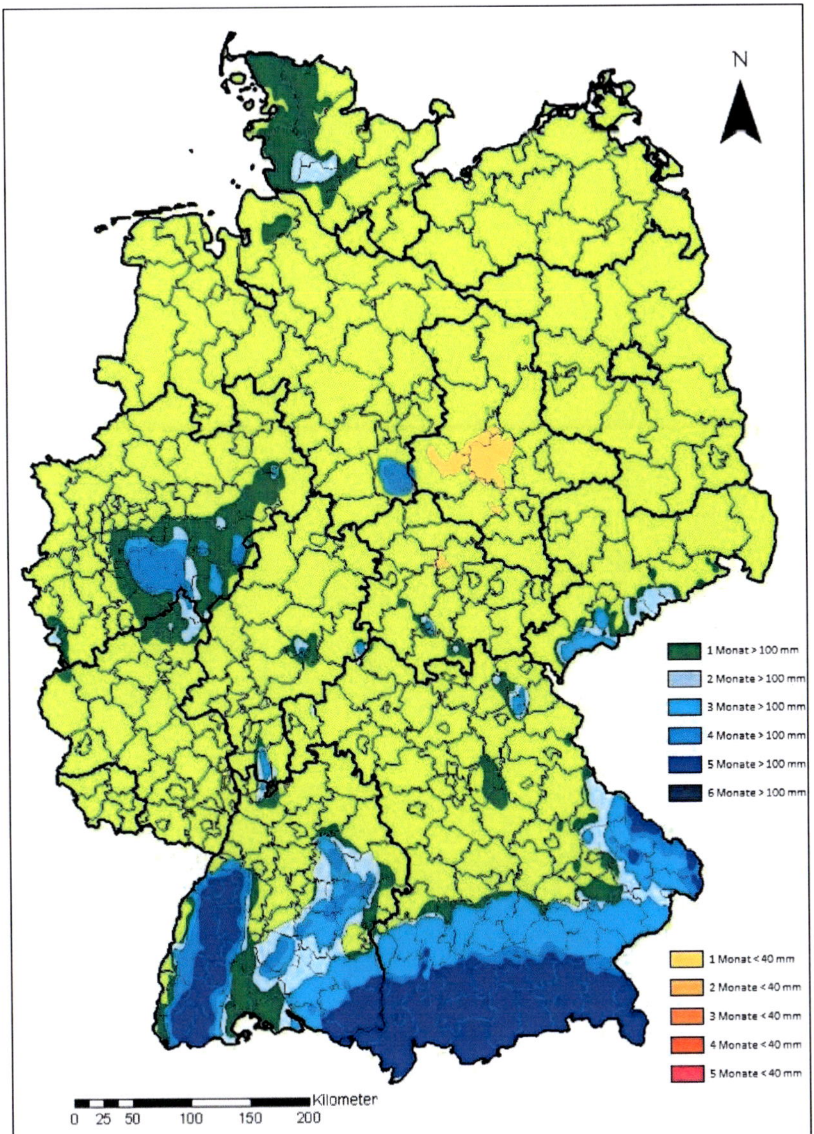

Abbildung 106: Niederschlagskarte des A1B-Szenarios im Zeitraum 2021-2050 bei minimaler Niederschlagsänderung

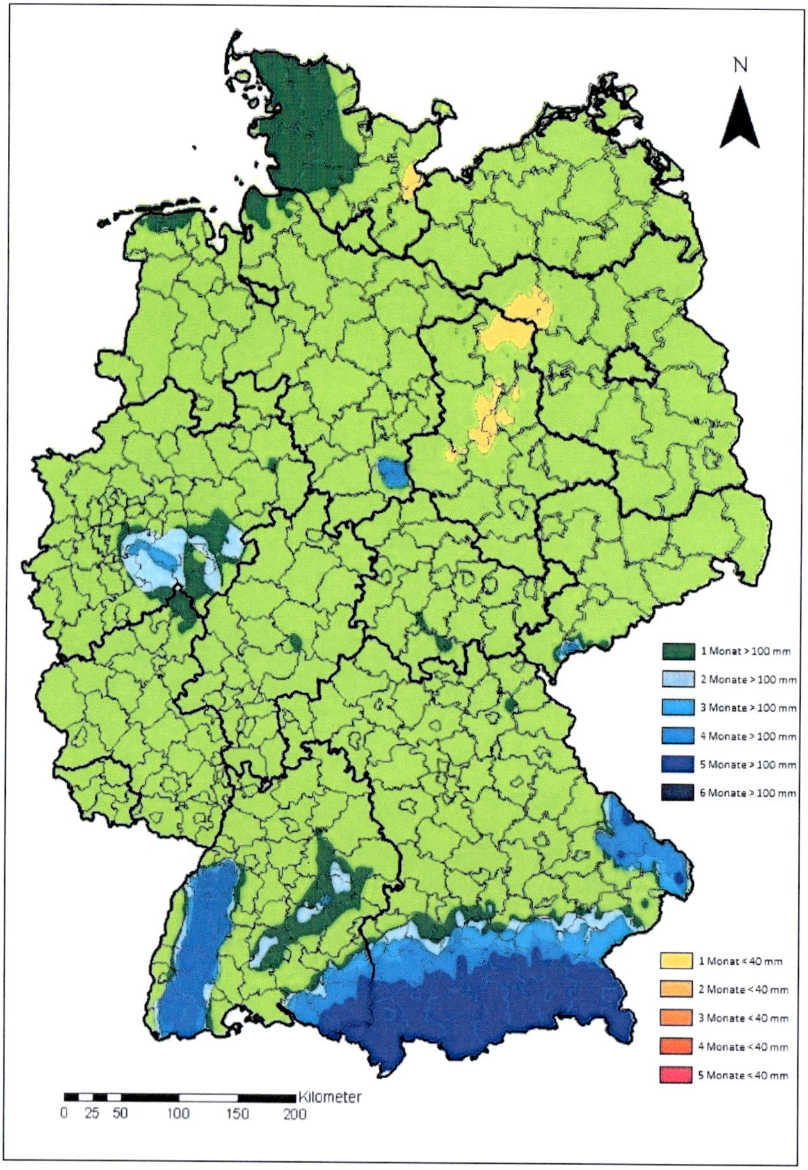

Abbildung 107: Niederschlagskarte des A1B-Szenarios im Zeitraum 2021-2050 bei maximaler Niederschlagsänderung

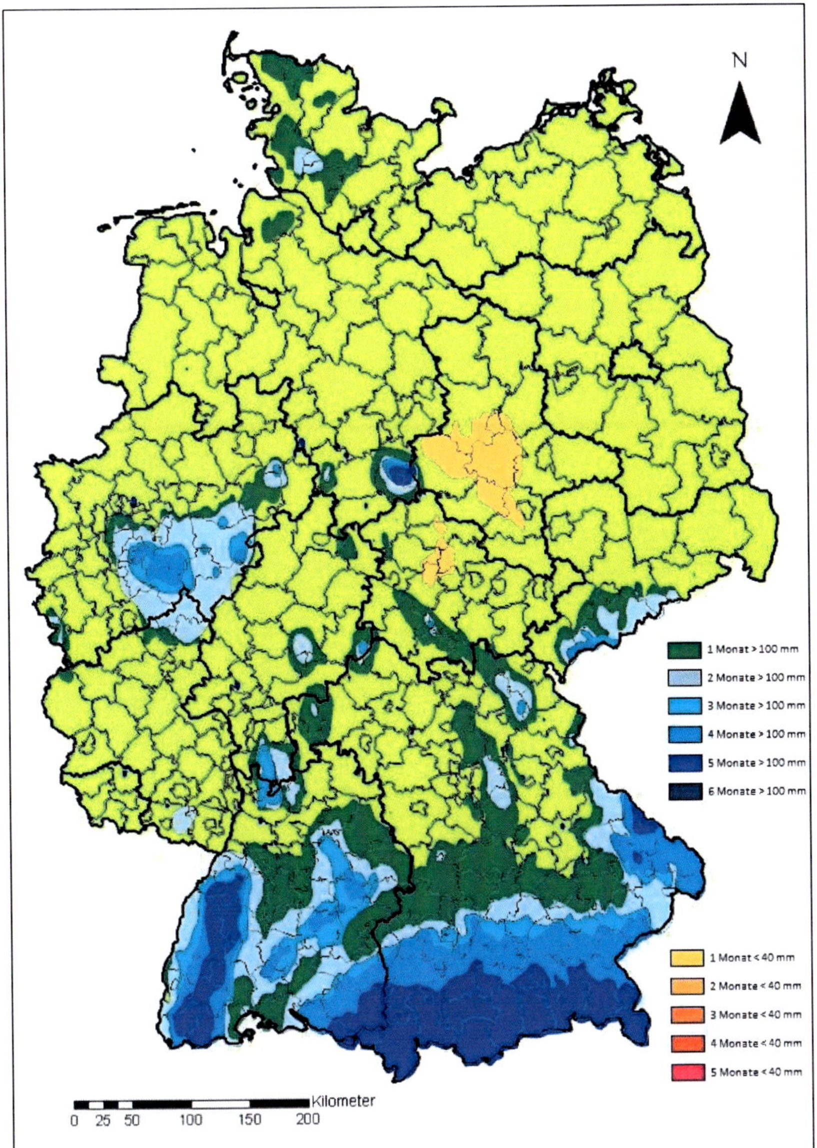

Abbildung 108: Niederschlagskarte des A2-Szenarios im Zeitraum 2021-2050 bei minimaler Niederschlagsänderung

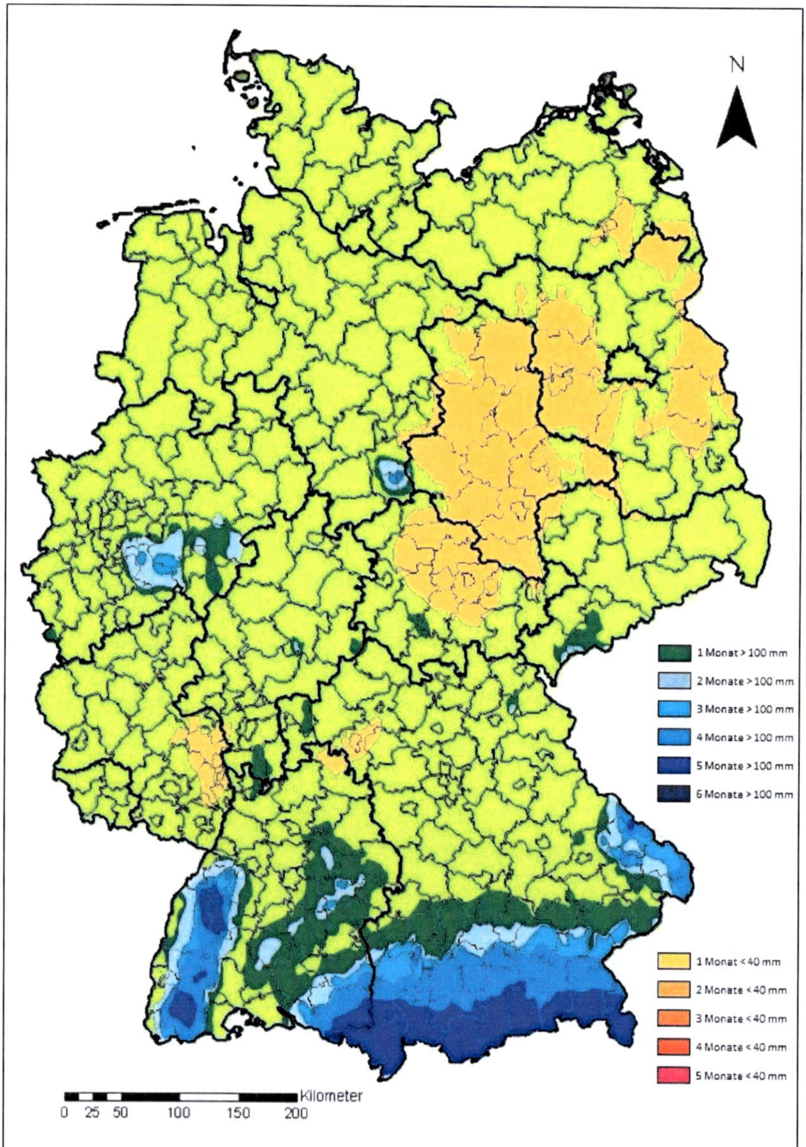

Abbildung 109: Niederschlagskarte des A2-Szenarios im Zeitraum 2021-2050 bei maximaler Niederschlagsänderung

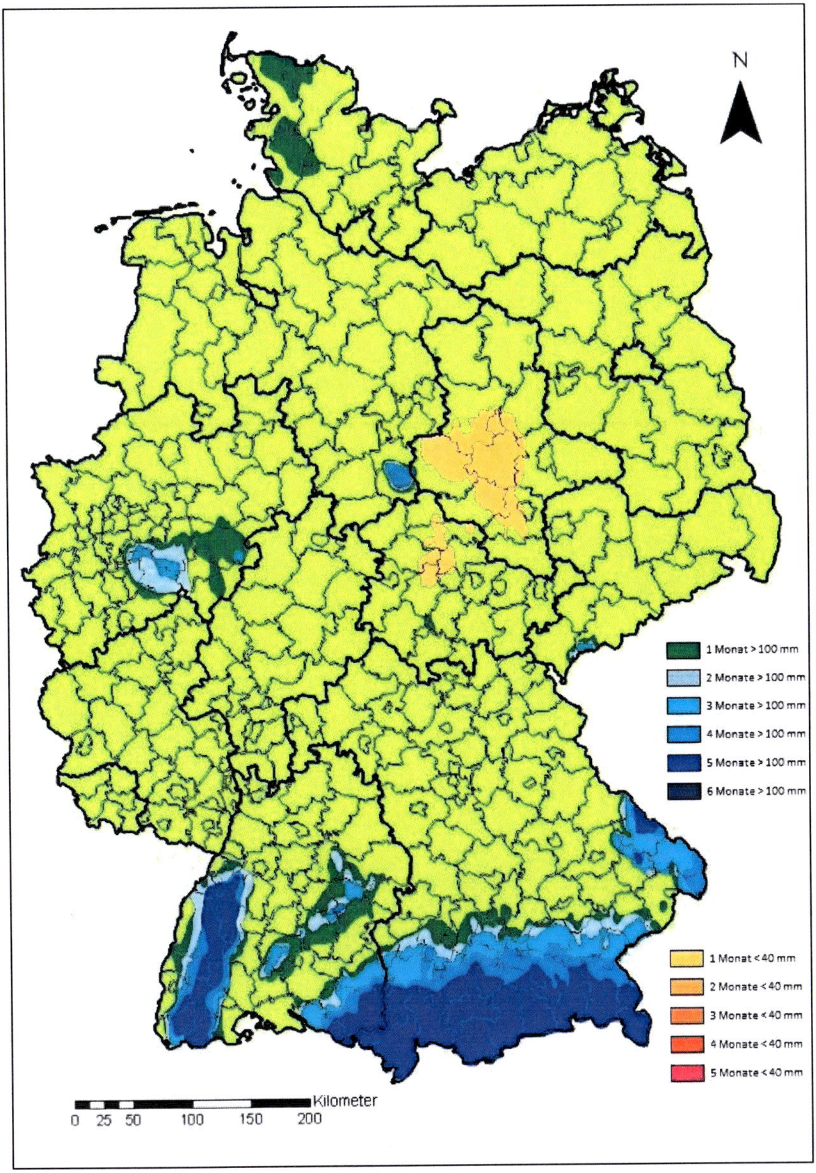

Abbildung 110: Niederschlagskarte des B1-Szenarios im Zeitraum 2071-2100 bei minimaler Niederschlagsänderung

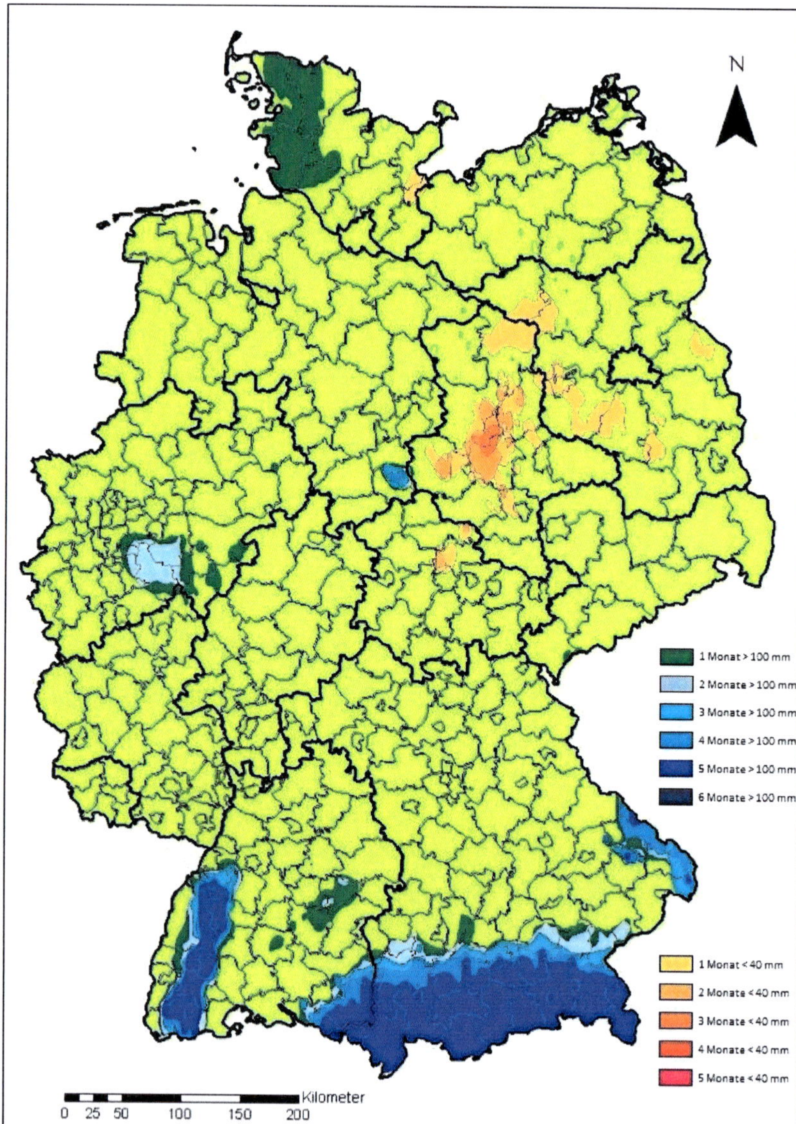

Abbildung 111: Niederschlagskarte des B1-Szenarios im Zeitraum 2071-2100 bei maximaler Niederschlagsänderung

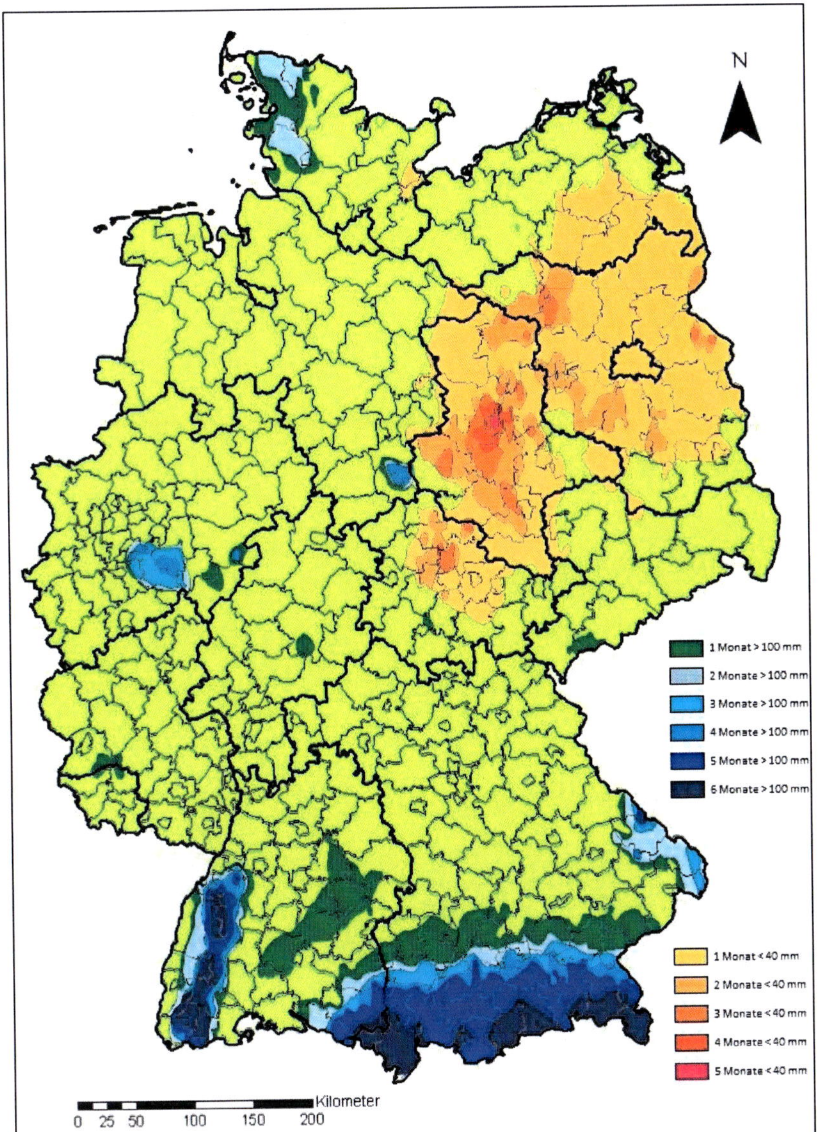

Abbildung 112: Niederschlagskarte des A1B-Szenarios im Zeitraum 2071-2100 bei minimaler Niederschlagsänderung

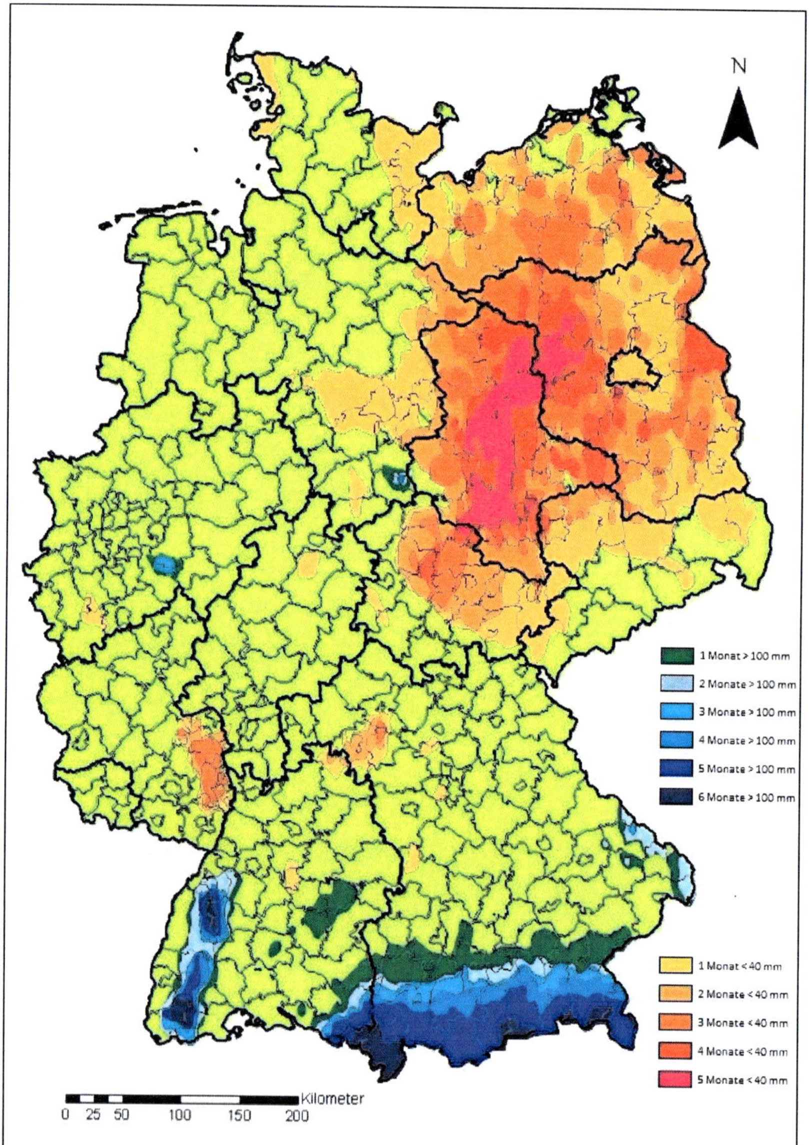

Abbildung 113: Niederschlagskarte des A1B-Szenarios im Zeitraum 2071-2100 bei maximaler Niederschlagsänderung

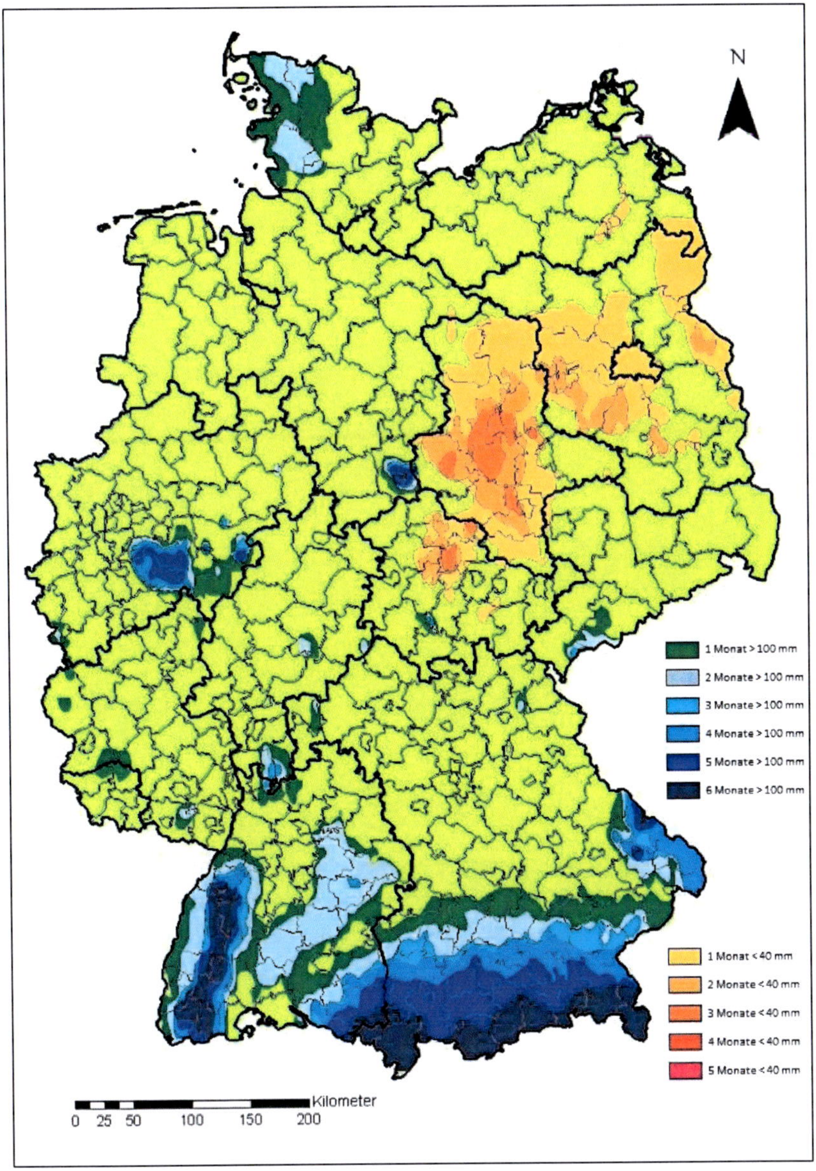

Abbildung 114: Niederschlagskarte des A2-Szenarios im Zeitraum 2071-2100 bei minimaler Niederschlagsänderung

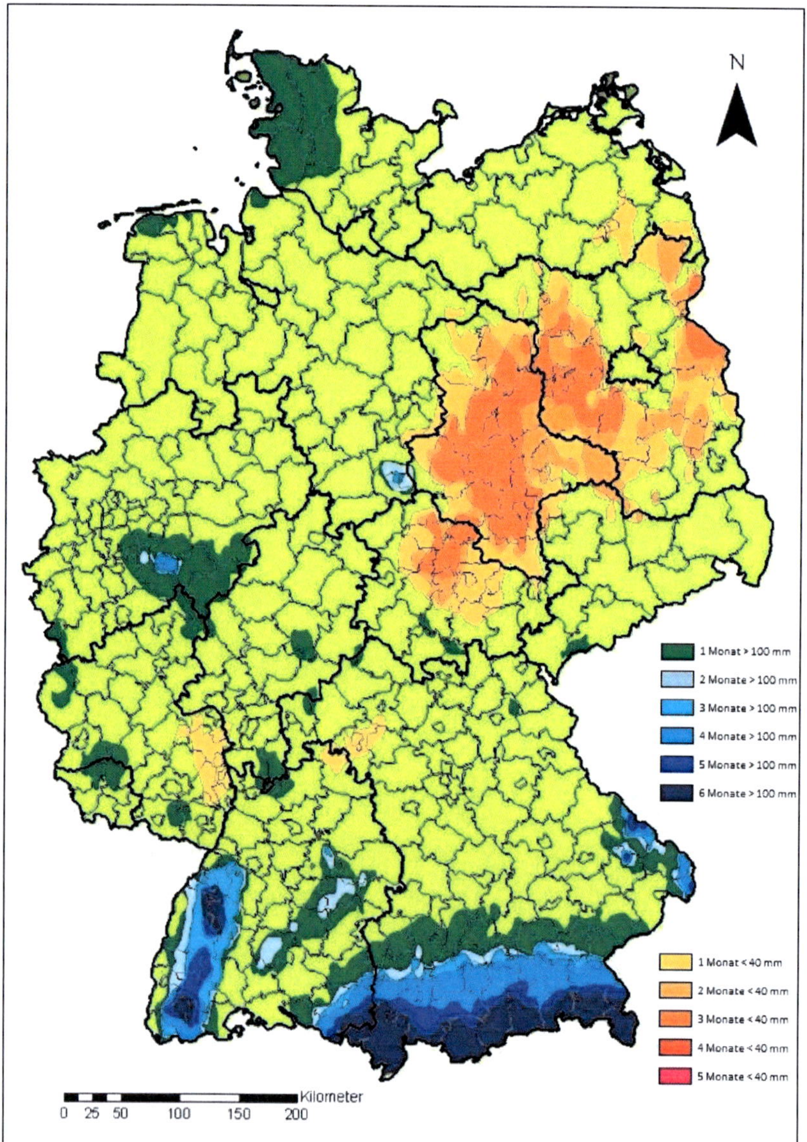

Abbildung 115: Niederschlagskarte des A2-Szenarios im Zeitraum 2071-2100 bei maximaler Niederschlagsänderung

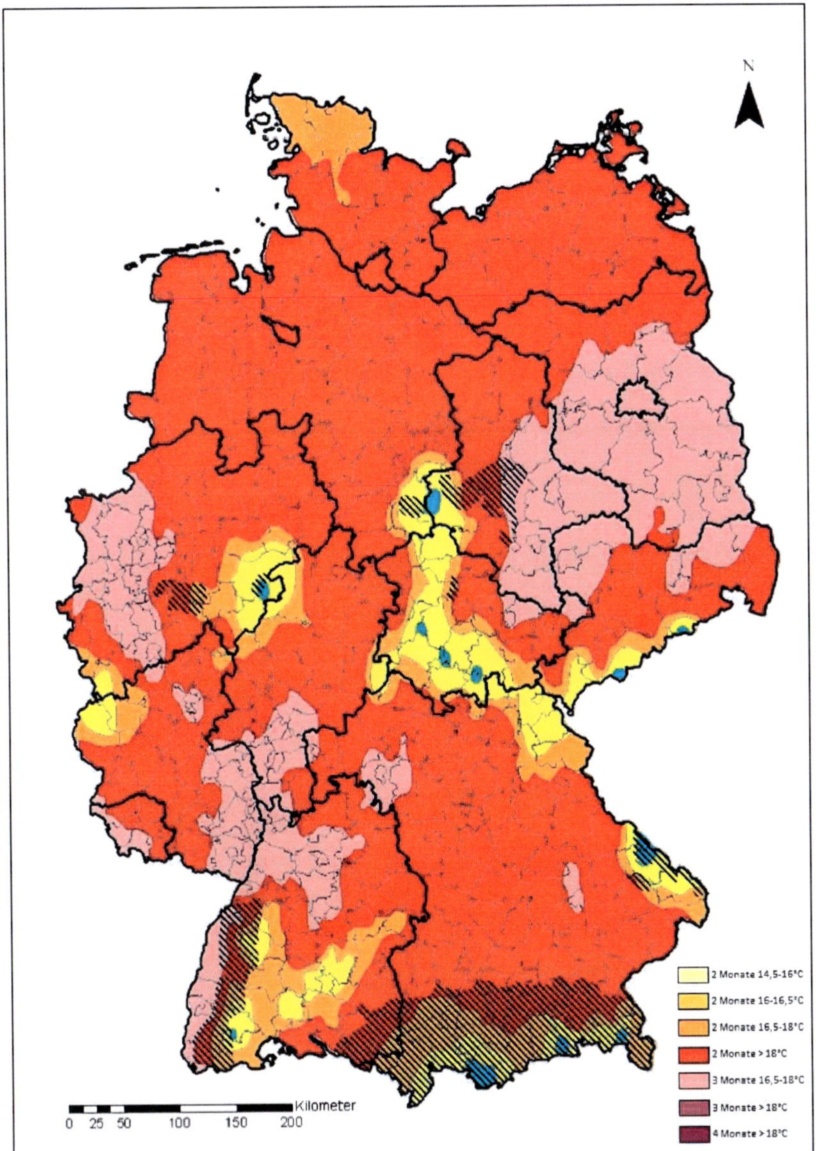

Abbildung 116: Temperaturbereiche des B1-Szenarios im Zeitraum 2021-2050 bei minimaler Änderung der Temperatur (auffällige Niederschlagsbereiche schraffiert)

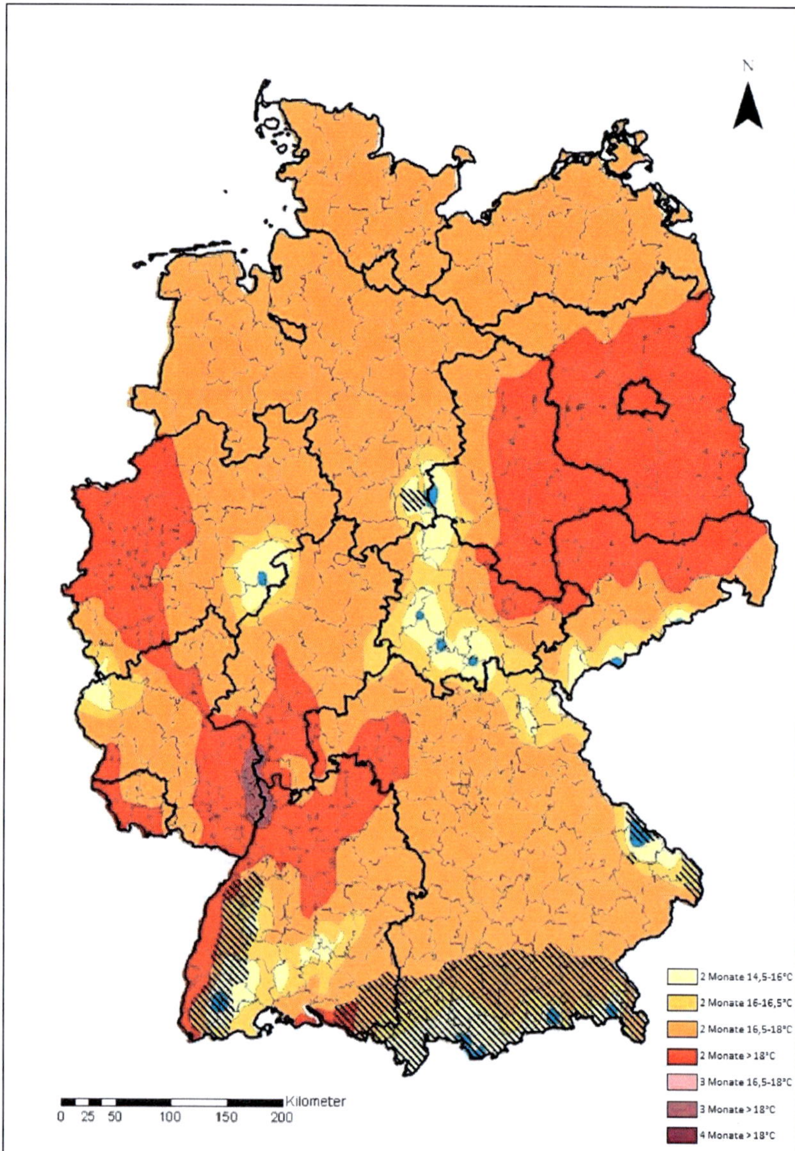

Abbildung 117: Temperaturbereiche des B1-Szenarios im Zeitraum 2021-2050 bei maximaler Änderung der Temperatur (auffällige Niederschlagsbereiche schraffiert)

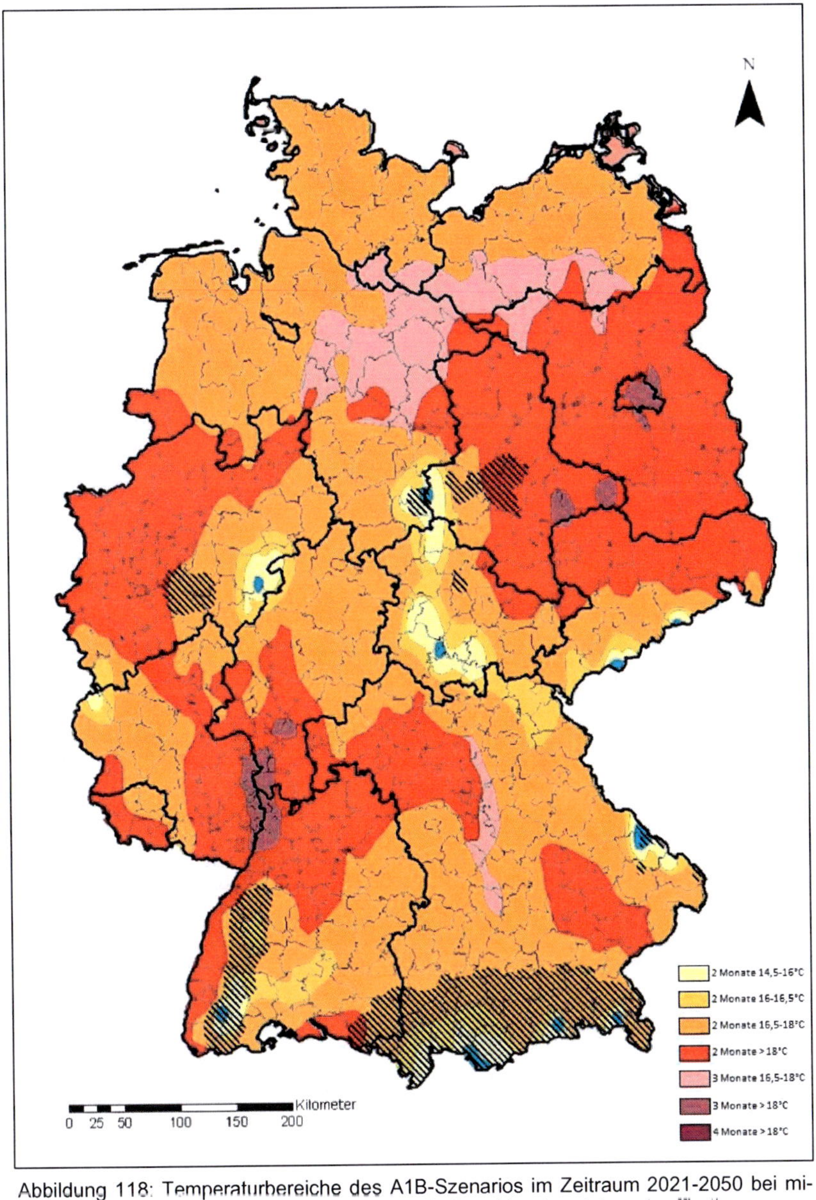

Abbildung 118: Temperaturbereiche des A1B-Szenarios im Zeitraum 2021-2050 bei minimaler Änderung der Temperatur (auffällige Niederschlagsbereiche schraffiert)

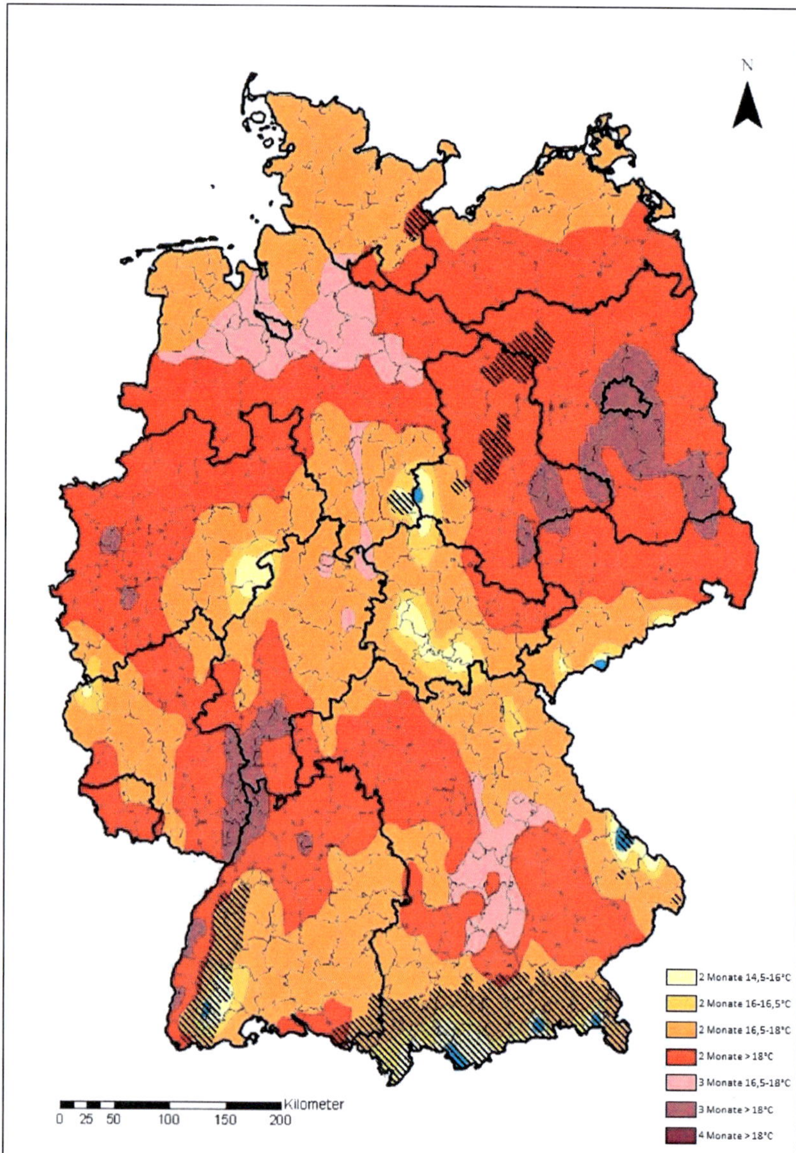

Abbildung 119: Temperaturbereiche des A1B-Szenarios im Zeitraum 2021-2050 bei maximaler Änderung der Temperatur (auffällige Niederschlagsbereiche schraffiert)

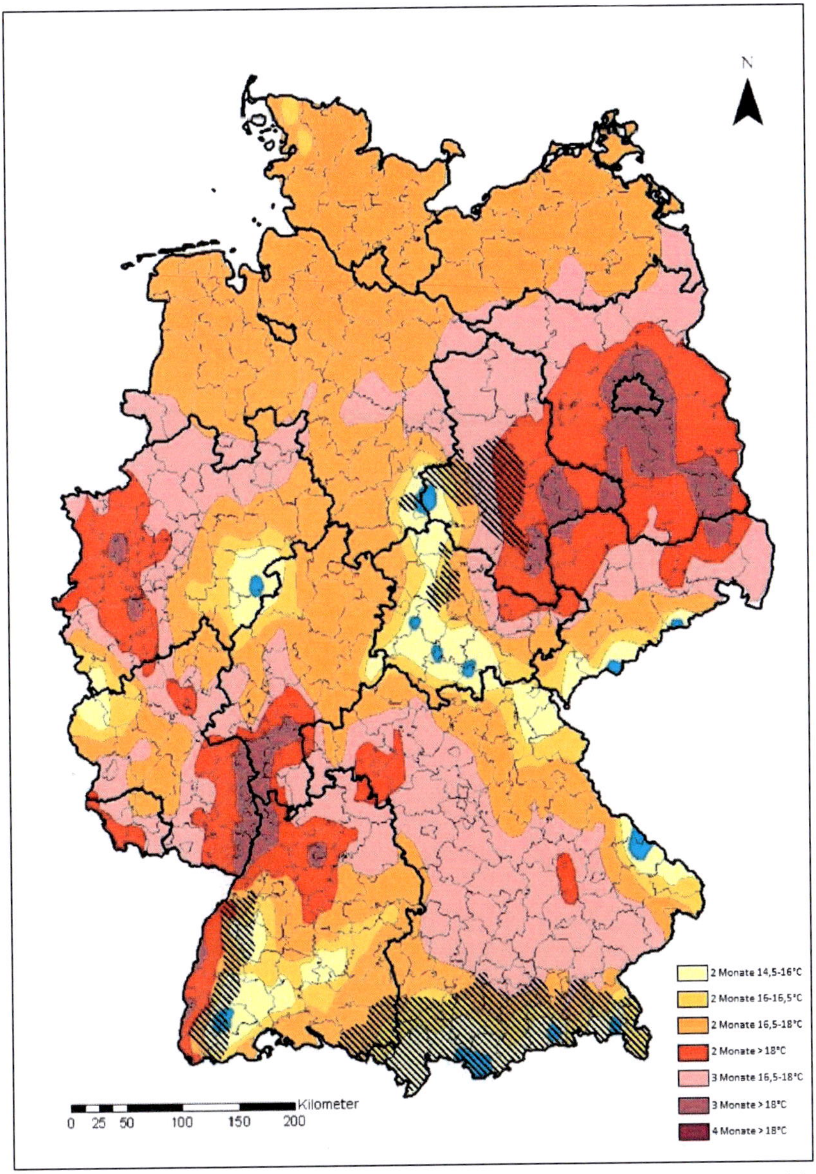

Abbildung 120: Temperaturbereiche des A2-Szenarios im Zeitraum 2021-2050 bei minimaler Änderung der Temperatur (auffällige Niederschlagsbereiche schraffiert)

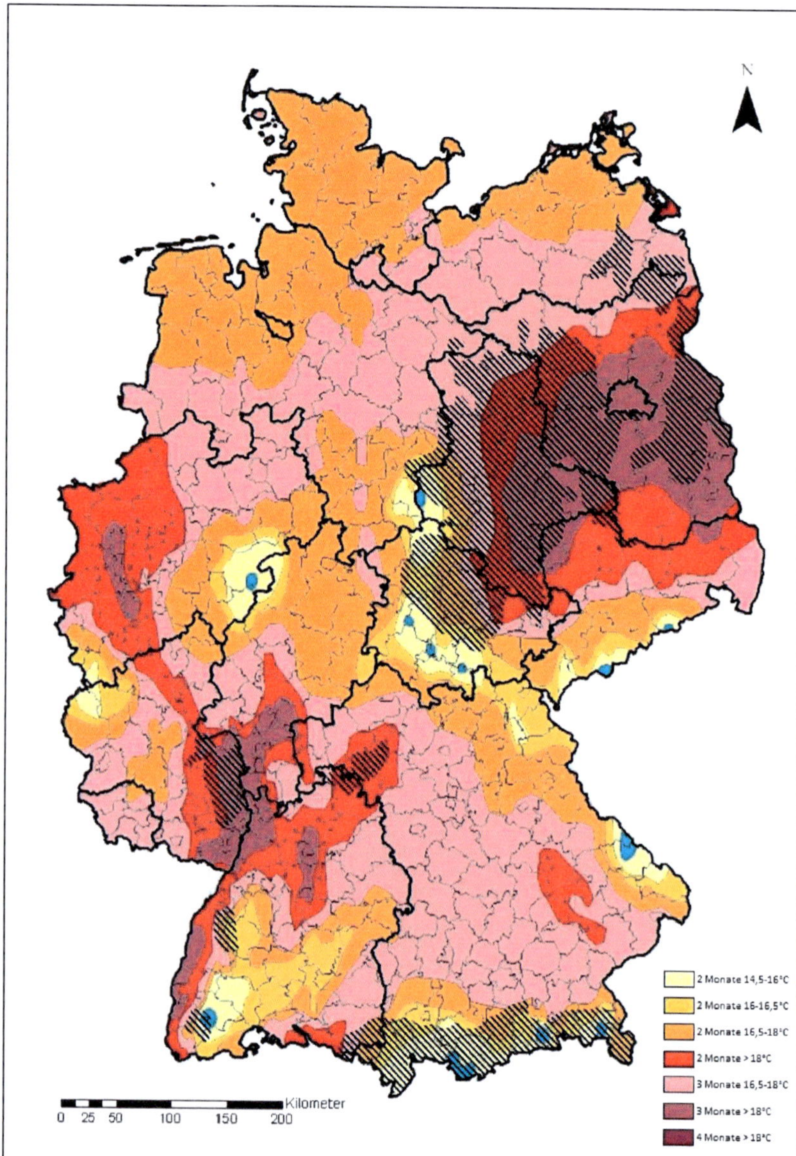

Abbildung 121: Temperaturbereiche des A2-Szenarios im Zeitraum 2021-2050 bei maximaler Änderung der Temperatur (auffällige Niederschlagsbereiche schraffiert)

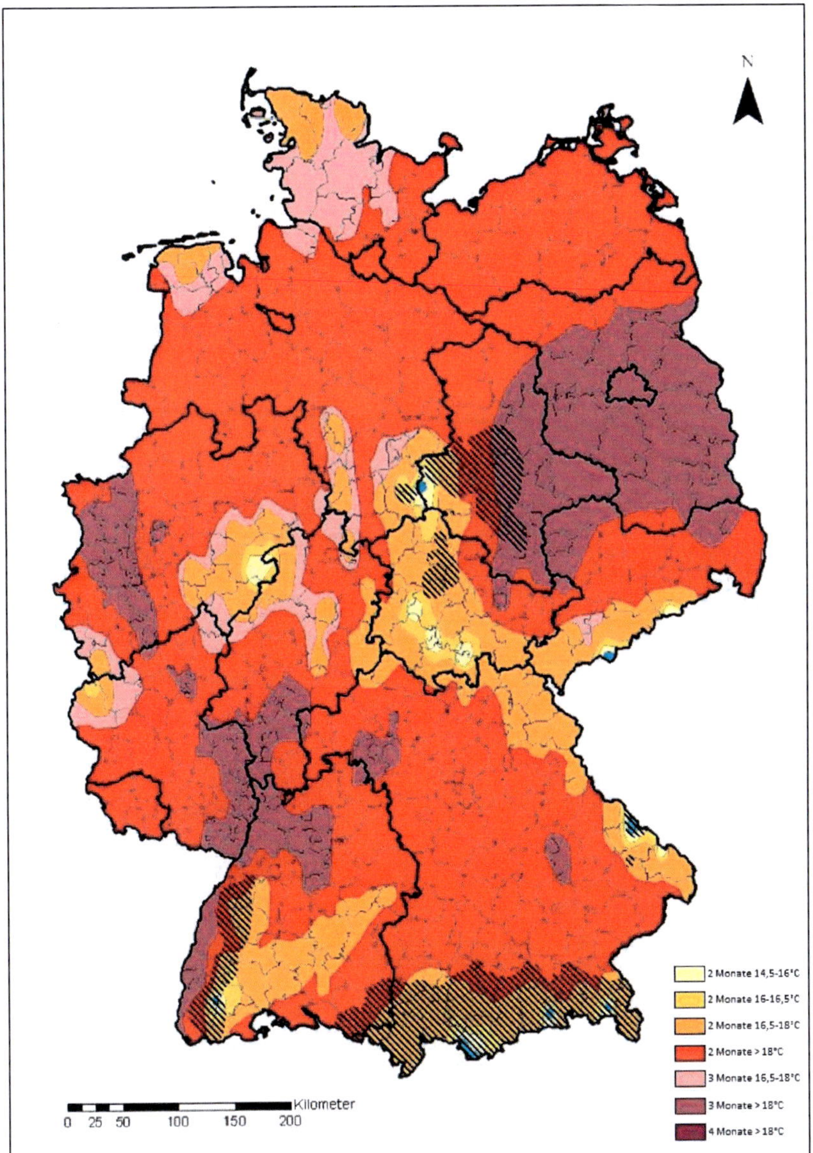

Abbildung 122: Temperaturbereiche des B1-Szenarios im Zeitraum 2071-2100 bei minimaler Änderung der Temperatur (auffällige Niederschlagsbereiche schraffiert)

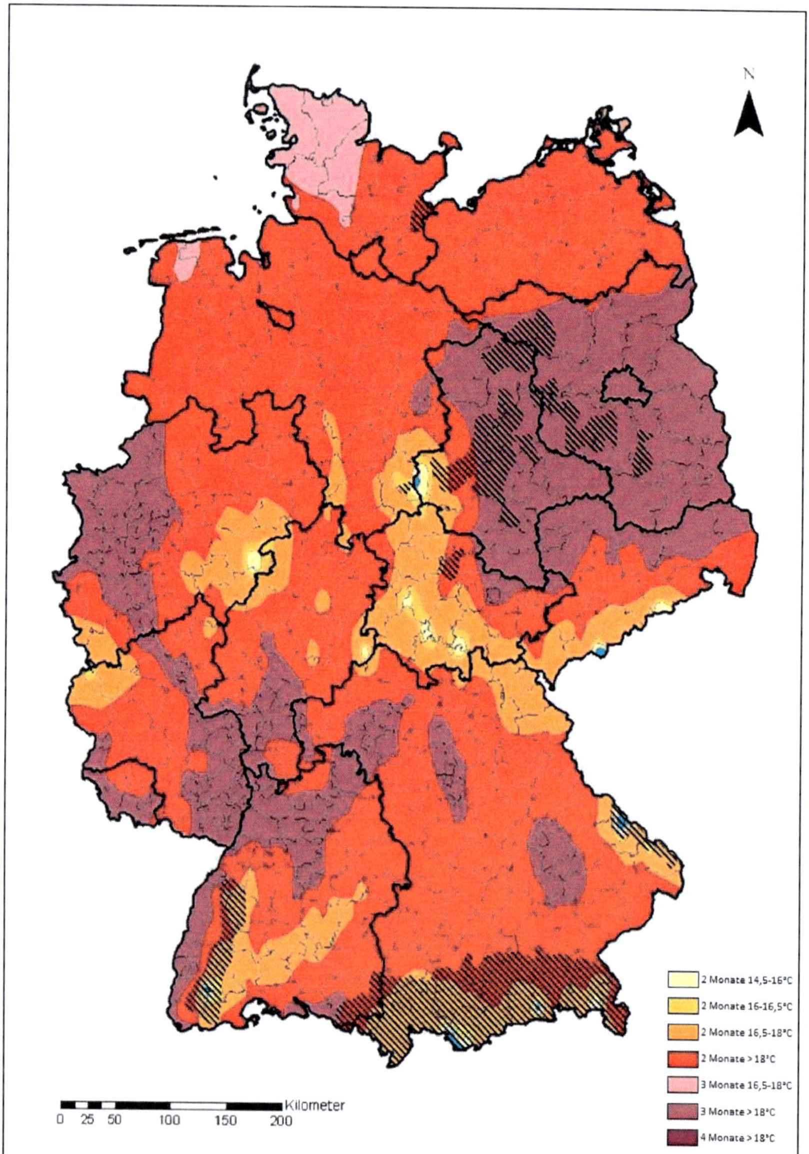

Abbildung 123: Temperaturbereiche des B1-Szenarios im Zeitraum 2071-2100 bei maximaler Änderung der Temperatur (auffällige Niederschlagsbereiche schraffiert)

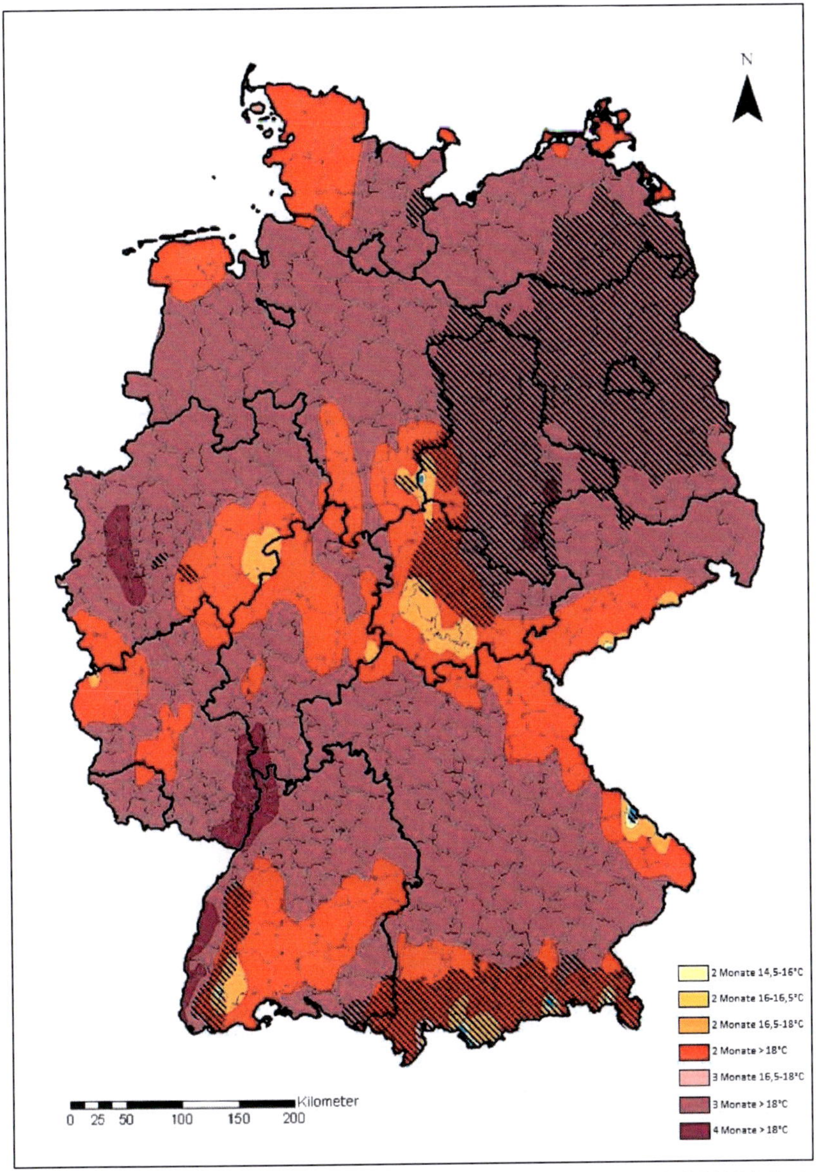

Abbildung 124: Temperaturbereiche des A1B-Szenarios im Zeitraum 2071-2100 bei minimaler Änderung der Temperatur (auffällige Niederschlagsbereiche schraffiert)

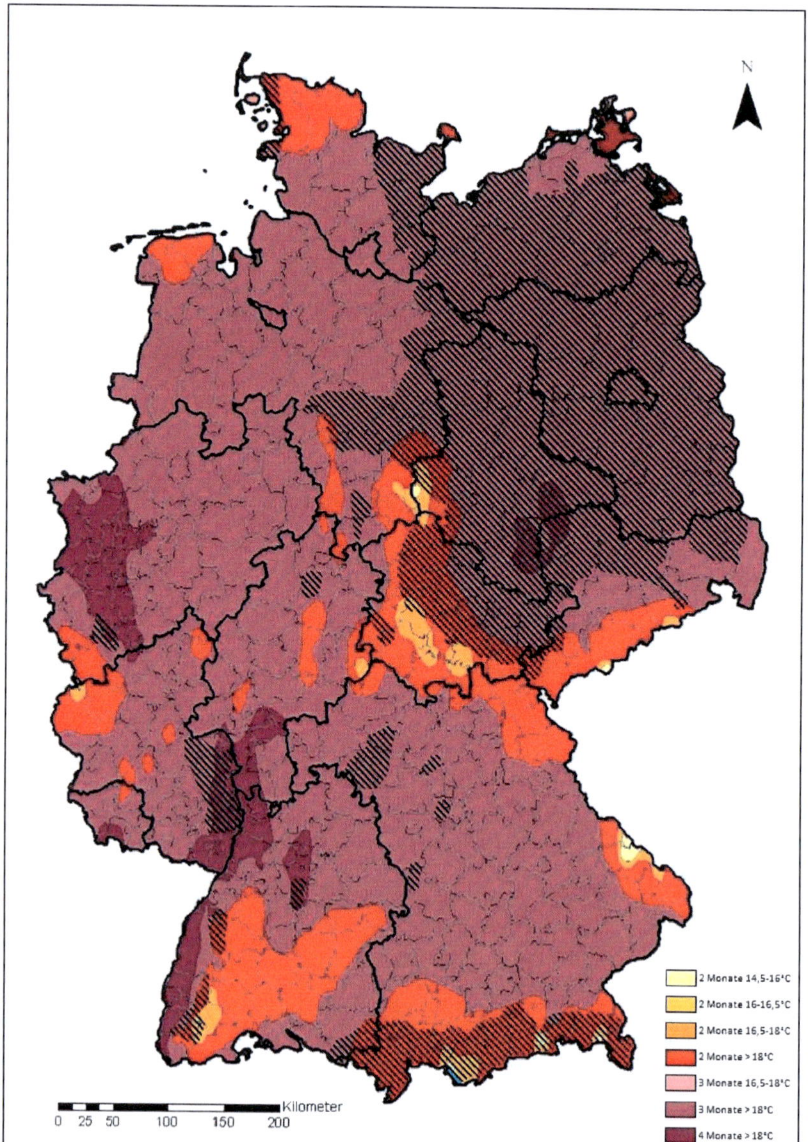

Abbildung 125: Temperaturbereiche des A1B-Szenarios im Zeitraum 2071-2100 bei maximaler Änderung der Temperatur (auffällige Niederschlagsbereiche schraffiert)

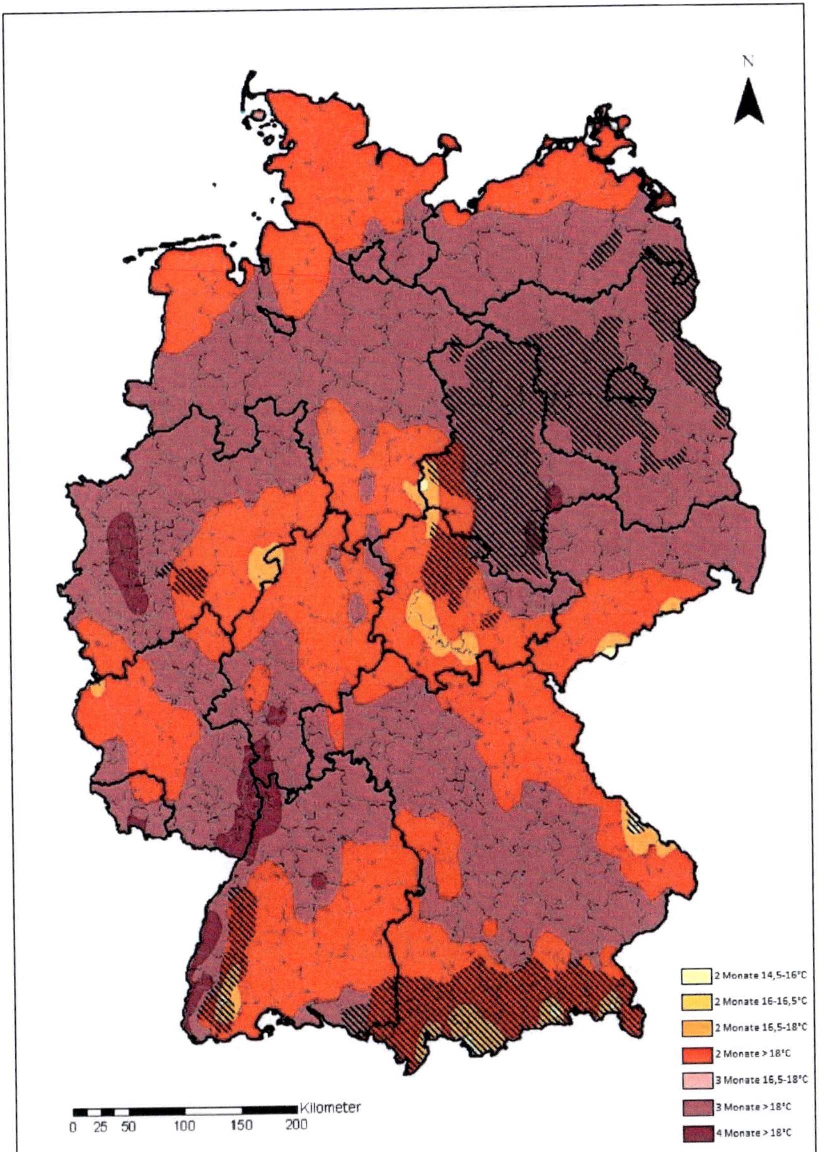

Abbildung 126: Temperaturbereiche des A2-Szenarios im Zeitraum 2071-2100 bei minimaler Änderung der Temperatur (auffällige Niederschlagsbereiche schraffiert)

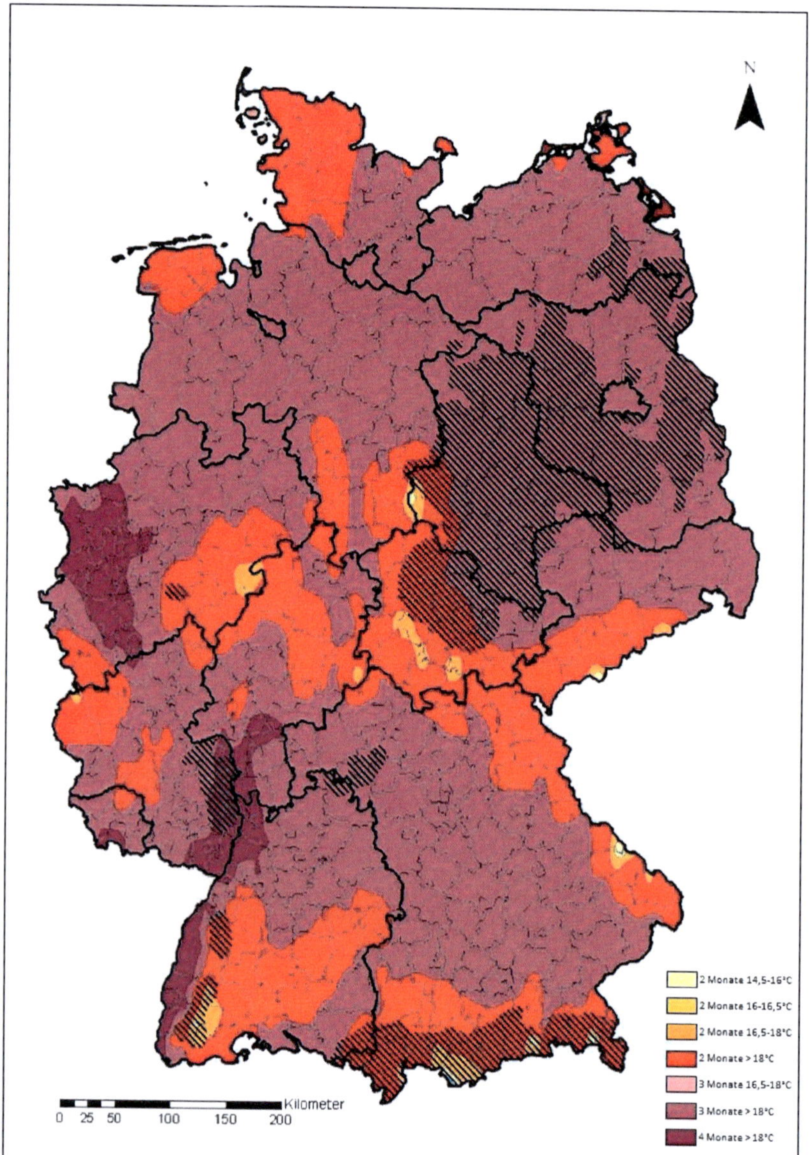

Abbildung 127: Temperaturbereiche des A2-Szenarios im Zeitraum 2071-2100 bei maximaler Änderung der Temperatur (auffällige Niederschlagsbereiche schraffiert)

ERDSICHT - EINBLICKE IN GEOGRAPHISCHE UND GEOINFORMATIONSTECHNISCHE ARBEITSWEISEN

Schriftenreihe des Geographischen Instituts der Universität Göttingen, Abteilung Kartographie, GIS und Fernerkundung

Herausgegeben von Prof. Dr. Martin Kappas

ISSN 1614-4716

1 *Claudia Sültmann*
GIS- und Satellitenbildgestützte Landnutzungsklassifikation mit Change detection im Westen der Côte d'Ivoire
ISBN 3-89821-356-0

2 *Katharina Feiden*
GIS - gestützte Analyse der zeitlichen und räumlichen Verteilung der Niederschlagsjahressummen (1961 - 1990) in der Dominikanischen Republik
Charakteristika und Trends
ISBN 3-89821-368-4

3 *Nicole Erler*
GIS- und fernerkundungsgestützte Bewertung von „Natural Hazards" im oberen Einzugsgebiet des Rio Yaque del Norte (Dominikanische Republik)
ISBN 3-89821-409-5

4 *Martin Kappas, Frank Schöggl*
Bodenerosion in der Dominikanischen Republik
Eine vergleichende Studie zum Bodenabtrag auf Argrarflächen mit und ohne Erosionschutzmassnahmen
ISBN 3-89821-423-0

5 *Randy Thomsen*
Change Detection – fernerkundungsgestützte Methoden zur Ableitung des Landnutzungswandels in den Tropen (Fallbeispiel Dominikanische Republik)
ISBN 3-89821-433-8

6 *Sören Steinbach*
Visualisierung und Quantifizierung von Überschwemmungsbereichen am Mittellauf der Elbe
GIS-gestützte Modellierung von Überschwemmungen
ISBN 3-89821-530-X

7 *Jobst Augustin*
Das Seegangsklima der Ostsee zwischen 1958 und 2002 auf Grundlage numerischer Daten
ISBN 3-89821-572-5

8 *Martin Kappas*
Naturraumpotential und Landnutzung im Oudalan – eine Fallstudie aus dem Sahel Burkina Fasos zur Anwendbarkeit von Fernerkundungsmethoden im regionalen Maßstab
ISBN 3-89821-664-0

9 *Ortwin Kessels*
Qualitätsanalyse verschiedener digitaler Geländemodelle und deren Eignung für die Prozessierung von Satellitenbilddaten in den Tropen
ISBN 3-89821-603-9

10 *Christian Knieper*
Remote Sensing Based Analysis of Land Cover and Land Cover Change in Central Sulawesi, Indonesia
ISBN 3-89821-646-2

11 *Mareike Lehrling*
Klimaentwicklung in Alaska - eine GIS-gestützte Erfassung und Analyse der raum-zeitlichen Entwicklung von Temperatur und Niederschlag
ISBN 3-89821-670-5

12 *Daniel Karthe*
Trinkwasser in Calcutta
Versorgungsproblematik einer indischen Megastadt
ISBN 3-89821-661-6

13 *Enrico Kalb*
Landnutzungsinterpretation und Erosionsmodellierung der Küstenregion von Nordost Bali, Indonesien
ISBN 3-89821-666-7

14 *Anke Gleitsmann*
Exploiting the Spatial Information in High Resolution Satellite Data and Utilising Multi-Source Data for Tropical Mountain Forest and Land Cover Mapping
ISBN 3-89821-727-2

15 *Arno Krause*
Einführung eines GIS für die Landwirtschaftsverwaltungen der BRD auf Grundlage EU-rechtlicher und nationaler Verordnungen
unter besonderer Berücksichtigung des Bundeslandes Mecklenburg-Vorpommern
ISBN 3-89821-738-8

16 *Pavel Propastin*
Remote sensing based study on vegetation dynamics in dry lands of Kazakhstan
ISBN 978-3-89821-823-8

17 *Matthias Stähle*
Trinkwasser in Delhi
Versorgungsproblematik einer indischen Megastadt
ISBN 978-3-89821-827-6

18 *Roland Bauböck*
Bioenergie im Landkreis Göttingen
GIS-gestützte Biomassepotentialabschätzung anhand ausgewählter Kulturen, Triticale und Mais
ISBN 978-3-89821-959-4

19 *Wahib Sahwan*
Geomorphologische Untersuchungen mittels GIS- und Fernerkundungsverfahren unter Berücksichtigung hydrogeologischer Fragestellungen
Fallbeispiele aus Nordwest Syrien
ISBN 978-3-8382-0094-1

20 *Julia Krimkowski*
Das Vordringen der Malaria nach Mitteleuropa im Zuge der Klimaerwärmung
Fallbeispiel Deutschland
ISBN 978-3-8382-0312-6

Abonnement

Hiermit abonniere ich die Reihe **Erdsicht – Einblicke in geographische und geoinformationstechnische Arbeitsweisen (ISSN 1614-4716),** herausgegeben von Prof. Dr. Martin Kappas,

❒ ab Band # 1

❒ ab Band # ___

❒ Außerdem bestelle ich folgende der bereits erschienenen Bände:

#___, ___, ___, ___, ___, ___, ___, ___, ___, ___, ___, ___

❒ ab der nächsten Neuerscheinung

❒ Außerdem bestelle ich folgende der bereits erschienenen Bände:

#___, ___, ___, ___, ___, ___, ___, ___, ___, ___, ___, ___

❒ 1 Ausgabe pro Band ODER ❒ ___ Ausgaben pro Band

Bitte senden Sie meine Bücher zur versandkostenfreien Lieferung innerhalb Deutschlands an folgende Anschrift:

Vorname, Name: ______________________________

Straße, Hausnr.: ______________________________

PLZ, Ort: ______________________________

Tel. (für Rückfragen): ______________ *Datum, Unterschrift:* ______________

Zahlungsart

❒ *ich möchte per Rechnung zahlen*

❒ *ich möchte per Lastschrift zahlen*

bei Zahlung per Lastschrift bitte ausfüllen:

Kontoinhaber: ______________________________

Kreditinstitut: ______________________________

Kontonummer: ______________ Bankleitzahl: ______________

Hiermit ermächtige ich jederzeit widerruflich den *ibidem*-Verlag, die fälligen Zahlungen für mein Abonnement der Reihe **Erdsicht – Einblicke in geographische und geoinformationstechnische Arbeitsweisen** von meinem oben genannten Konto per Lastschrift abzubuchen.

Datum, Unterschrift: ______________________________

Abonnementformular entweder **per Fax** senden an: **0511 / 262 2201** oder 0711 / 800 1889 oder als **Brief** an: *ibidem*-Verlag, Julius-Leber Weg 11, 30457 Hannover oder als **e-mail** an: **ibidem@ibidem-verlag.de**

***ibidem*-Verlag**
Melchiorstr. 15
D-70439 Stuttgart
info@ibidem-verlag.de
www.ibidem-verlag.de
www.edition-noema.de
www.autorenbetreuung.de